Kohlhammer

Karl-Heinz Knorr
Dr. Ulrich Cimolino

Die Gefahren der Einsatzstelle

10., erweiterte und überarbeitete Auflage

Verlag W. Kohlhammer

Wichtiger Hinweis: In diesem Buch werden physikalisch-chemische Daten, Grenzwerte, Gefahrenhinweise und taktische Empfehlungen gegeben und es wird auf Gesetze, Verordnungen, Richtlinien und Normen Bezug genommen. Die Verfasser haben größte Mühe darauf verwendet, dass die Angaben und Werte dem jeweiligen Wissensstand bzw. den gesetzlichen Grundlagen bei Fertigstellung des Buches entsprechen. Weil sich aber sowohl die Naturwissenschaften als auch die feuerwehrspezifischen Erkenntnisse ständig im Fluss befinden und gesetzliche Grundlagen sich auch kurzfristig ändern können, sind Fehler nicht vollständig auszuschließen. Daher übernehmen die Autoren und der Verlag für die im Buch enthaltenen Angaben und Aussagen keine Gewähr.

Abdruck von Bildern und Auszügen aus den Feuerwehr-Dienstvorschriften mit freundlicher Genehmigung des Ausschusses Feuerwehrangelegenheiten, Katastrophenschutz und zivile Verteidigung (AFKzV). Die weiteren Abbildungen stammen – soweit nicht anders angegeben – von den Autoren.

Umschlagbild: Feuerwehr Bremen

10. Auflage 2026

Gesamtherstellung: W. Kohlhammer GmbH, Heßbrühlstr. 69, 70565 Stuttgart
produktsicherheit@kohlhammer.de

Print:
ISBN 978-3-17-043332-8

E-Book-Formate:
pdf: ISBN 978-3-17-043334-2
epub: ISBN 978-3-17-043335-9

Inhaltsverzeichnis

Vorwort zur 10. Auflage

Seit Erscheinung der 9. Auflage im Jahr 2018 hat es einige Neuerungen und Veränderungen gegeben, die eine Überarbeitung und Ergänzungen der »Gefahren der Einsatzstelle« notwendig machten, um den Einsatzkräften bei der Gefahrenbekämpfung ein Maximum an eigener Sicherheit zu gewährleisten.

Mit der vorliegenden 10. Auflage wurde die Darstellung der Gefahren der Einsatzstelle überarbeitet und erweitert, untermauert dabei wie bisher praxisnah mit Einsatzbeispielen. Im Zuge der Überarbeitung wurden die Gefahren alphabetisch gegliedert und auch Abbildungen aktualisiert.

Dieses Buch ist trotz zahlreicher Tabellen nicht als Nachschlagewerk für Atemgifte, radioaktive Isotope oder Chemikalien zu verstehen. Wichtiger erscheinen Ursache und Wirkung der jeweiligen Gefahr sowie sich daraus ergebende Verhaltensregeln und Einsatzgrundsätze. Farblich hervorgehobene Merksätze sollen diesen Ansatz unterstreichen. Die Aufzählung der Gefahren und Einsatzlagen sind beispielhaft zu verstehen und natürlich nicht abschließend. Dieses Buch ist für alle Einsatzkräfte geschrieben, die Tag für Tag den Gefahren der Einsatzstelle gegenüberstehen mit dem Ziel, in Not geratenen Mitmenschen und Tieren zu helfen, Werte zu erhalten und die Umwelt vor Schaden zu bewahren.

Allerdings kann ein so umfangreiches und vielschichtiges Thema im Rahmen eines einzelnen Buches nicht in allen Details erschöpfend behandelt werden. Für den an einer Vertiefung interessierten Leser befindet sich daher am Ende des Buches ein erweitertes Literaturverzeichnis, das analog zu den Kapiteln gegliedert ist, sowie vier weitere Dokumente, auf die Sie in Form eines digitalen Anhangs zugreifen können (► Kapitel 17).

Unser Dank gilt allen Stellen, die uns mit aktuellem Bildmaterial geholfen, uns auf notwendige Ergänzungen hingewiesen und wertvolle Anregungen gegeben haben. Besonderer Dank gilt dem Kohlhammer-Verlag, der uns in allen Phasen der Überarbeitung hilfreich zur Seite gestanden ist.

Allzeit sichere und unfallfreie Einsätze und gesunde Heimkehr!

Bremen und Pfarrkirchen, im September 2025
Karl-Heinz Knorr und Dr. Ulrich Cimolino

1 Einleitung

Die Aufgaben der Feuerwehr, wie sie in den Feuerwehr- bzw. Brandschutz- und Hilfeleistungsgesetzen der einzelnen Bundesländer festgelegt sind, umfassen neben der Brandbekämpfung auch die Hilfeleistung bei Notständen, Unglücksfällen und Umweltschäden. Die Feuerwehr wird also immer dann tätig werden, wenn eine Gefahr für die öffentliche Sicherheit und Ordnung besteht und die Beseitigung dieser Gefahr in ihr gesetzlich festgelegtes Aufgabengebiet fällt. Unter dem Begriff »Gefahr« soll dabei ein Umstand verstanden werden, aus dem heraus sich bei Nichteingreifen bedrohliche oder sonst wie der Kontrolle entzogene negative Auswirkungen auf Menschen, Tiere, Sachwerte oder die Umwelt akut entwickeln können. Zusammenfassend kann also festgestellt werden:

Der Feuerwehreinsatz ist Gefahrenabwehr.

So spricht man beim Brandeinsatz auch vom »abwehrenden Brandschutz«. Versteht man den Feuerwehreinsatz konsequent als Gefahrenabwehr, so ergibt sich daraus zwingend die Existenz von mindestens einer Gefahr an der Einsatzstelle. Streng genommen kann es keine gefahrlose Einsatzstelle geben, denn eine Situation, von der keine Gefahr im obigen Sinne ausgeht, rechtfertigt grundsätzlich nicht den Einsatz der Feuerwehr[1]. Als Konsequenz muss sich die Feuerwehr, das heißt konkret jede Führungskraft und jeder Feuerwehrangehörige in der Mannschaft, auf die zu erwartenden Gefahren einstellen. Sind vorhandene Gefahren erst einmal erkannt, so haben sie viel von ihrer Bedrohlichkeit verloren, denn man kann entsprechende Schutzmaßnahmen treffen. In einem amerikanischen Lehrbuch über Feuerwehrtaktik (Clark,1976) findet sich der Kernsatz »successfull fire-fighting is anticipation«, zu Deutsch »der erfolgreiche Feuerwehreinsatz besteht aus vorausschauendem Handeln«. Kenntnisse der Gefahren der Einsatzstelle und das Erkennen dieser Gefahren im Einzelfall sind wesentliche Grundlagen, die zu diesem vorausschauenden Handeln befähigen.

Um die Wiederholung von Unfällen zu vermeiden, müssen insbesondere nach (Beinahe-)Unfällen im Rahmen der Erfahrungsauswertung, bzw. eines »Lessons

1 Achtung: Hier kann es in der Auftrags- bzw. Aufgabenzuweisung an die Feuerwehren (und andere BOS bzw. Dritte im Auftrag) länderspezifische Ausnahmen und Erweiterungen geben. Vgl. z. B. Bayern mit der Absicherung von Unfallstellen oder Verkehrslenkungsmaßnahmen im Auftrag der Polizei, vgl. Bayerische Staatskanzlei, 1990.

learned«-Prozesses, die Erkenntnisse aus Einsätzen erfasst, ausgewertet und in die Aus- und Fortbildung integriert werden. Als vorbildlich gilt auch heute noch die Unfallauswertung und die Folgemaßnahmen nach einem tödlichen Einsatzunfall bei der Kölner Feuerwehr (vgl. Maurer, 1996). Idealerweise mündet dies in einen laufenden Prozess zur (kontinuierlichen) Verbesserung, der auch ohne konkrete Unfälle weitergeführt wird.

Die Autoren haben sich entschieden, geschlechts- und dienstgradneutrale Begriffe, z. B. Einsatzkraft bzw. deren generisches Femininum »Einsatzkräfte«, zu verwenden. Wo dies nicht möglich ist, umfasst die wegen der besseren Lesbarkeit im generischen Maskulinum formulierte Funktion selbstverständlich auch andere Geschlechter.

1.1 Unfallverhütung und Gefährdungsbeurteilungen

Feuerwehrdienst ist schwere körperliche Arbeit, erfordert höchste Konzentration, oft schnelle Entscheidungen und erfolgt in vielen Fällen bei besonderen Gefahrenlagen bzw. Gefährdungen. Der Einsatz der Gefahrenabwehrkräfte erfolgt häufig also genau dann, wenn Maßnahmen der Unfallverhütung bzw. Risikominimierung nicht beachtet oder nicht ausreichend waren. Kenntnisse der Gefahren der Einsatzstelle und zugehöriger Schutzmöglichkeiten gehören daher zum unverzichtbaren Grundwissen jeder Einsatzkraft. Das Kennen und Erkennen von Gefahren sowie das sich daraus ergebende richtige Verhalten inkl. der Auswahl geeigneter Persönlicher Schutzausrüstung (PSA) dienen der Sicherheit des Einzelnen und damit auch des eingesetzten Teams. Sie sind unverzichtbar für den Einsatzerfolg!

Auf der Risikominimierung basiert auch der Grundsatz aus der FwDV 500, dass bei Transportunfällen mit gefährlichen Stoffen und Gütern sowie bei Einsätzen mit Anschlagsverdacht bei der Freisetzung von Gefahrstoffen zunächst immer wie in einem Einsatz der Gefahrengruppe II vorzugehen ist. Das bedeutet, immer den Einsatz unter geeigneter Schutzkleidung und mit geeignetem Atemschutz durchführen, bis sicher feststeht, dass diese nicht benötigt werden.

Gerade weil es die gefahrlose Einsatzstelle nicht gibt, die Vielzahl und Vielschichtigkeit der vorliegenden Gefahren sowie die unter Zeitdruck erfolgten Erkundungen unter oftmals widrigen Umständen eine vollständige Erfassung nicht immer zulassen, muss mit allen geeigneten Mitteln die Verhinderung von Unfällen betrieben werden. Da im Feuerwehrdienst viele Gefahren nicht sofort beseitigt werden können, müssen die Einsatzkräfte befähigt werden, durch geeignetes Gerät, ausreichende Schutzausrüstung und richtiges eigenes Verhalten den Gefahren so zu begegnen, dass sich aus ihnen keine Unfälle ergeben.

Ein wichtiges Instrumentarium der Unfallverhütung sind die Unfallverhütungsvorschriften (UVV). Mit Genehmigung des für Arbeitssicherheit zuständigen Bundesministeriums für Arbeit und Soziales (BMAS) sind von den Unfallversicherungsträgern allgemein die UVV »Grundsätze der Prävention« (DGUV Vorschrift 1) und speziell für die Feuerwehren die UVV »Feuerwehren« (DGUV Vorschrift 49) mit erläuternden Durchführungsanweisungen erlassen worden. Diese Vorschriften haben Verordnungscharakter, was bedeutet, dass fahrlässige oder vorsätzliche Verstöße gegen sie als Ordnungswidrigkeiten gelten und als solche geahndet werden können.

Die UVV »Feuerwehren« richtet sich sowohl an den in Analogie zu anderen Unfallverhütungsvorschriften als »Unternehmer« bezeichneten Träger der Feuerwehr als auch an den einzelnen Feuerwehrangehörigen. Sie gilt bei Einsatz, Übung und sonstigem Dienstbetrieb und regelt insbesondere:

- die Beschaffenheit sowie das Betreiben, Warten, Pflegen und Prüfen von Feuerwehreinrichtungen; das sind im Sinne dieser Vorschrift alle für den Feuerwehrdienst eingesetzten sächlichen Mittel, insbesondere bauliche Anlagen, Fahrzeuge, Geräte und Ausrüstungen, ausgenommen Hilfs- und Betriebsstoffe,
- die persönlichen Voraussetzungen für den Feuerwehrdienst, denn nur fachlich und körperlich geeignete Feuerwehrangehörige dürfen eingesetzt werden,
- das Verhalten von Feuerwehrangehörigen, insbesondere den Umgang mit bestimmten Geräten, die Durchführung bestimmter Tätigkeiten und das Tragen von persönlichen Schutzausrüstungen,
- die regelmäßige Unterweisung von Feuerwehrangehörigen über die Gefahren im Feuerwehrdienst sowie über Maßnahmen zur Verhütung von Unfällen.

Zur Rettung von Menschenleben kann bei Einsätzen im Einzelfall von den Bestimmungen der Unfallverhütungsvorschriften abgewichen werden. Dies ist aber kein Freibrief für eine generelle und großzügige Verletzung aller Vorgaben. Vielmehr erfordert eine Abweichung von Unfallverhütungsvorschriften zwingend, dass mit ihnen konforme Möglichkeiten zur Rettung nicht mehr gegeben sind. Dabei muss aber stets bedacht werden, dass auch in noch so dramatischen Situationen die Gesetze von Physik und Chemie nicht außer Kraft gesetzt sind. Unüberlegtes Helden- und waghalsiges Draufgängertum nützen der zu rettenden Person nicht und gefährden den Retter in nicht mehr vertretbarer Weise.

Wenn die Unfallverhütungsvorschriften mit dem Ziel einer Menschenrettung verletzt werden müssen, dann ist diejenige Möglichkeit überlegt und durchdacht auszuwählen, die für den Retter die geringste Gefährdung darstellt.

Die UVV »Feuerwehren« steht im Verbund mit zahlreichen anderen Unfallverhütungsvorschriften, Gesetzen, Verordnungen, Richtlinien, Sicherheitsregeln, Grundsätzen, Merkblättern, Normen und Dienstvorschriften. Mit diesem, leider mitunter nur schwer überschaubaren System aus Regelwerken soll auch für den Bereich der Feuerwehr ein Maximum an Arbeitssicherheit geschaffen werden, denn:

Merke:

Unfälle sind keine Zufälle, sondern sie werden verursacht.

Dabei ist selten nur eine Ursache maßgeblich. Meist sind es mehrere Versäumnisse und Fehler, die einzeln noch unproblematisch sind, in ihrer Kombination, ihrem gleichzeitigen Wirksamwerden aber dramatische Folgen bewirken. Nach der Untersuchung eines tödlichen Atemschutzunfalls im Jahr 2015 stellten die Feuerwehr-Unfallkassen hierzu fest (vgl. HFUK Nord, 2016): »*Bei der Bewertung der Ereignisse im Nachhinein ist festzustellen, dass den eingesetzten Feuerwehrangehörigen […] im Laufe der Einsatzvorbereitung und des Einsatzes mehrere Fehler unterlaufen sind. Diese äußerten sich in Verstößen gegen Feuerwehr-Dienstvorschriften und Unfallverhütungsvorschriften sowie Missverständnissen und falschen Einschätzungen der Lage. Es wurde jedoch deutlich, dass es sich keinesfalls um schwerwiegende Fehler bzw. Verstöße handelt. Vielmehr führten die Summe und Verkettung selbiger und vor allem die Fehler des Unfallverletzten […] in der Folge zu dem tödlichen Unfall.*« Dieser Feststellung ist Nichts hinzuzufügen, sie trifft auf eine Vielzahl von Unfällen im Feuerwehrdienst zu.

Ausdrücklich hinzuweisen ist an dieser Stelle auf das erstmals 1996 in Kraft getretene Gesetz über die Durchführung von Maßnahmen des Arbeitsschutzes zur Verbesserung der Sicherheit und des Gesundheitsschutzes der Beschäftigten bei der Arbeit (»Arbeitsschutzgesetz«). Denn in diesem Gesetz wird die grundsätzliche Pflicht des Arbeitgebers festgeschrieben, alle Gefährdungen, die sich für Beschäftigte bei der Arbeit ergeben, zu beurteilen und die erforderlichen Maßnahmen zum Arbeitsschutz zu ermitteln und zu dokumentieren.

Als Beschäftigte gelten nach diesem Gesetz primär Arbeitnehmer und Beamte, sodass es unmittelbar für Beschäftigte in Berufs-, Werk- und Betriebsfeuerwehren, aber auch für Beschäftigte in Freiwilligen Feuerwehren (z. B. hauptberufliche Kräfte in ständig besetzten Wachen, hauptberufliche Gerätewarte etc.) anzuwenden ist. Für die rein ehrenamtlich Tätigen in Freiwilligen Feuerwehren findet das Arbeitsschutzgesetz zwar keine unmittelbare Anwendung, aber die UVV »Grundsätze der Prävention« regelt unmissverständlich die gleichen Pflichten. Damit ergibt sich auch für die Freiwilligen Feuerwehren die Verpflichtung zur Erstellung von Gefährdungsbeurteilungen.

Unternehmer im Sinne des Arbeitsschutzgesetzes und damit verantwortlich ist bei öffentlichen Feuerwehren der Bürgermeister bzw. Oberbürgermeister. Dieser kann die Leitung der Feuerwehr mit der Durchführung der Gefährdungsbeurteilung beauftragen. Denn mit den hier vorhandenen Kenntnissen und Erfahrungen können relevante Gefährdungen analysiert und wirksame – vor allem praxisgerechte – Maßnahmen ergriffen werden. Dabei ist es sinnvoll, Experten hinzuzuziehen, beispielsweise die Fachkraft für Arbeitssicherheit oder Betriebsärzte.

Die bereits gültigen Regelwerke erleichtern dabei in der Praxis die Arbeit, weil sie als gleichwertig gelten, Zitat aus UKH (2010): *»Die Beachtung der Feuerwehr-Dienstvorschriften erfüllt für Ausbildung, Einsatz und Übung die Gleichwertigkeit einer Gefährdungsbeurteilung, vgl. Kapitel 2.2.5. der DGUV Regel »Grundsätze der Prävention« (DGUV Regel 100-001). Aus Sicht der Unfallkasse Hessen erfüllt auch das Befolgen der Vorgaben des Regelwerks der gesetzlichen Unfallversicherung, also Maßnahmen der DGUV Grundsätze, der DGUV Regeln und DGUV Informationen, die Gleichwertigkeit einer Gefährdungsbeurteilung.«*

Als erster Schritt ist darüber hinaus stets eine Bestandsaufnahme aller Möglichkeiten durchzuführen, bei denen Feuerwehrangehörige durch Gefahren Schaden nehmen können. Im Zentrum der Gefährdungsbeurteilungen steht immer die Leitfrage »Was kann passieren?«. Dabei ist es von größter Wichtigkeit, dass die Bestandsaufnahme systematisch durchgeführt wird, damit einerseits alle Gefährdungen erfasst werden, andererseits aber der Aufwand überschaubar bleibt. Konkrete Hilfen bietet beispielsweise der »Leitfaden zur Erstellung einer Gefährdungsbeurteilung im Feuerwehrdienst« der Deutschen Gesetzlichen Unfallversicherung (DGUV).

Grundsätzlich besteht eine Gefährdungsbeurteilung aus den Schritten

- Gefährdungsermittlung,
- Risikobeurteilung,
- Maßnahmen,
- Dokumentation sowie
- Überprufung der Wirksamkeit

welche nach einem festzulegenden Zeitraum erneut zu durchlaufen sind.

Wenn man die Tätigkeiten der Feuerwehr betrachtet, dann fällt hinsichtlich der möglichen Gefährdungen folgende Grundstruktur auf:

- Einerseits der »rückwärtige« Bereich, d. h. alle im Detail planbaren und damit gestaltbaren Tätigkeiten z. B. in Werkstätten, Prüfung und Wartung von Einsatzmitteln, Ausbildungs- und Übungsdienste, die räumliche Situation auf der Feuerwache, die verwendete Schutzkleidung, die Hygienebedingungen u. Ä.
- Andererseits die Einsätze, die nur begrenzt vorgeplant werden können und auf deren Randbedingungen die Feuerwehr nur geringen Einfluss nehmen kann.

Bei den »rückwärtigen« Tätigkeiten unterscheidet sich der Feuerwehrdienst nicht wesentlich vom allgemeinen gewerblichen Bereich. Das heißt der Unternehmer kann und muss in seiner Gefährdungsbeurteilung einerseits sehr detailliert vorgehen, kann sich dabei aber häufig auf bereits vorhandene Unterlagen stützen.

Im Rahmen von Einsätzen wird die Feuerwehr an Einsatzstellen tätig, die sie im Vorfeld nicht oder nur begrenzt (z. B. über Auflagen des Vorbeugenden Brandschutzes) beeinflussen und gestalten konnte. Dementsprechend schwierig erscheint zunächst die Erstellung einer Gefährdungsbeurteilung für den Einsatzdienst. Aber erstens dürfen gleichartige Gefährdungssituationen zusammengefasst bewertet werden und zweitens erfüllt die Beachtung des DGUV-Regelwerkes und der Feuerwehr-Dienstvorschriften im Allgemeinen, wie oben zitiert, die Gleichwertigkeit einer Gefährdungsbeurteilung für die darin erfassten Tätigkeiten (vgl. UKH, 2010). Damit reduziert sich die Notwendigkeit eigener Gefährdungsbeurteilungen insbesondere auf solche Fälle,

- die in den genannten Regelwerken nicht erfasst sind,
- in denen von den genannten Regelwerken bewusst abgewichen werden soll,
- in denen Erkenntnisse über besondere Gefahren oder bereits eingetretene Unfälle vorliegen,
- in denen wesentliche Veränderungen geplant sind (z. B. neue Einsatzkonzepte, neue Einsatzmittel, neue oder umgebaute Liegenschaften o. Ä.).

Für die Gefährdungsbeurteilung einer Einsatzstelle gilt daher:

- Die Parallele der o. g. Schritte einer Gefährdungsbeurteilung zum Regelkreis des Führungsvorgangs führt dazu, dass das Durchlaufen des Füh-

rungsvorgangs (▶ Kapitel 1.2) einer Gefährdungsbeurteilung der aktuellen Einsatzlage entspricht.
- Die zusammengefasste Bewertung gleichartiger Gefährdungssituationen erlaubt dem Einsatzleiter die rechtskonforme Einteilung der Gefahren der Einsatzstelle in Gruppen (▶ Kapitel 1.4).

Diese Grundsätze sind das Fundament, auf dem die folgenden Kapitel aufbauen.

1.2 Das Erkennen von Gefahren als Bestandteil des Führungsvorgangs

Von entscheidender Bedeutung für das Erreichen des Einsatzzieles und die Sicherstellung des Einsatzerfolges ist das systematische Vorgehen des Einsatzleiters. Nur durch geordnetes Denken und Handeln können taktische Einsatzprobleme auch an großen und unübersichtlichen Schadenstellen erfolgreich bewältigt werden.

Die Feuerwehr-Dienstvorschrift 100 »Führung und Leitung im Einsatz – Führungssystem« definiert den Führungsvorgang als einen zielgerichteten, immer wiederkehrenden und in sich geschlossenen Denk- und Handlungsablauf. Dieser lässt sich in folgende Teilschritte gliedern (▶ Bild 1):

- Lagefeststellung,
- Lagebeurteilung,
- Entschluss und
- Befehlsgebung.

Für unsere Betrachtungen ist die Phase der Lagebeurteilung von großer Bedeutung. In ihr gilt es, unter Berücksichtigung des Einsatzauftrages die in der Lagefeststellung gewonnenen Erkenntnisse mit den eigenen Möglichkeiten und Mitteln in Übereinstimmung zu bringen. Hierzu stellt sich der Einsatzleiter die folgenden formalisierten Fragen:

- Welche Gefahren bestehen für Menschen, Tiere, Umwelt und Sachwerte?
- Welche Gefahr muss zuerst bekämpft werden?
- Wo ist der Gefahrenschwerpunkt?

Indem die eigenen Schutz- und Abwehrmöglichkeiten diesen Erkenntnissen gegenübergestellt werden, wird systematisch die beste Möglichkeit zur Gefahrenabwehr gefunden. Das schnelle und richtige Erkennen und Bewerten von Gefahren ist daher für alle Einsatzkräfte von größter Bedeutung. Für die Mannschaft ist es Grundlage für richtiges Verhalten und eigene Sicherheit, für die Führungskräfte ist es ein sehr wichtiger Bestandteil eines systematischen Führungsverhaltens.

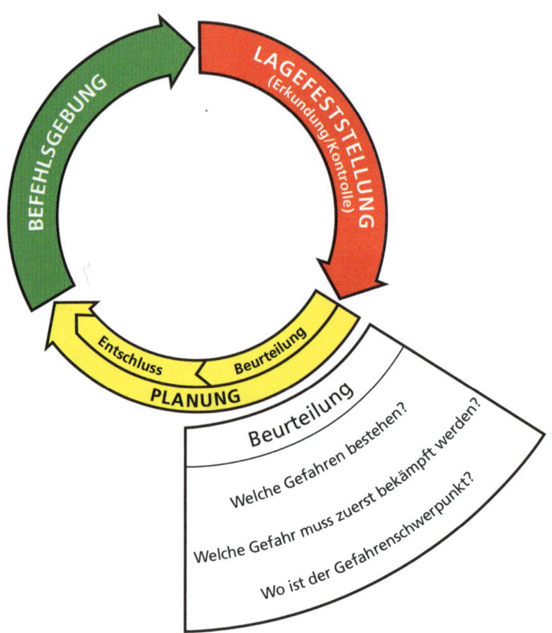

Bild 1: ***Die Gefahrenlehre als Bestandteil des Führungsvorgangs (Quelle: W. Kohlhammer GmbH)***

Dabei ist zu beachten, dass dieser Regelkreis nicht nur bei sich aufbauenden Lagen beachtet wird, sondern dass dieser Prozess auch bei der Rücknahme von Maßnahmen bis hin zur Übergabe der Einsatzstelle an Dritte immer wieder durchlaufen wird. Gleiches gilt für die Übergabe einer Einsatzstelle – oder auch nur eines Abschnittes daraus – an andere Einsatzkräfte. Sowohl die abgebende wie auch die übernehmende Führungskraft sollten den Regelkreis inkl. einer Gefahrenanalyse dabei durchlaufen und gemeinsam besprechen. Dies vermeidet das Übersehen von Risiken und Gefahren – und sorgt für den kontinuierlichen Fortgang der Einsatzmaßnahmen, auch beim Wechsel von Personal oder deren Aufgaben.

1.3 Ursachen und Begegnung der Gefahren

Als Ursachen von Gefahren kommen in Frage:

- die Einsatzstelle selbst,
- inkl. Verhalten von dadurch direkt oder indirekt geschädigten bzw. betroffenen Menschen und Tieren – auch im näheren und weiteren Umfeld,
- mangelhafte Einsatzmittel,

- Fehlverhalten der Einsatzkräfte.

Zwei dieser Ursachen sind im Verhalten von Menschen begründet, sie führen daher zu so genannten »subjektiven Gefahren«. Entsprechend ergeben sich aus den anderen beiden Ursachen »objektive Gefahren«. »Objektive Gefahren« können sich aber auch aus Fehl- oder irrationalem Verhalten von Personen ergeben, z. B. Wegnahme einer Abstützung mit folgendem (Teil-)Einsturz, oder völliges Fehlverhalten eines Kraftfahrzeugführers beim Annähern an eine abgesicherte Einsatzstelle (z. B. zu spätes Bremsen oder Verreißen der Lenkung) sodass das Fahrzeug dadurch ins Schleudern gerät und in der Einsatzstelle landet.

Gefahren, die ihre Ursache in den eigenen Einsatzkräften oder -mitteln haben, sind mit Sicherheit die unnötigsten und sind am einfachsten zu vermeiden. Ihr Vorliegen sollte ausgeschlossen werden. Beispiele für solche Ursachen sind: unnötige Hektik, Verkennen der eigenen Leistungsgrenzen, schlichte Unfähigkeit, Nichtbefolgung von Befehlen, Leichtsinn, Verstoß gegen Unfallverhütungsvorschriften, Verwendung von unzulässigem oder defektem Gerät usw.

Abhilfe schaffen hier insbesondere

- eine regelmäßige und gründliche Aus- und Fortbildung der Einsatzkräfte,
- eine konsequente Beachtung der einschlägigen Unfallverhütungsvorschriften (► Kapitel 1.1),
- eine Verwendung zugelassener Geräte sowie geeigneter PSA, wo immer das möglich ist, und
- eine sorgfältige Prüfung und Wartung der Einsatzmittel nach Fristen bzw. Bedarf.

Da sich Einsatzkräfte im Einsatz nur so verhalten können, wie sie hierauf vorbereitet werden, muss ein Schwerpunkt der Aus- und Fortbildung darin liegen, einsatzgerechtes Verhalten auch unter Stressbedingungen bis hin zu Notfallsituationen zu trainieren. Aus dem eigenen Verhalten und den eigenen Geräten dürfen an der Einsatzstelle keine weiteren Gefahren entstehen, denn die dort vorhandenen sind schon groß genug.

So bleiben die Gefahren, die von fremden Personen und der Einsatzstelle selbst ausgehen. Diese Gefahren bestehen für Menschen, Tiere, Sachwerte und die Umwelt, aber auch für die eigenen Kräfte. So können sich Personen selbst gefährden, indem sie beispielsweise bei einem Kellerbrand die schützende Wohnung verlassen und in das verrauchte Treppenhaus laufen. Oder sie gefährden die Einsatzkräfte z. B. durch plötzliche Angst beim Besteigen von Leitern.

Leider kommt es auch vor, dass Personen die Gefahrenabwehrorganisation, z. B. die Feuerwehr, oder deren Einsatzkräfte vorsätzlich schädigen, oder deren Einsatz erschweren bzw. behindern wollen. Dies geschieht mit zunehmender Tendenz durch direkte Gewalt gegen einzelne Einsatzkräfte oder Einsatzmittel (z. B. Schläge gegen Fahrzeuge), kann aber im Einzelfall auch das Ausmaß von Krawallen annehmen. Es muss deutlich gesagt werden, dass es nicht die Aufgabe der Feuerwehr ist, dieser Gewalt durch passive oder gar aktive »Aufrüstung« zu begegnen. Maßnahmen der Deeskalation gegen aggressive Personen sind dagegen sinnvoll und sollten im Vorfeld geschult und geübt werden. Fruchten sie aber nicht und kann ein Angreifer nicht vollkommen risikolos neutralisiert werden, dann ist der Rückzug die richtige taktische Variante. Bei Krawallen kann schon wegen der Unübersichtlichkeit der Lage die Feuerwehr nicht tätig werden, solange nicht durch die Polizei der Schutz der Einsatzkräfte ausreichend sichergestellt ist. Bei jedem Verdacht auf Gewalt gegen Einsatzkräfte und -mittel ist daher unverzüglich die Polizei anzufordern bzw. so weit schon an der Einsatzstelle anwesend, sofort davon zu informieren. Danach ist ein Vermerk im Einsatzprotokoll zu veranlassen, z. B. durch eine entsprechende Rückmeldung an die Leitstelle. Dies dient auch der Erklärung etwaiger Behinderungen und damit Verzögerungen im Einsatzverlauf.

Ein besonderer Fall von vorsätzlich und zielgerichtet herbeigeführten Gefahren, Auswirkungen und Schäden liegt bei Amoklagen und terroristischen Anschlägen vor. Während bei Amoklagen der oder – seltener – die Täter wahllos Menschen verletzen oder töten, liegen terroristischen Anschlägen meist detaillierte Pläne zugrunde. Sowohl Amok- als auch Terrorlagen können stationär oder mobil sein. Gerade bei terroristischen Anschlägen kann die Dynamik des Ortswechsels oder die Gleichzeitigkeit von Ereignissen wesentlicher Teil des Plans sein, weil sich die Schwierigkeiten für die Polizei- und Rettungskräfte hierdurch vervielfachen. Insbesondere die Festlegung von »sicheren Bereichen« für Feuerwehr und Rettungsdienst wird deutlich erschwert bis unmöglich. Während Amoktäter ihre Gewalt meist unmittelbar an Menschen ausüben, richten sich terroristische Anschläge gegen Menschen, Sachwerte, die Umwelt, Industrie-, Kultur- und Bildungseinrichtungen, insbesondere gegen religiöse und diplomatische Einrichtungen sowie gegen kritische Infrastrukturen, aber auch gegen die Einsatzkräfte. Terroristische Anschläge lassen sich hinsichtlich ihrer objektiv wirkenden Gefahren (Explosion, Gefahrstoffe) durchaus in die klassische feuerwehrtaktische Gefahrenlehre einordnen. Aber insbesondere die gewollte Schädigung von Einsatzkräften durch Kampfstoffe, Sprengfallen und Zweitanschläge kann zu einer deutlich spürbaren Verunsicherung der Einsatzkräfte und damit zu einer (von den Terroristen beabsichtigten) ineffizienten Gefahrenbekämpfung führen.

Weil es in der ersten Einsatzphase kein eindeutiges »Ja/Nein-Schema« für die Frage gibt, ob ein terroristischer Anschlag vorliegt, ist bereits im Vorfeld eine Sensibilisierung der Einsatzkräfte notwendig für Gefährdungsindikatoren wie z. B.

- ungewöhnliche Situationen, insbesondere ungewöhnliche Zusammenhänge zwischen Einsatzort und Einsatzzeit,
- Einsätze an Orten mit hohem Symbolwert oder vielen Menschen,
- unübliche Anordnungen von Fahrzeugen und Gegenständen,
- ein bizarres Schadensausmaß,
- fremdartige Gerüche und/oder Geräusche.

Nur auf der Grundlage dieser Aspekte und unter Berücksichtigung der allgemeinen Bedrohungslage, sowie von aktuellen Ereignissen, kann der Einsatzleiter der Feuerwehr in enger Abstimmung mit dem Polizeiführer die Lage angemessen bewerten und eine verhältnismäßige Reaktion der Einsatzkräfte erreichen. Ein wichtiger Grundsatz lautet, dass nur die zwingend notwendige Anzahl von Einsatzkräften im unmittelbaren Einsatzbereich tätig wird. Nicht benötigte Kräfte sind in sicheren Bereitstellungsräumen als Reserve zurückzuhalten.

Das Bundesamt für Bevölkerungsschutz und Katastrophenhilfe (BBK) hat in Abstimmung mit allen in der nichtpolizeilichen Gefahrenabwehr tätigen Behörden und Organisationen Handlungsempfehlungen zur Eigensicherung für Einsätze nach einem Anschlag (HEIKAT) herausgegeben (BBK 2018).

1.4 Entwicklung der Gefahrenmatrix

Die bekannte Gefahrenmatrix hat sich aus historischen Vorbildern entwickelt und muss ständig überprüft werden. Dieser Abschnitt beleuchtet die historische Entwicklung der Gefahrenmatrix und erläutert, wo Verbesserungspotenziale liegen und wie das Schema unter anderem hinsichtlich der Neuerungen der heutigen Zeit geändert und erweitert werden muss.

Die Missachtung von (Sicherheits-)Regeln und die Unterschätzung von Gefahren führen immer wieder zu Unfällen, weil Einsatzkräfte an Einsatzstellen einer Vielzahl von Gefahren ausgesetzt sind. Darauf muss in der Ausbildung und im Einsatz in geeigneter Weise so eingegangen werden, dass dies auch in hinreichender Breite (also über die verschiedenen Gefahren bzw. Gefahrengruppen) und Tiefe (also jeweils hinreichend genau und unter verschiedenen Aspekten) an einsatzunerfahrene Kräfte (das sind nicht nur die Anfänger, sondern auch andere mit geringen

Einsatzfrequenzen oder nur wenigen vorkommenden Einsatztypen) möglichst einfach und plakativ vermittelbar ist.

Dies war den Feuerwehrführungskräften und -ausbildern schon vor vielen Jahrzehnten klar. In den ersten Jahrzehnten der Arbeit der Feuerwehren fanden sich ab ca. Anfang des 20. Jahrhunderts entsprechende Hinweise auf die im Einsatz anzutreffenden Gefahren in einzelnen Büchern von aktiven Führungskräften. Erst nach dem zweiten Weltkrieg wurden diese nach und nach vor allem von Führungskräften der Landesfeuerwehrschulen überarbeitet und ab ungefähr Mitte der 1960er-Jahre in die Form eines Merkschemas mit Gefahren(gruppen) zusammengefügt.

Aus heutiger Sicht ist darauf zu achten, dass es sich eben nicht um einzelne, klar abgegrenzte Gefahren, sondern um Gefahrengruppen handelt. Das heißt, es werden ganze Bündel möglicher Gefahrenquellen einer Gruppe beschrieben (zum Beispiel Atemgifte durch einen Brand, aber auch durch freigesetzte chemische Stoffe, oder durch feine Stäube). Zudem ist eine breite Streuung der möglichen Folgen zu berücksichtigen.

1.4.1 Historie der Gefahrenmatrix

Die vielleicht ersten Nennungen von den in der Einsatzplanung durch Führungskräfte zu beachtenden Gefahren sowie notwendiger besonderer Maßnahmen tauchen im heute relativ unbekannten Titel: »Das Dienstjahr bei freiwilligen Feuerwehren« von Müller[2]/Witt[3] aus dem Jahre 1935 auf. Zeitbedingt tauchen bei Müller/Witt (1935) noch neben dem »Gasschutz der Feuerwehr im Luftschutzdienst« der chemische Krieg bzw. chemische Kampfstoffe auf. Die um die Luftschutz- bzw. kriegsvorbereitenden Maßnahmen bereinigten Schilderungen im »Feuerschutz-Handbuch für

2 Rudolf Müller war mit Zwischenstationen in der Wehrmacht u. a. von 1921–1941 Bürgermeister und von 1922–1935 Leiter der Feuerwehr Ibbenbüren sowie von 1935–1942 Kreisbrandmeister (bis zu seiner Abberufung 1937 auch Provinzialfeuerwehrführer von Westfalen). Nach dem Krieg war er u. a. von 1946–1961 Bezirksbrandmeister sowie ab 1948 Vize-Präsident des DFV (vgl. Ibbtown Wiki, 2021).

3 Friedrich Witt trat 1911 in den Dienst der Stadt Recklinghausen als Stadtbaurat und später vermutlich Stadtbaudirektor im städt. Bauamt. Von 1929–1933 leitete er die Feuerwehr Recklinghausen. Ab 1934 Wahrnehmung der Polizeiaufsicht über die Feuerwehren des Reg.-Bez. Münster. Von 1934 bis kurz nach Kriegsende war er Leiter (Direktor) der Provinzialfeuerwehrschule Westfalen in Warendorf (Vorgänger der LFS = heutiges IdF NRW in Münster). Von 1941 bis 1944 war er als stellvertretender Kommandeur abgeordnet zum »Feuerwehr-Regiment Ostpreußen«. Im September 1945 wurde Witt Bezirksfeuerwehrinspekteur des RP Arnsberg (Thissen, 2021).

den Feuerwehrdienst, für Brandschau, Bauaufsicht und Brandermittlung«, Meyer[4] (1950), sind ansonsten denen von Müller/Witt (1935), sehr ähnlich, nur etwas anders verteilt. Meyer beschreibt z. B. im Kapitel 3 »Feuerlöschtaktik« im Abschnitt c) die »Aufgaben des Feuerwehrführers und seiner Unterführer« und dort im Punkt 4. »Besondere Gefahren« u. a., es sei »festzustellen, ob die Gefahr einer weiteren Ausbreitung vorhanden ist«, »ob in dem brennenden oder gefährdeten Gebäude leicht brennbare oder zur Explosion neigende Stoffe lagern, die die Löscharbeiten beeinträchtigen können oder die nicht mit Wasser gelöscht werden dürfen«. Im Abschnitt »d) Menschenrettung« folgt, dass »die verängstigten Bewohner auf(ge) klärt und beruhigt« werden sollen. Im Abschnitt »i) Löschen von besonderen Stoffen« sind einige Chemikalien erwähnt, aber unter Bezug auf das Thema »Feuer«. Im Abschnitt »k) Löschen von Gebäudeteilen« wird erwähnt, »daß andererseits in geschlossenen Brandräumen mit gesundheitsschädlichen Gasen gerechnet werden muß«. Im Abschnitt »l) Verhalten bei Bränden besonderer Anlagen«, sind im Teil 1 Elektrische Anlagen aufgeführt. »Feuerwehrmänner können auf diese Weise bei Löscharbeiten gefährdet werden, einmal durch falsche Maßnahmen bei Bränden an oder in unmittelbarer Nähe von stromführenden Leitungen sowie durch direkte oder indirekte Berührung derselben«. Im Abschnitt m) findet sich konkret die »Einsturzgefahr« sowie im Abschnitt n) die Behandlung von Unfällen: »Unter Feuerwehrunfälle fallen alle Körperschäden, die Angehörige der Feuerwehr bei Bränden und Übungen erleiden.«

Damit haben vermutlich Müller/Witt (1935) und Meyer (1950) bis auf die Atomaren Gefahren alles erwähnt und damals die Erweiterung des Gefahrenschemas von 1991 auf 4A-C-4E schon vorweggenommen!

Spätestens 1953 beschreiben Wolff[5]/Hentschel[6], dann in »Der Löschangriff«, schon unter »A. Die Gefahren« die Grundlagen für die späteren Gefahrenschemata:

---

4 Dr. Ing. Johannes Meyer, war in den 1930er-Jahren in der Weimarer Republik bis mind. 1935 früherer Landesbranddirektor von Thüringen in Weimar, danach vermutlich BF Karlsruhe (vgl. Jarausch, 2004), ab ca. 1937 der neu eingerichtete Inspekteur für das Feuerlöschwesen von Deutschland im Rang eines Generalmajors, ab 1942 Generalleutnant der Ordnungspolizei. Zusätzlich zu seiner Ernennung zum Inspekteur war Dr. Meyer anfangs auch noch Chef der neu eingerichteten Reichsfeuerwehrschule in Eberswalde (vgl. Jarausch, 2004).

5 Walter Wolff hatte 1911 bei der Feuerwehr Posen seine Ausbildung begonnen, war 1912 zuerst als Brandmeister in Danzig bei der Feuerwehr, aber schon seit 1913 als solcher bei der Stadt bzw. Berufsfeuerwehr Leipzig beschäftigt und dort zuletzt bis 1945 der stellvertretende Leiter (OTL) der FSchP Dresden (vgl. Feuerwehr-Orden.de, 2021).

6 Bernhard Hentschel war zuerst bei der Feuerschutzpolizei Dresden, dann zunächst als Hauptmann und Kompanieführer im FSchP-Regiment 2, später als Major der FSchP an der Reichsfeuerwehrschule Eberswalde bzw. mit Annäherung der Roten Armee gegen Kriegsende auch im Fronteinsatz (vgl. CTIF, 2014). Von 1969–1976 leitete er die LFS NRW in Münster.

1. Welche Gefahren bestehen für
   a) Menschen?
   b) Tiere?
   c) Sachwerte?
   (Diese Gefahren können z. B. drohen durch Ausdehnung des Feuers, Stichflammen und Explosionen, Einsturz, Atemgifte, Chemikalien, Elektrizität.)
2. Welche Gefahr muss zuerst bekämpft werden? (Rettung von Menschen geht stets allen anderen Maßnahmen vor.)
3. Wo ist der Gefahrenschwerpunkt? (»Wo muss das erste Rohr gesetzt werden?«)

Wolff/Hentschel (1953) verwendeten also bereits sehr früh nahezu wörtlich nicht nur die späteren Grundlagen, die sich auch bis heute im Umfeld des Regelkreises des Führungsvorgangs im Taktikschema bzw. Ablaufplan wiederfinden (vgl. Slaby/Wirsching 2016), sondern sie benannten auch schon schlagwortartig die meisten der Gefahrengruppen.

Etwas umformuliert, und vor allem um die atomaren Gefahren ergänzt, wurden daraus ab den 1960er-Jahren zunächst die folgenden Gefahren(-gruppen). Diese wurden dann zwar schon nach dem ersten Buchstaben, aber noch nicht durchgehend alphabetisch sortiert, häufig in dieser Reihenfolge genannt:

- **A**usbreitung des Brandes (früher »Ausdehnung des Feuers« genannt)
- **A**temgifte
- **A**tomare Gefahren
- **C**hemische Stoffe
- **E**xplosionen/Stichflammen
- **E**insturz
- **E**lektrizität

Identische Schilderungen gab es unter anderem von Hentschel/Marquardt (1967) bzw. Kern[7]/Kaufhold[8] (1968). Später wurde dies oft verkürzt als »3A-(1)C-3E-Merkregel« bezeichnet.

Anfang der 80er-Jahre ergänzte die Landesfeuerwehrschule Baden-Württemberg die Gefahrengruppen »Panik« und »Verletzung« und brachte sie nachfolgend in die

7 Heinrich Kern war von 1951–1961 Leiter der ehemaligen Badischen Landesfeuerwehrschule in Freiburg-Günstertal. 1961 sollte er als nach deren Auflösung zum 27.03.1961 als stellvertretender Leiter nach Bruchsal versetzt werden, völlig unerwartet verstarb er aber mit nur 51 Jahren am selben Tag, vgl. CTIF, 2014.

eigene Taktikschulung ein. Dieses erweiterte Schema wurde Ende der 80er-Jahre von Prof. Hermann Schröder (ehemaliger Landesbranddirektor Baden-Württemberg und vorherigem Schulleiter der Landesfeuerwehrschule) angepasst, indem er »Panik« durch »Angstreaktion« und »Verletzung« durch »Erkrankung/Verletzung« ersetzte, um sie besser in das dahin vorhandene und gut bekannte System integrieren zu können (vgl. Schröder, 1990 und 2021). Ab Oktober 1991 wurde dies vom AK Ausbildung des Ausschusses Feuerwehrangelegenheiten (AFW, heute AFKzV[9]) bundesweit zur Anwendung empfohlen.

Schläfer[10] nahm ab 1990 in Folge der Beschlussfassung des Ausschusses Feuerwehrgelegenheit diese neuen Benennungen auf und veröffentlichte in Folge mehrfach ein erweitertes Gefahrenschema bzw. -matrix. Er beschrieb dazu die

- Angstreaktion (z. B. als Grund für irrationales Verhalten) und ganz allgemein die
- Erkrankung/Verletzung als Gefahr für die im Einsatz beteiligten Personen, Tiere, Sachwerte und die Umwelt.

Dieses Schema ist als Merkschema bis heute in der Feuerwehr unter AAAA C EEEE bzw. 4A-C-4E bekannt.

Seit 1990 ist einiges an Zeit vergangen und die (Einsatz-)Welt hat sich weitergedreht bzw. es kamen und kommen neue Herausforderungen auf die Einsatzkräfte und -organisationen hinzu. Die Feuerwehren werden zunehmend auch für Einsätze mit herangezogen, deren besondere Gefahren vor mehr als 50 Jahren, zum Zeitpunkt der Entwicklung des Gefahrenschemas, oder vor 30 Jahren, im Zuge der ersten und bisher einzigen offiziellen Erweiterung des Schemas, schlicht deshalb noch keine Rolle spielten, weil die Feuerwehren bei solchen Lagen nicht oder nur ganz am Rande eingebunden waren. Außerdem waren damals viel häufiger noch handwerklich ausgebildete Einsatzkräfte wie Maurer, Gerüstbauer, Dachdecker, Schornsteinfeger, Land- und Forstwirte vorhanden. Nicht zuletzt nahm man viele Dinge oft auch (zu!)

---

8 Dr. Friedrich Kaufhold war von 1936–1941 bei der Berliner Feuerwehr, danach bis 1945 an der Reichsfeuerwehrschule Eberswalde. 1946–1957 leitete er die Landesfeuerwehrschule Nordrhein-Westfalen. 1957–1968 war er als Oberbranddirektor der Leiter der Berliner Feuerwehr, die er von Grund auf modernisierte (vgl. Berliner Feuerwehr, 2021).

9 AFKzV: Ausschuss für Feuerwehrangelegenheiten, Katastrophenschutz und zivile Verteidigung (des AK V der Innenministerkonferenz)

10 Heinrich Schläfer leitete bis zu seiner Pensionierung 1995 zuerst die Feuerwehrschule München, danach die Abteilung Ausbildung der Feuerwehr München und war Jahrzehnte in verschiedenen Gremien der deutschen Feuerwehrverbände tätig. Darüber hinaus wirkte er bis Ende 1994 als Hauptschriftleiter der im Kohlhammer-Verlag erscheinenden Fachzeitschrift »Brandschutz«.

gelassen hin, für die heute mindestens seitenlange Gefährdungsbeurteilungen angeraten werden.

Eine Überarbeitung bzw. Diskussion der »Gefahren der Einsatzstelle« ist schon deshalb notwendig, um alle Einsatzkräfte und Dienststellen weiter zu sensibilisieren, damit schlimmste Folgen vermieden werden. So wurden z. B. bei den Starkregenereignissen im Sommer 2021 insgesamt fünf Einsatzkräfte von den Fluten mitgerissen oder in Gebäuden eingeschlossen, wo sie vermutlich ertrunken sind (vgl. Cimolino, für die vfdb[11]-Expertenkommission 2022). Leider kam es bei den Starkregenereignissen mit Folgefluten in Bayern Anfang Juni 2024 ebenfalls zu schweren Unfällen mit vermutlich[12] zwei weiteren toten Einsatzkräften.

1.4.2 Die erweiterte Gefahrenmatrix

Die aus ▶ Kapitel 1.4.1 bekannten Gefahren (4A-C-4E) wurden für diese Auflage überprüft und mit notwendigen Aktualisierungen ergänzt.

Sie werden um weitere Begriffe ausdrücklich ergänzt, die zwar häufig an Einsatzstellen vorkommen, aber bisher nicht ausreichend berücksichtigt wurden. Dies betrifft die Gefahren durch

- Absturz
- Biologische Gefahren
- Ertrinken[13].

Bewusst bleiben wir nach wie vor dabei, das obige und sehr eingängige Schema beizubehalten, welches damit zu AAAAA B C EEEEE (5A-B-C-5E) wird und damit auch wieder einfach zu merken ist. Darüber hinaus sollte die Anordnung auch im Detail dem Alphabet entsprechen, da in der Aufzählung keine Gewichtung der Gefahrenpunkte angestrebt wird.

Die Übersicht lautet dann in Schlagworten und einfacher alphabetischer Sortierung:

11 vfdb = Vereinigung zur Förderung des Deutschen Brandschutzes e. V.

12 Ein Feuerwehrangehöriger ist gesichert im Einsatz ertrunken, ein weiterer wird zum Redaktionsschluss im September 2025 immer noch vermisst. Beide waren in Booten im Einsatz.

13 Die notwendigen Erläuterungen finden sich in ▶ Kapitel 3.

- **A**bnormale Reaktion
- **A**bsturz (von Menschen von Objekten z. B. von einem Dach, Gerüst, Brücke, LKW-Ladefläche, oder von Geländeformen – z. B. von Felskante oder Abhang)
- **A**temgifte
- **A**tomare (radiologische, nukleare) Gefahren
- **A**usbreitung
- **B**iologische Agenzien
- **C**hemische Stoffe
- **E**insturz (von Gebäuden, Bauteilen, aber auch herabfallende Felsen etc.)
- **E**lektrizität
- **E**rkrankung/Verletzung
- **E**rtrinken/(durch) Wassereinsätze
- **E**xplosionen/Stichflammen

Dieses Schema wird üblicherweise in folgender Übersicht geführt (▶ Bild 2), aus der leicht und schnell zu erkennen ist, was für wen bzw. welche Bereiche gelten kann.

Gefahr durch → ↓ für	*Abnormale Reaktion*	*Absturz*	*Atemgifte*	*Atomare (radiologische und nukleare) Gefahren*	*Ausbreitung*	*Biologische Agenzien*	*Chemische Stoffe*	*Einsturz*	*Elektrizität*	*Erkrankung/ Verletzung*	*Ertrinken/ Wassereinsätze*	*Explosion/ Stichflammen*
	A	**A**	**A**	**A**	**A**	**B**	**C**	**E**	**E**	**E**	**E**	**E**
Welche Gefahren müssen bekämpft werden?												
Menschen												
Tiere												
Umwelt												
Sachwerte												
Vor welchen Gefahren müssen sich die Einsatzkräfte schützen?												
Mannschaft												
Gerät												

Bild 2: ***Gefahrenmatrix***

Hinweise und Anmerkungen zur Tabelle

Einsatzgeräte und Sachwerte können zwar nicht »ertrinken«, aber durch Wasser sehr stark geschädigt oder gar zerstört werden. Einsatzgeräte und Sachwerte können natürlich auch durch Brandrauch (= Atemgifte) geschädigt oder gar zerstört werden (vgl. vfdb RL 10/03 sowie Cimolino, ELH, 2025). Außerdem können in bzw. an den

Einsatzgeräten (wozu auch die PSA zählt!) ein- bzw. angelagerte Schadstoffe zu folgenden Erkrankungen beim Einsatzpersonal führen. Natürlich gefährdet Brandrauch bzw. dessen Bestandteile auch (korrosions-)empfindliche Maschinen und Anlagen.

Sachwerte und Geräte können kaum durch atomare Gefahren[14] oder biologische Stoffe direkt geschädigt werden. Hier erfolgt die Schädigung/Zerstörung eher über die Kontamination und die Problematik bzw. Schäden bei der Reinigung. Dies kann bis zur notwendigen Entsorgung von prinzipiell noch funktionsfähigen Geräten führen, die einfach nicht mehr sicher zu dekontaminieren sind.

Die Umwelt kann natürlich nicht direkt »Ertrinken«. Sie kann aber durch Wasser, wie etwa während längerer Überflutungen, geschädigt werden. Meist regeneriert sie sich jedoch relativ schnell wieder. Derartige Übersichten können auch auf Taktischen Arbeitsbrettern oder Checklisten nach US-Vorbild verwendet werden und dort leicht durch Ankreuzen bezogen auf die jeweilige Lage ergänzt werden (vgl. Graeger, 2003/2009; Cimolino, ELH, 2025).

Im Merk-Schema nach ▶ Bild 2 sind nach wie vor einige häufige bzw. einsatzrelevante Gefahren nicht sinnvoll in den Schlagworten, bzw. nur als Sekundärgefahren über »Erkrankung/Verletzung« unterzubringen. Dies betrifft z. B. die Gefahren durch den Verkehr (v. a. Straße, Schiene). Mit einem »V« würde das bisherige Schema aber gesprengt. Da die Gefahren im Verkehr aber immer mehr zunehmen, weil zum einen die Dichte des Straßenverkehrs zunimmt, zum anderen auf Straße und Schiene immer höhere Geschwindigkeiten erreicht werden, ist auf ausreichende Absicherungsmaßnahmen größter Wert zu legen, ▶ Kapitel 1.5.[15]

Das Gefahrenschema bezieht sich auf Einsatzsituationen und hat damit Auswirkungen auf die Maßnahmen der Einsatzkräfte sowie ggf. noch auf die Reihenfolge, in welcher diese durchzuführen sind. Es ist nur bedingt auf die Gefahren ausgerichtet, die im Umgang mit technischem Gerät entstehen. Hier müssen die Bedienungs- bzw. Ausbildungsanleitungen und ggf. die Gefährdungsbeurteilungen für den Einsatz mit beachtet werden!

---

14 Natürlich kann eine starke (atomare) Strahlung auch Material dauerhaft stark beschädigen oder zerstören. Im Umfeld der Wirkung einer solchen Strahlungsintensität spielt das allerdings keine Rolle mehr, weil dort nicht nur alles zerstört, sondern auch Leben auf viele Jahre nicht mehr möglich ist!

15 Eine Möglichkeit könnte sein, ein weiteres A für (fehlende) Absicherung einzubauen. Das würde aber der Logik der bisherigen Nomenklatur widersprechen.

In der Gefahrenmatrix (▶ Bild 2) sind die Gefahren der Einsatzstelle und ihre möglichen Auswirkungen übersichtlich dargestellt. Sie werden in ▶ Kapitel 2 in der durch die Merkhilfe vorgegebene alphabetische Reihenfolge beschrieben, wobei die Reihenfolge der Aufzählung keine Wertung der Gefährlichkeit darstellt. Die Hauptgefahr ergibt sich in jedem Einzelfall aus der aktuellen Lage und kann sich im Laufe eines Einsatzes daher auch mehrmals dynamisch ändern. So ist es beispielsweise denkbar, dass bei einem Brand zunächst die Gefahr der Brandausbreitung im Vordergrund steht. Durch fortgesetzte Erkundungsmaßnahmen wird dann bekannt, dass sich in dem brennenden Gebäude mehrere Flüssiggasflaschen befinden. Nun steht die Explosionsgefahr im Vordergrund. Ist es dann tatsächlich zur Explosion gekommen, gewinnt möglicherweise die Gefahr eines Einsturzes an Bedeutung usw.

1.5 Absicherung von Einsatzstellen

Einsatzstellen sind Orte, an denen Gefahren vorliegen. Es muss das oberste Ziel aller Taktik sein, zu verhindern, dass von außen kommende, weitere Gefahren in die Einsatzstelle hineinwirken. Aus dieser Forderung ergibt sich an Einsatzstellen im (öffentlichen) Verkehrsraum eine Absicherungspflicht gegenüber dem nachfolgenden Verkehr. Insbesondere an viel befahrenen Bundesstraßen und bei Einsätzen auf Bundesautobahnen kommt der eigenen Absicherung größte Bedeutung zu. Wer auf einer Hauptverkehrsstraße ohne ausreichende Eigensicherung tätig wird, muss damit rechnen, in kürzester Zeit selbst zum Notfall zu werden![16]

Die Zuständigkeit der Feuerwehren beschränkt sich auf Warn- und Absperrmaßnahmen, die Verkehrslenkung ist ausschließlich Aufgabe der Polizei, soweit nicht einzelne Bundesländer abweichende Regelungen beschlossen haben (vgl. Bayerische Staatskanzlei 1990).

Der Beginn der Absicherung auf Straßen außerhalb geschlossener Ortschaften hat ungefähr 200 Meter vor der Einsatzstelle zu erfolgen. Bei Straßen mit Gegenverkehr muss stets nach beiden Seiten gesichert werden. Auf Autobahnen und Straßen mit getrennten Richtungsfahrbahnen reicht aber meist die Absicherung der betroffenen Richtungsfahrbahn, allerdings sollte wegen der hier anzutreffenden hohen Fahrgeschwindigkeiten bereits 800 Meter vor der Einsatzstelle mit der Absicherung begonnen werden (▶ Bild 3).

16 Fahrversuche haben gezeigt, dass auch Fahrassistenzsysteme (FAS) wie z. B. Notbremsassistenten keine Garantie für ein gesichert rechtzeitiges Anhalten vor der Einsatzstelle bieten.

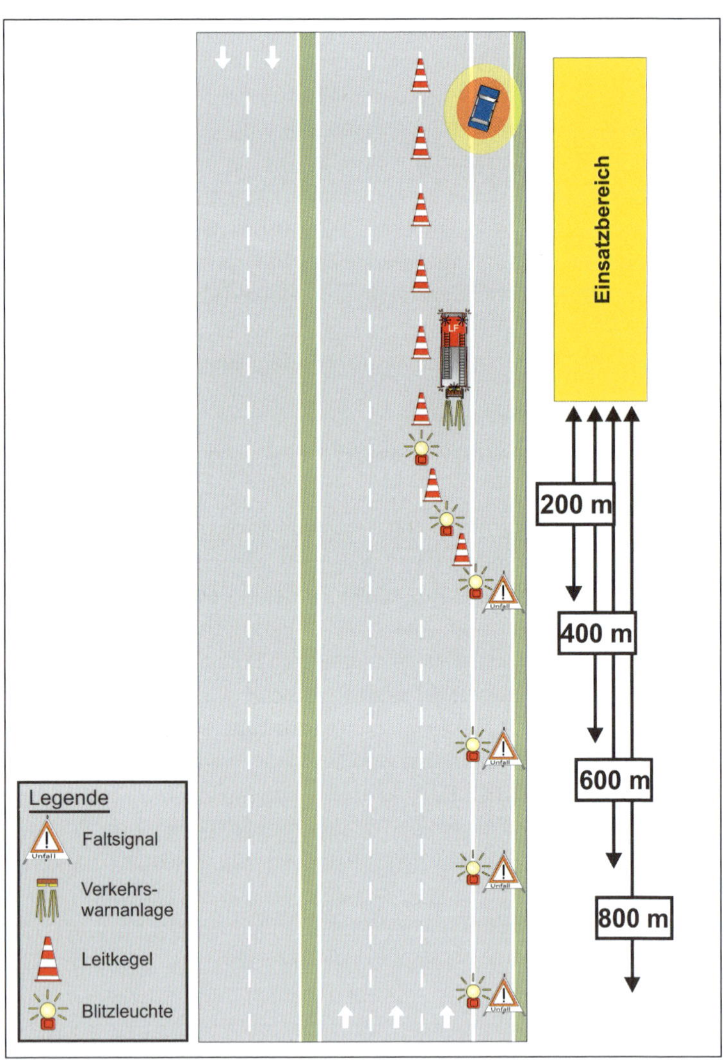

Bild 3: *Einfache Absicherung auf Bundesstraße/Autobahn – mit mehr Mitteln bzw. Fahrzeugen kann das natürlich noch besser umgesetzt werden. (Quelle: Andreas Weich)*

Zur Grundsicherung gegen fließenden Verkehr sind Warndreiecke zu verwenden, zusätzlich sollen zur besseren Erkennbarkeit blinkende Warnleuchten aufgestellt werden. Verkehrsleitkegel, Rundumkennleuchten, Blitzleuchten u. Ä. können bei Bedarf zusätzlich verwendet werden; insbesondere auf schnell befahrenen Straßen sind diese Hilfsmittel unverzichtbar. Das großzügige Ausleuchten von Einsatzstellen verbessert nicht nur die Arbeitsbedingungen der Feuerwehrangehörigen, sondern erhöht auch die Warnwirkung für sich nähernde Verkehrsteilnehmer.

Bei unübersichtlichen Straßenführungen (Kurven, Kuppen o. Ä.) und bei ungünstigen Witterungsverhältnissen (Nebel, Dunkelheit, Regen) sind gegebenenfalls größere Sicherheitsabstände zu wählen und die Warneinrichtungen zu erweitern.

Auf Verkehrsflächen müssen alle Einsatzkräfte ausreichende Warnkleidung tragen. Geeignete Schutzkleidung erfüllt die Grundanforderungen dazu. Spezielle Warnkleidung im Verkehr müssen jedoch die Sicherungsposten tragen, die z. B. auch immer dann einzusetzen sind, wenn Hindernisse im Verkehrsbereich sonst nicht ausreichend kenntlich gemacht werden können, wie etwa Schlauchbrücken.

Das Aufstellen eines Feuerwehrfahrzeugs als Sicherungsfahrzeug vor der eigentlichen Einsatzstelle schafft zusätzliche Sicherheit für die tätigen Einsatzkräfte, da dieses vor schnell herannahenden Fahrzeugen mit hoher Geschwindigkeit schützen kann (▶ Bild 4). Im Einzelnen gilt für das Sicherungsfahrzeug:

- Das Fahrzeug hat eine möglichst hohe Masse.
- Das Fahrzeug hat keine weitere einsatztaktische Aufgabe an der Einsatzstelle.
- Idealerweise verfügt das Fahrzeug über eine Konturmarkierung gemäß ECE-Regelung 104, eine Heckwarnbeklebung gemäß DIN 14502-3 und ein Fahrzeug-Heckwarnsystem gem. § 52 (11) StVZO.
- Das Fahrzeug sollte in einem Abstand von mindestens 25 m vom letzten aktiv in das Einsatzgeschehen eingebundenen Einsatzfahrzeug als Beginn der Sicherheitszone abgestellt werden. Unter Beachtung der aktuellen Verkehrssituation kann eine längere Sicherheitszone erforderlich sein. Die übrigen Maßnahmen ergeben sich aus der FwDV 1.
- Die Einsatzkräfte verlassen das Fahrzeug nach Aufstellen umgehend und begeben sich in einen sicheren Bereich.
- Das Fahrzeug bleibt über die Einsatzdauer unbesetzt.
- Während der Einsatzdauer werden keine Geräte aus dem Fahrzeug entnommen.
- Die Feststellbremse ist betätigt, um das Fahrzeug gegen unbeabsichtigtes Wegrollen zu sichern.
- Die Lenkung ist zur verkehrsabgewandten Seite hin eingeschlagen.

- Die vorhandenen optischen Warneinrichtungen sind eingeschaltet.
- Alle Türen und Geräteräume sind geschlossen.

Bild 4: ***Schwerer Auffahrunfall an einer Einsatzstelle (Quelle: Berufsfeuerwehr Essen)***

Bei Einsätzen auf Bahnanlagen kommt der Eigensicherung der Einsatzkräfte ebenfalls große Bedeutung zu. Schienenfahrzeuge haben zum Teil derart hohe Geschwindigkeiten und Bremswege (auf ICE-Strecken bis zu 300 km/h, der Bremsweg liegt bei 2,5 bis 3,0 km Länge), dass der Zug nicht mehr »auf Sicht«, sondern mittels elektronischer (Fern-)Steuerung gefahren wird (»Linienzugbeeinflussung, LZB«). Auf Rangierbahnhöfen rollen Waggons führerlos vom Ablaufberg, um in einer Richtungsgruppe zum vorgesehenen Zugverband zusammengestellt zu werden. Und selbst wenn ein Gleis durch den darauf befindlichen Zug als gesperrt angesehen werden kann, so ist auf den benachbarten Gleisen immer noch mit Zugverkehr mit hoher Geschwindigkeit zu rechnen.

Selbstverständlich ist eine dem Straßenverkehr ähnliche Absicherung der Einsatzstelle auch auf Bahnanlagen nicht unsinnig. Eine ausreichende Sicherheit für die Einsatzkräfte ist hier jedoch nur in Zusammenarbeit mit dem Betreiber der Strecke, dem so genannten Eisenbahninfrastruktur-Unternehmen, zu erreichen. Nur von dort können der Zugverkehr eingestellt, die Oberleitung abgeschaltet, die notwendigen Gleise gesperrt und ein sicherer Zugang zur eigentlichen Einsatzstelle veranlasst werden. Die Deutsche Bahn AG als größtes Eisenbahninfrastruktur-Unternehmen unterhält Notfallleitstellen und ein flächendeckendes Netz von Notfall-Managern. Die

Feuerwehren müssen sich als vorbereitende Maßnahmen mit den Bahnanlagen in ihrem Ausrückebereich vertraut machen und die im Einsatzfall zu nutzenden Meldewege zu dem oder den jeweils zuständigen Eisenbahninfrastruktur-Unternehmen kennen und erprobt haben.

Achtung:

Erkennt der Einsatzleiter zur alarmierten Gefahrenlage weitere bzw. besondere Gefahren, z. B. unterspülte Straßen, defekte Brücken, blockierte Waldwege durch umgefallene Bäume, Munitionsverdacht durch Explosionen etc., so ist dies unverzüglich per Funk den nachrückenden Kräften sowie der Leitstelle mitzuteilen.

In größeren Einsatzlagen gehört es zum Aufgabenbereich des S2 bzw. des Lagekartenführers im Sachgebiet S2, die diesbezüglichen Erkundungsergebnisse in der Lagekarte oder ggf. eigenen Wegekarten zu sammeln, zu dokumentieren und in geeigneter Weise an die Einsatzkräfte im Einsatz sowie im Bereitstellungsraum o. ä. weiter zu vermitteln. Dies kann durch Druck von Karten sowie Darstellung in Geo-Informationsdiensten bzw. Stabsunterstützungsprogrammen erfolgen.

2 Gefahren gefährlicher Stoffe

2.1 Einleitung

Ausdrücklich wird darauf hingewiesen, dass zahlreiche Inhalte dieses Kapitels auch für andere Gefahren gelten, z. B. sind Maßnahmen zur Dekontamination auch nach Brandeinsätzen erforderlich.

Unter einem »gefährlichen Stoff« versteht man einen Stoff, von dem bei Unfällen oder beim unsachgemäßen Umgang besondere Gefahren für Menschen, Tiere, Sachwerte und die Umwelt ausgehen können. Häufig sind diese Gefahren der allgemeinen Lebenserfahrung nach nicht erkenn- und beurteilbar. Gefährliche Stoffe können in alphabetischer Reihenfolge mehrere gefährliche Eigenschaften aufweisen, dies kann die Einstufung in mehrere verschiedene Gefahrengruppen zur Folge haben, dazu auch ▶ Kapitel 2.4.2:

- ätzend (C – Chemisch),
- brandfördernd (A – Atemgifte, A – Ausbreitung, E – Explosion),
- entzündlich (A – Atemgifte, A – Ausbreitung, E – Explosion),
- erbgutverändernd (A – Atomare und andere Strahlungen, B – Biologisch, C – Chemisch),
- explosionsgefährlich (A – Ausbreitung, E – Explosion),
- fortpflanzungsgefährdend (A – Atomare und andere Strahlungen, B – Biologisch, C – Chemisch),
- gesundheitsschädlich (A – Atomare und andere Strahlungen, B – Biologisch, C – Chemisch),
- giftig (B – Biologisch, C – Chemisch),
- hochentzündlich (A – Atemgifte, A – Ausbreitung, E – Explosion),
- krebserzeugend (A – Atemgifte, A – Atomare und andere Strahlungen, B – Biologisch, C – Chemisch),
- leichtentzündlich (A – Atemgifte, A – Ausbreitung, E – Explosion),
- reizend (A – Atemgifte, A – Ausbreitung),
- sehr giftig (B – Biologisch, C – Chemisch),
- sensibilisierend (B – Biologisch, C – Chemisch),
- umweltgefährlich (B – Biologisch, C – Chemisch).

Dazu gibt es noch Einsatzlagen bzw. -bereiche, deren Gefahren nicht auf einem »Stoff«, sondern auf einer Technologie beruhen. Typisches Beispiel dafür sind radiologische Bereiche, die durch Strahlung krebserzeugend/erbgutverändernd wirken können. Auch wenn einzelne bildgebende Verfahren wie z. B. die Magnet-Resonanz-Tomografie (MRT) diesbezüglich als ungefährlich gelten, so werden wegen der extrem starken Magnetfelder metallische Gegenstände (Implantate, Ausrüstung!) davon beeinflusst bzw. bewegt, was schwerwiegende Folgen haben kann. Dagegen können starke Funkwellen (z. B. Radio- oder Fernsehsender) Strahlungseffekte auf den Organismus haben. Deshalb gibt es in der Umgebung von Sendemasten entsprechender Leistung immer auch Warnhinweise, die auch von der Feuerwehr im Einsatz bis zum Abschalten der Strahlungsquelle zu beachten sind!

Zum Schutz vor diesen Gefahren wurden umfangreiche Rechtsvorschriften sowohl im nationalen wie auch im internationalen Rahmen erlassen.

Grundsätzlich ist zwischen Produktion, Lagerung und Verbrauch, d. h. ortsfestem Umgang einerseits und dem Transport andererseits zu unterscheiden. Der erste Bereich wird insbesondere durch die Gefahrstoff-Verordnung und zahlreiche Vorschriften aus dem Gewerberecht abgedeckt.

Beim Transport werden Gefahrstoffe begrifflich zu »gefährlichen Gütern«, deshalb spricht man hier von Gefahrgut-Vorschriften. Wegen des grenzüberschreitenden Verkehrs ist hierbei eine Harmonisierung von nationalen und internationalen Rechtsvorschriften von sehr großer Bedeutung.

2.2 Die Kennzeichnung im »Global Harmonisierten System (GHS)«

Bei Umgang, Aufbewahrung, Lagerung und Vernichtung gefährlicher Stoffe muss ein möglichst hohes Maß an Sicherheit für die damit beschäftigten Menschen erreicht werden. Eine zwingende Voraussetzung besteht darin, dass die gefährlichen Stoffe in geeigneter Weise gekennzeichnet sind, damit deren spezifische Gefahren ebenso wie gebotene und verbotene Verhaltensweisen schnell und sicher erkannt werden können. Diese Kennzeichnung war zunächst im nationalen Recht in der Gefahrstoff-Verordnung geregelt. Die Vereinten Nationen haben ein »Global Harmonisiertes System zur Einstufung und Kennzeichnung von Chemikalien (GHS)« entwickelt, welches ab 2009 mit der sogenannten CLP-Verordnung (»Classification, Labelling, Packaging«) schrittweise in der Europäischen Union eingeführt wurde. Am 1. Juni 2017 endete die letzte Übergangsfrist, sodass inzwischen nur noch die auf dem GHS basierenden Vorgaben verwendet werden dürfen. Mit GHS/CLP erfolgt eine weitgehende Angleichung der bisher deutlich unterschiedlichen Regelungen für die Einstufung und Kennzeichnung von Gefahrstoffen bei Produktion/Lagerung/Verbrauch einerseits und Transport (Gefahrgüter) andererseits.

Die orangen Quadrate der Gefahrstoff-Verordnung entfallen ebenso wie die gefahrspezifischen Kennbuchstaben (z. B. Xn, F+, T etc.) und werden durch Gefahrenpiktogramme (rot umrandete Raute mit schwarzem Gefahrensymbol auf weißem Hintergrund) ersetzt. Aus dem Gefahrensymbol ist auf den ersten Blick erkenntlich, welche Gefahr von dem betreffenden Stoff ausgeht. Bei Vorliegen mehrerer Gefahren müssen entsprechend viele Gefahrensymbole angebracht werden.

Die »R- und S-Sätze«, welche vor Gefahren (»Risk«) warnten und Sicherheitsratschläge (»Safety«) gaben, werden im GHS/CLP-System begrifflich ersetzt durch Gefahrenhinweise H (»Hazard-Statement«) und Sicherheitshinweise P (»Precautionary-Statement«). Dabei handelt es sich aber nach wie vor um standardisierte Textbausteine.

Da nicht auszuschließen ist, dass die Feuerwehren noch einige Zeit auf Gefahrstoffe treffen, welche (rechtswidrig) nach dem alten Recht gekennzeichnet sind, sind in Tabelle 1 die alten und die neuen Kennzeichnungen mit den zugehörigen Gefahrenbezeichnungen gegenübergestellt.

Tabelle 1: ***Gefahrensymbole nach Gefahrstoff-Verordnung und nach Global Harmonisiertem System – GHS (Quelle: Kohlhammer GmbH)***

Gefahrenbezeichnung	Kennbuchstabe	Symbol	Bezeichnung	Piktogramm GHS
Explosionsgefährlich	E		Explodierende Bombe	
Hochentzündlich	F+		Flamme	
Leichtentzündlich	F			
Brandfördernd	O		Flamme über einem Kreis	
Gase unter Druck	keine Entsprechung		Gasflasche	
Ätzend	C		Ätzwirkung	
Sehr giftig	T+		Totenkopf mit gekreuzten Knochen	
Giftig	T			
Gesundheitsschädlich	Xn		keine Entsprechung	
Reizend	Xi			

Tabelle 1: ***Gefahrensymbole nach Gefahrstoff-Verordnung und nach Global Harmonisiertem System – GHS (Quelle: Kohlhammer GmbH) – Fortsetzung***

Gefahrenbezeichnung	Kennbuchstabe	Symbol	Bezeichnung	Piktogramm GHS
Warnung	keine Entsprechung		Ausrufezeichen	
Gesundheitsgefahr	keine Entsprechung		Gesundheitsgefahr	
Umweltgefährlich	N		Umwelt	

Die Kennzeichnung nach GHS/CLP-System kann bei Versandstücken entfallen, wenn diese mit den entsprechenden verkehrsrechtlichen Gefahrensymbolen gekennzeichnet sind. Die Gefahrgutkennzeichnung wird im nächsten Kapitel erläutert.

2.3 Transport gefährlicher Güter

In der Bundesrepublik werden jährlich mehr als 400 Millionen Tonnen Gefahrgüter befördert, davon über 65 Prozent auf dem Transportweg Straße. Rund zehn Prozent werden mit der Eisenbahn befördert, 13 bzw. 11 Prozent entfallen auf die Binnen- bzw. die Seeschifffahrt und weniger als 0,1 Prozent werden mit Flugzeugen transportiert. Bei den Transporten auf der Straße macht der Güternahverkehr rund 5/6 des Aufkommens aus. Obwohl rund 3 000 verschiedene Stoffe in größerer Menge befördert werden, entfallen mehr als 80 Prozent der Transportmenge auf Mineralölprodukte wie Benzin, Heizöl, Diesel u. Ä.

Zum Schutz vor den möglichen Risiken beim Transport gefährlicher Güter gibt es zahlreiche und für das jeweilige Transportmittel spezifische Vorschriften. Da Transport auch grenzüberschreitend stattfindet, müssen diese Vorschriften an internationale Richtlinien angepasst sein. In der Bundesrepublik sind es das Gesetz über die Beförderung gefährlicher Güter (Gefahrgut-Gesetz) und die Gefahrgut-Verordnungen (GGV), welche auf das jeweilige Transportmittel zugeschnitten sind. Im Einzelnen gibt es national die

- Gefahrgut-Verordnung Straße, Eisenbahnen und Binnengewässer (GGVSEB) und die
- Gefahrgut-Verordnung Seeschifffahrt (GGVSee).

Internationale Vorschriften sind z. B.:

- für die Straße »Accord européen relatif au transport international des marchandises dangereuses par route (ADR)«, zu Deutsch das »Europäische Übereinkommen über die internationale Beförderung gefährlicher Güter auf der Straße« – wird alle zwei Jahre aktualisiert,
- für die Eisenbahn »Réglement concernant le transport international ferroviaire de marchandises dangereuses (RID)«, zu Deutsch »Regelung zur internationalen Beförderung gefährlicher Güter im Schienenverkehr« – wird alle zwei Jahre aktualisiert,
- für die Binnenschifffahrt »Accord européen relatif au transport international des marchandises dangereuses par voie de navigation intérieure (ADN)«, zu Deutsch »Europäisches Übereinkommen über die internationale Beförderung gefährlicher Güter auf Binnenwasserstraßen«- wird alle zwei Jahre aktualisiert sowie
- für die Seeschifffahrt »International Maritime Code for Dangerous Goods (IMDG-Code)«, zu Deutsch »Kennzeichnung gefährlicher Güter in der internationalen Seefahrt« – wird zweimal monatlich aktualisiert.

Für den Transport gefährlicher Güter im Luftverkehr gibt es international gültige Vorschriften der IATA (Internationaler Verband der Luftfahrtgesellschaften) und der ICAO (Internationale Zivilluftfahrt-Organisation).

Ergänzend zu den genannten Vorschriften gibt es zahlreiche speziell für den Transport gefährlicher Güter geschaffene Durchführungsrichtlinien, technische Richtlinien und Ausnahmeverordnungen. Daneben enthalten auch beispielsweise das Strahlenschutzgesetz, das Kriegswaffenkontrollgesetz, das Wasserhaushaltsgesetz, das Sprengstoffgesetz, das Abfallgesetz, das Gerätesicherheitsgesetz und das Chemikaliengesetz sowie die dazugehörigen Rechtsvorschriften Bestimmungen für den Transport gefährlicher Güter. Des Weiteren gibt es international gültige Regelungen für die sichere Beförderung von radioaktivem Material von der Internationalen Atomenergie-Organisation (IAEO), kurz IAEO-Empfehlungen genannt. Die genannten Gefahrgutvorschriften regeln insbesondere:

- Genehmigung zum Transport,
- Anforderungen an das Transportmittel,
- Anforderungen an die Verpackung,
- Anforderungen an die Verladeweise, Kennzeichnung des Transportmittels, Kennzeichnung des Transportguts,
- Schulung des Transportpersonals.

2.3.1 Kennzeichnung von Gefahrguttransporten

Gemäß den Gefahrgut-Verordnungen sind Transporte von gefährlichen Stoffen ab bestimmten Mengen zu kennzeichnen. Hierbei sind aber Unterschiede zwischen den einzelnen Verkehrsträgern zu beachten.

Die in ▶ Tabelle 2 dargestellten Gefahrzettel finden sich sowohl auf Versandstücken als auch auf Transportfahrzeugen, Aufsetztanks und Containern. Sie können zusätzliche Aufschriften in Zahlen oder Buchstaben enthalten, die den Stoff näher spezifizieren oder auf die Art der Gefahr hinweisen, z. B. »POISON«, »CORROSIVE«. Im Zu- und Ablauf von und nach den Seehäfen dürfen Versandstücke nach den Vorschriften des Seeverkehrs (»IMDG-Code«) gekennzeichnet sein. Hierdurch können beispielsweise Gefahrzettel verwendet werden, die in der GGVSEB nicht enthalten sind, oder es werden Tankcontainer ohne Gefahrnummer transportiert, da die GGVSee diese Zahl nicht vorsieht. Ähnliches gilt für den Verkehr von und zu Flughäfen.

2.3.1.1 Kennzeichnung beim Transport auf der Straße

Beim Transport von gefährlichen Gütern ist das Transportfahrzeug vorne und hinten mit einer rechteckigen orangefarbenen Warntafel gemäß ▶ Tabelle 1 (Abmessungen mindestens 40 × 30 Zentimeter; eine Ausführung 30 × 12 Zentimeter ist zulässig für Fahrzeuge, bei denen die Anbringungsfläche für die größere Form nicht ausreicht, z. B. Pkw) zu kennzeichnen, sobald bestimmte Grenzwerte der Lademenge überschritten sind. Die Grenzwerte sind stoffabhängig unter Berücksichtigung des jeweiligen Gefährdungspotenzials festgelegt und reichen von 50 bis 1 000 kg. Für ansteckungsgefährliche Stoffe mit hohem Gefährdungspotenzial für Menschen gibt es keine untere Mengengrenze. Fahrzeuge mit radioaktivem Transportgut müssen seitlich und hinten zusätzlich zur neutralen orangefarbenen Warntafel mit dem Gefahrzettel für Radioaktivität gekennzeichnet werden.

Bei Tankfahrzeugen, Aufsetztanks oder Gefäßbatterien mit einem Fassungsvermögen von mehr als 1 000 l müssen zusätzlich zu den neutralen Warntafeln an den Seiten jedes Tanks oder Tankabteils orangefarbene Tafeln mit Ziffern gemäß ▶ Bild 6 angebracht sein. Bei Tankfahrzeugen mit nur einer Kammer genügt das Anbringen dieser Tafeln vorne und hinten anstelle der neutralen Warntafel (▶ Bild 5). Darüber hinaus müssen die entsprechenden Gefahrzettel gemäß ▶ Tabelle 2 an den Seiten – bei Mehrkammer-Tankfahrzeugen je Tankabteil – und hinten am Fahrzeug angebracht sein. Diese Kennzeichnung gilt unabhängig von der Menge des im Tank tatsächlich befindlichen Gutes, sodass auch leere, aber noch nicht gereinigte Tanks zu kennzeichnen sind. Bei gereinigten Tanks muss die Kennzeichnung aber entfernt oder abgedeckt sein.

Tabelle 2: ***Gefahrzettel (Quelle: W. Kohlhammer GmbH)***

Großzettel (Placards)	Gefahrzettel	ADR-Klasse	Unterklasse	Art und Eigenschaft des Gefahrguts
		1		Explosible Stoffe und Gegenstände
Nr. 1	Nr. 1		1.1	Stoffe und Gegenstände, die massenexplosionsfähig sind
Nr. 1	Nr. 1		1.2	Stoffe und Gegenstände, die Gefahr der Bildung von Splitter, Spreng- und Wurfstücken aufweisen (nicht massenexplosionsfähig)
Nr. 1	Nr. 1		1.3	Stoffe und Gegenstände, die eine Feuergefahr besitzen
1.4 Nr. 1.4	1.4 Nr. 1.4		1.4	Stoffe und Gegenstände, die im Falle einer Entzündung oder Zündung nur eine geringe Explosionsgefahr darstellen
1.5 Nr. 1.5	1.5 Nr. 1.5		1.5	Sehr unempfindliche massenexplosionsfähige Stoffe
1.6 Nr. 1.6	1.6 Nr. 1.6		1.6	Extrem unempfindliche Gegenstände, die nicht massenexplosionsfähig sind
Nr. 2.1	Nr. 2.1	2		Gase Entzündbare Gase (Symbol »Flamme« schwarz oder weiß)
Nr. 2.2	Nr. 2.2			Nicht entzündbare, nicht giftige Gase (Symbol »Gasflasche« schwarz oder weiß)
Nr. 2.3	Nr. 2.3			Giftige Gase

Tabelle 2: *Gefahrzettel (Quelle: W. Kohlhammer GmbH) – Fortsetzung*

Großzettel (Placards)	Gefahrzettel	ADR-Klasse	Unterklasse	Art und Eigenschaft des Gefahrguts
 Nr. 3	 Nr. 3	3		Entzündbare Flüssigkeiten (Symbol »Flamme« schwarz oder weiß)
 Nr. 4.1	 Nr. 4.1	4.1		Entzündbare feste Stoffe
 Nr. 4.2	 Nr. 4.2	4.2		Selbstentzündliche Stoffe
 Nr. 4.3	 Nr. 4.3	4.3		Stoffe, die in Berührung mit Wasser entzündliche Gase bilden (Symbol »Flamme« schwarz oder weiß)
 Nr. 5.1	 Nr. 5.1	5.1		Entzündend (oxidierend) wirkende Stoffe
 Nr. 5.2 	 Nr. 5.2 	5.2		Organische Peroxide
 Nr. 6.1	 Nr. 6.1	6.1		Giftige Stoffe
 Nr. 6.2	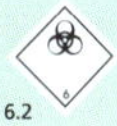 Nr. 6.2	6.2		Ansteckungsgefährliche Stoffe
 Nr. 7D	 Nr. 7A  Nr. 7B  Nr. 7C  Nr. 7E	7		Radioaktive Stoffe
 Nr. 8	 Nr. 8	8		Ätzende Stoffe
 Nr. 9	 Nr. 9	9		Verschiedene gefährliche Stoffe und Zubereitungen

Tabelle 2: ***Gefahrzettel (Quelle: W. Kohlhammer GmbH) – Fortsetzung***

Großzettel (Placards)	Gefahrzettel	ADR-Klasse	Unterklasse	Art und Eigenschaft des Gefahrguts
				Umweltgefährdende Stoffe
				Erwärmte Stoffe

Die Warntafeln mit Ziffern gemäß ▶ Bild 6 müssen so gearbeitet sein, dass die Zahlen nach einem Brand von 15 Minuten Dauer noch lesbar sind. Aus diesen Zahlen kann man wichtige Informationen über den beförderten Stoff und die von ihm ausgehenden Gefahren entnehmen. Bei Tankcontainern dürfen die anzubringenden Warntafeln allerdings durch Selbstklebefolien oder Aufschriften ersetzt werden, an deren Widerstandsfähigkeit gegen Feuer keine Anforderungen gestellt werden.

Bild 5: ***Warntafel neutral (Quelle: W. Kohlhammer GmbH)***

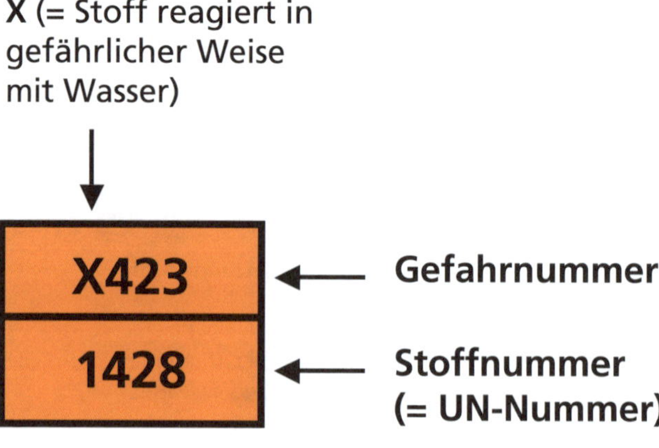

Bild 6: ***Warntafel für Tankfahrzeuge, hier für den Stoff Natrium (Quelle: W. Kohlhammer GmbH)***

Bild 7: ***Beispiel für die Kennzeichnung eines Ein-Kammer-Tankwagens mit Warntafel und Gefahrzetteln (Quelle: Jochen Thorns)***

Im oberen Teil der Tafel befindet sich die Nummer zur Kennzeichnung der Gefahr, oft als »Kemler-Zahl« bezeichnet. Aus ihr lässt sich schnell ablesen, welche besonderen Gefahren von dem transportierten Stoff ausgehen. Die Gefahrnummer ist zwei- oder dreistellig, ihr kann ein »X« vorangestellt sein. Die Ziffern weisen im Allgemeinen auf folgende Gefahren hin:

- 2 Entweichen von Gas durch Druck oder durch chemische Reaktion
- 3 Entzündbarkeit von Flüssigkeiten (Dämpfen) und Gasen oder selbsterhitzungsfähige flüssige Stoffe
- 4 Entzündbarkeit fester Stoffe oder selbsterhitzungsfähige feste Stoffe
- 5 Oxidierende (brandfördernde) Wirkung
- 6 Giftigkeit oder Ansteckungsgefahr
- 7 Radioaktivität
- 8 Ätzwirkung
- 9 Gefahr einer spontanen heftigen Reaktion.

Die Verdoppelung einer Ziffer bedeutet eine Zunahme der Gefahr; so kennzeichnet beispielsweise 33 eine brennbare Flüssigkeit mit einem Flammpunkt unter 23 °C. Ist die Gefahr eines Stoffes ausreichend durch nur eine Ziffer gekennzeichnet, so wird dieser eine Null angefügt. So steht 30 für eine brennbare Flüssigkeit, deren Flammpunkt zwischen 23 und 61 °C – für Dieselkraftstoff, Gasöl und leichtes Heizöl auch darüber – liegt. Ein vorangestelltes »X« weist darauf hin, dass der transportierte Stoff in gefährlicher Weise mit Wasser, Nebel oder Schnee reagiert.

Einigen Ziffernkombinationen kommt eine besondere Bedeutung zu:

- **22** tiefgekühlt verflüssigtes Gas,
- **X323** entzündbarer flüssiger Stoff, der mit Wasser heftig reagiert, wobei brennbare Gase entweichen,
- **X333** selbstentzündliche Flüssigkeit, die mit Wasser heftig reagiert,
- **X423** entzündbarer fester Stoff, der mit Wasser heftig reagiert, wobei brennbare Gase entweichen,
- **44** entzündbarer fester Stoff, der sich bei erhöhter Temperatur in geschmolzenem Zustand befindet,
- **539** entzündbares organisches Peroxid,
- **606** ansteckungsgefährlicher Stoff,
- **664** sehr giftiger Stoff, entzündbar oder selbsterhitzungsfähig,
- **723** radioaktives Gas, brennbar,
- **90** verschiedene gefährliche Stoffe,
- **99** verschiedene gefährliche Stoffe im erwärmten Zustand.

Die im unteren Teil der Warntafel befindliche Zahl, die so genannte Stoffnummer, die auch als UN-Nummer bezeichnet wird, dient zur Spezifikation des Transportgutes. Anhand der Stoffnummer können in Nachschlagewerken und Datenbanken der Name des Stoffes (oder der Stoffgruppe) sowie detailliertere Angaben zu Gefahren und Abwehrmaßnahmen nachgelesen werden. Bei Stückguttransporten findet man die Stoffnummer zunehmend auch auf den Gebinden, was für eine rasche und sichere Identifikation hilfreich ist.

An die Stelle der bisherigen Unfallmerkblätter, die sich auf einen einzelnen Stoff bzw. eine Stoffgruppe oder Gefahrgutklasse bezogen und entsprechend spezifische Hinweise enthielten, sind im Transportrecht 2009 so genannte »Schriftliche Weisungen« getreten. Diese sind unabhängig von den jeweils transportierten Stoffen gestaltet, umfassen alle Gefahrgutklassen und sollen dem Fahrer generelle Hinweise zum Verhalten bei Unfällen geben. Sie müssen im Fahrerhaus an leicht zugänglicher Stelle mitgeführt werden und in einer Sprache abgefasst sein, die jedes Mitglied der

Fahrzeugbesatzung lesen und verstehen kann. Ihr Nutzen als Informationsquelle für die Feuerwehren ist minimal. Daher entwickelte der Europäische Chemieverband CEFIC das System der ERI-Cards (Emergency Response Intervention-Cards), die seit 1998 in Deutschland eingeführt sind.

Gegliedert nach ähnlichen gefährlichen Eigenschaften und Einsatzmaßnahmen wurden die meisten der mehr als 2 200 mit einer UN-Nummer registrierten Gefahrstoffe in Gruppen eingeordnet und auf rund 230 ERI-Cards zusammengefasst, denen stoffgruppenspezifische Hinweise und Handlungsanweisungen für Einsatzmaßnahmen entnommen werden können. Jede ERI-Card besteht aus Mustersätzen und ist in einem Standardformat mit festgelegter Gliederung wie folgt aufgebaut (▶ Bild 8):

- **1** Eigenschaften
- **2** Gefahren
- **3** Persönliche Schutzausrüstung
- **4** Einsatzmaßnahmen
- **4.1** Allgemeine Maßnahmen
- **4.2** Maßnahmen bei Stoffaustritt
- **4.3** Maßnahmen bei Feuer (falls Stoff betroffen)
- **5** Erste Hilfe
- **6** Besondere Vorsichtsmaßnahmen bei der Bergung von Havariegut
- **7** Vorsichtsmaßnahmen nach dem Hilfeleistungseinsatz
- **7.1** Ablegen der Schutzkleidung (Dekon P)
- **7.2** Reinigung der Ausrüstung (Dekon G)

Da die in den ERI-Cards enthaltenen Informationen und Einsatzmaßnahmen zu ihrer Umsetzung in der Regel Spezialausrüstung erfordern, sollen ERI-Cards vor allem bei denjenigen Feuerwehren vorgehalten werden, die für Einsätze mit gefährlichen Stoffen und Gütern ausgebildet und ausgerüstet sind.

Seit 2021 kann auch in Deutschland als Ersatz für das jeweilige Unfallmerkblatt ein »elektronisches Gefahrgutbeförderungsdokument« verwendet werden, vgl. BMV, 2025. Für die Einsatzkräfte ist wichtig, dass nach Erkenntnissen aus 2025 dieses Papier anscheinend außerhalb der regulären Arbeitszeiten nicht immer aktualisiert wird. Es kann also sein, dass der Ladungszustand des LKW dann nicht mit dem Papier übereinstimmt!

Leicht entzündbarer flüssiger Stoff

3-10

1. Eigenschaften

Gefährlich für Haut, Augen und Atemwege.
Entwickelt gefährliche Dämpfe.
Flammpunkt unter 23 °C.
Nicht oder nur teilweise mischbar mit Wasser (weniger als 10 %), leichter als Wasser.

2. Gefahren

Die Hitzeeinwirkung auf Behälter führt zu Druckanstieg mit Berstgefahr und nachfolgender Explosion.
Kann mit Luft explosionsfähige Gemische bilden.
Entwickelt giftige und reizende Dämpfe bei starker Erwärmung oder Brand.
Die Dämpfe können unsichtbar sein und sind schwerer als Luft. Sie breiten sich am Boden aus und können in Kanalisation und Kellerräume eindringen.

3. Persönlicher Schutz

Chemikalienbeständige Kleidung (z. B. Spritzschutz-, Säureschutzkleidung)
Umluftunabhängiger Atemschutz
Unter dem Schutzanzug gegebenenfalls Feuerschutzkleidung nach EN 469 tragen.

4. Einsatz-Maßnahmen

4.1 Allgemeine Maßnahmen

Mit dem Wind vorgehen.
Nicht rauchen, Zündquellen ausschließen.
Gefahr für die Öffentlichkeit! Personen in der Nähe auffordern, in Gebäuden zu bleiben, Fenster und Türen zu schließen und Klimaanlagen abzustellen. Evakuierung von Personen erwägen.
Zahl der Einsatzkräfte im Gefahrenbereich beschränken.

4.2 Maßnahmen bei Stoffaustritt

Lecks wenn möglich schließen.
Ausgetretenes Produkt mit allen verfügbaren Mitteln auffangen.
Auf explosionsfähige Atmosphäre überprüfen.
Keine funkenreißenden Werkzeuge verwenden. Explosionsgeschützte Ausrüstung einsetzen.
Flüssigkeit mit Sand, Erde oder anderen geeigneten Materialien aufnehmen oder mit Schaum abdecken.
Falls der Stoff in offenes Gewässer oder Kanalisation gelangt, zuständige Behörde informieren.
Falls keine Gefahren für Einsatzkräfte oder die Öffentlichkeit entstehen, Kanalisation und Kellerräume belüften.

4.3 Maßnahmen bei Feuer (falls Stoff betroffen)

Behälter mit Wasser kühlen.
Mit Schaum oder Pulver löschen, danach mit Schaum abdecken.
Nicht mit Wasser löschen.
Brandgase wenn möglich mit Sprühstrahl niederschlagen.
Aus Umweltschutzgründen Löschmittel zurückhalten.

5. Erste Hilfe

Falls der Stoff in die Augen gelangt ist, mindestens 15 Minuten mit Wasser spülen und Personen sofort medizinischer Behandlung zuführen.
Personen, die mit dem Stoff in Berührung gekommen sind oder Dämpfe eingeatmet haben, sofort medizinischer Behandlung zuführen. Dabei alle verfügbaren Stoffinformationen mitgeben.
Bei Verbrennungen die betroffenen Hautbereiche sofort und so lange wie möglich mit kaltem Wasser kühlen. An der Haut haftende Kleidung nicht entfernen.
Kontaminierte Kleidung sofort entfernen und betroffene Hautbereiche mit Seife und viel Wasser spülen.

6. Besondere Vorsichtsmaßnahmen bei der Bergung von Havariegut

Beim Umpumpen auf ausreichende Erdung achten.
Explosionsgeschützte Pumpen einsetzen. Bei Elektropumpen auf geeignete Temperaturklasse achten. Mindestens T3 !
Mineralölbeständige Ausrüstung einsetzen.
Ausgetretenes Produkt in belüfteten und mit Absorptionsfiltern ausgestatteten Behältern aufnehmen.

7. Vorsichtsmaßnahmen nach dem Hilfeleistungseinsatz

7.1 Ablegen der Schutzkleidung

Vor dem Ablegen von Maske und Schutzanzug, kontaminierten Anzug und Atemschutzgerät mit Wasser/Seifenlösung abspülen.
Beim Entkleiden von kontaminierten Einsatzkräften oder bei der Handhabung von kontaminiertem Gerät chemikalienbeständige Kleidung und umluftunabhängigen Atemschutz tragen.
Kontaminierte Reinigungsflüssigkeit zurückhalten.

7.2 Reinigung der Ausrüstung

Vor Abtransport von der Einsatzstelle mit Wasser/Seifenlösung abspülen.

Bild 8: ***Beispiel einer ERI-Card (Quelle: ERI-Cards Ausgabe 2010, W. Kohlhammer GmbH, Stuttgart)***

2.3.1.2 Kennzeichnung beim Transport mit der Eisenbahn

Bei Stückguttransporten sind die der Ladung entsprechenden Gefahrzettel nach ▶ Tabelle 2 beidseitig am Waggon oder Container angebracht. Im Gegensatz zum Transport auf der Straße gibt es hier aber keine neutrale orange Warntafel. Die Kombination von bis zu drei auf der Spitze stehenden roten Dreiecken (▶ Bild 9) ist in erster Linie ein Rangierhinweis (Abstoß- und Ablaufverbot), weist aber auch allgemein auf eine besondere Gefährlichkeit der Ladung des betreffenden Waggons hin.

Bild 9: ***Rote Dreiecke (Nebenzettel)***

Kesselwagen, Tankcontainer und Wagen für Güter in loser Schüttung sind mit Gefahrzettel und Warntafel zu versehen, sobald ihr Fassungsvermögen 3 000 Liter überschreitet. Auf der Warntafel müssen sich Gefahrnummer und Stoffnummer befinden, sie ist beidseitig anzubringen. Anstelle der Warntafeln können auch Selbstklebefolien oder Anstriche verwendet werden, soweit das hierfür verwendete Material witterungsbeständig ist und eine dauerhafte Kennzeichnung gewährleistet. Bahnkesselwagen für verflüssigte Gase aller Art sind mit einem 30 Zentimeter breiten, gelb-orangen Streifen zu versehen, der in Höhe der Behälterachse allseitig um den Behälter herumführt (▶ Bild 10).

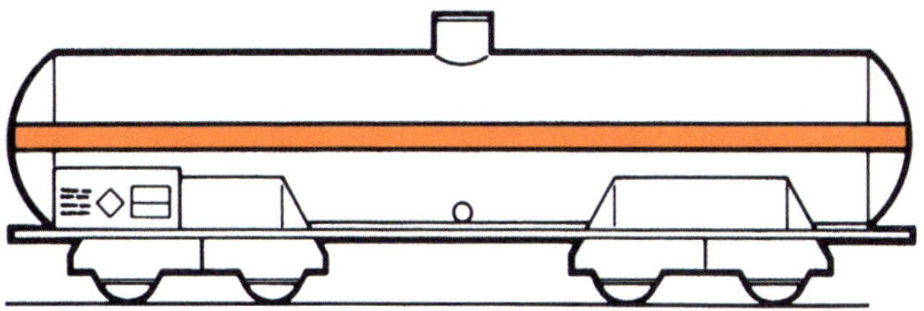

Bild 10: ***Kennzeichnung von Bahnkesselwagen für verflüssigte Gase (Quelle: Broschüre »Die Beförderung gefährlicher Güter«, Hrsg.: Bundesministerium für Verkehr, Bau- und Stadtentwicklung)***

Ein Ordner mit Unfallmerkblättern wird im Führerstand der Lokomotive mitgeführt. Im Rangierbetrieb befindet er sich beim Fahrdienstleiter.

2.3.1.3 Kennzeichnung beim Transport auf Binnenwasserstraßen

Binnenschiffe müssen beim Transport bestimmter feuergefährlicher oder explosiver Stoffe sowie Ammoniak und gleichgestellter Stoffe ab einer gewissen Menge mit blauen Kegeln gekennzeichnet sein (▶ Bild 11).

Im Einzelnen bedeutet:

- 1 blauer Kegel: Transport entzündbarer Stoffe,
- 2 blaue Kegel: Transport gesundheitsschädlicher Güter,
- 3 blaue Kegel: Transport von explosionsgefährlichen Gütern.

Bei Nacht ist die entsprechende Anzahl von blauen Lampen (»Rundumlichter«[17]) zu setzen. Kegel und Lampen müssen jeweils untereinander angeordnet sein.

Unfallmerkblätter werden im Steuerhaus mitgeführt. Anhand von Stauplänen kann ermittelt werden, welche Güter in den einzelnen Laderäumen bzw. Tanks oder an Deck untergebracht sind.

2.3.1.4 Kennzeichnung im Seeschiffsverkehr

Schiffe, die auf Seeschifffahrtsstraßen fahren, müssen beim Transport bestimmter gefährlicher Güter gemäß Seeschifffahrtsstraßen-Ordnung tagsüber mit einer roten Signalflagge (Flagge »B« des internationalen Signalbuches) und nachts mit einem roten Rundumlicht gekennzeichnet sein. Versandstücke sind mit Gefahrzetteln nach dem IMDG-Code (International Maritime Dangerous Code) zu versehen. Auf jedem Seeschiff ist ein Stauplan mitzuführen, aus dem die gefährlichen Güter mit ihrer Gefahrklasse und ihrem Lagerort hervorgehen.

17 Nicht mit Rundumkennleuchten zu verwechseln! Rundumlichter leuchten andauernd.

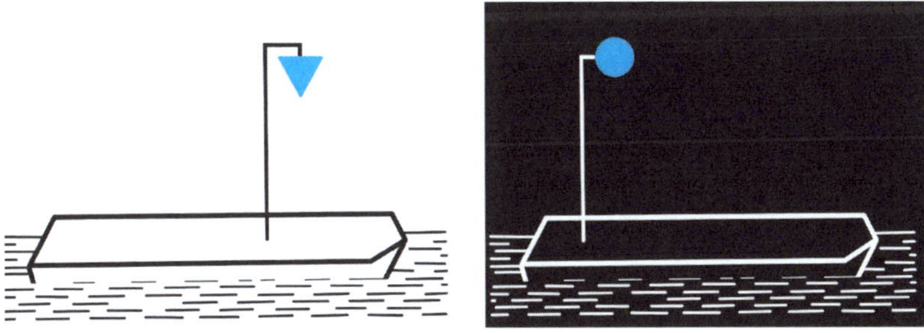

Fahrzeuge sind bei Beförderung entzündbarer Stoffe nach ADNR Anlage B1 Rn 10500 und Anlage B2 Anhang 4 (Stoffliste) am Tag mit einem blauen Kegel mit der Spitze nach unten und in der Nacht mit einem blauen Licht zu kennzeichnen.

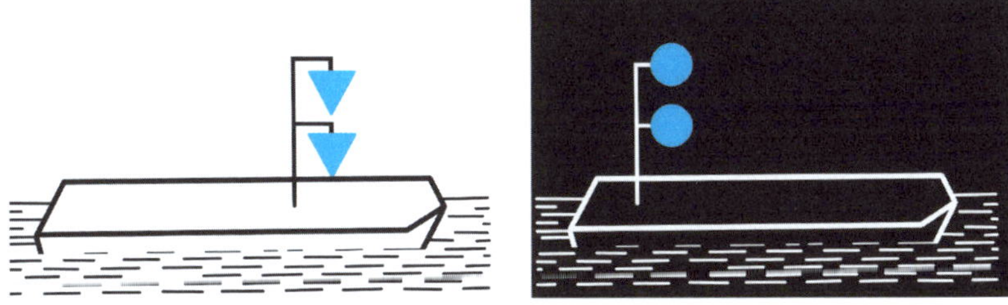

Fahrzeuge sind bei Beförderung gesundheitsschädlicher Stoffe nach ADNR Anlage B1 Rn 10500 und Anlage B2 Anhang 4 (Stoffliste) am Tag mit zwei blauen Kegeln mit der Spitze nach unten und in der Nacht mit zwei blauen Lichtern zu kennzeichnen.

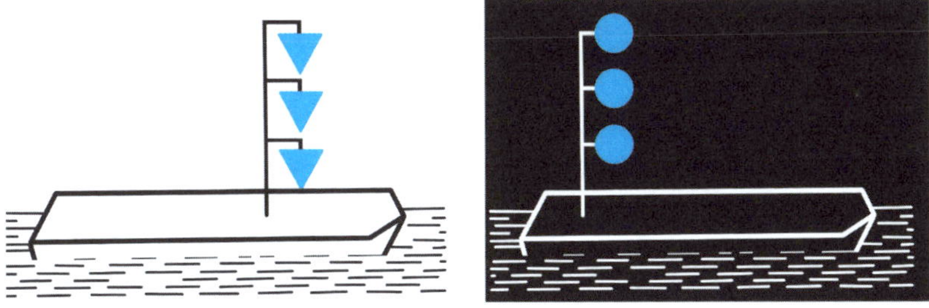

Fahrzeuge sind bei Beförderung explosiver Stoffe nach ADNR Anlage B1 Rn 10500 am Tag mit drei blauen Kegeln mit der Spitze nach unten und in der Nacht mit drei blauen Lichtern zu kennzeichnen.

Bild 11: ***Kennzeichnung von Binnenschiffen beim Transport gefährlicher Güter (Quelle: W. Kohlhammer GmbH)***

2.3.1.5 Kennzeichnung im Flugverkehr

Im Flugverkehr werden nur die Versandstücke gekennzeichnet, eine Kennzeichnungspflicht für Flugzeuge besteht nicht. Wenngleich auf dem Luftweg in der Regel nur geringe Mengen an gefährlichen Gütern transportiert werden, so kann es sich doch im Einzelfall um Stoffe mit hohem Gefährdungspotenzial handeln, z. B. radioaktive oder infektiöse Substanzen, für die im Verkehr von Labor zu Labor aufgrund der gebotenen Schnelligkeit der Luftweg gewählt wird.

2.3.2 Kennzeichnung in Gebäuden

Auch in Gebäuden oder an Bauteilen (z. B. auf Türen) können sich Hinweise auf gefährliche Stoffe im Gebäude bzw. in Räumen finden.

Bild 12: ***Die Beschilderungen können dabei sowohl entsprechend den Vorgaben wie auch eher »frei erfunden« sein. Letzteres natürlich eher in kleineren Objekten. (Fotos: Erich Haase, Bünde)***

Soweit zu Gebäuden Feuerwehreinsatzpläne existieren, werden auch dort Hinweise auf Gefahren angebracht sein.

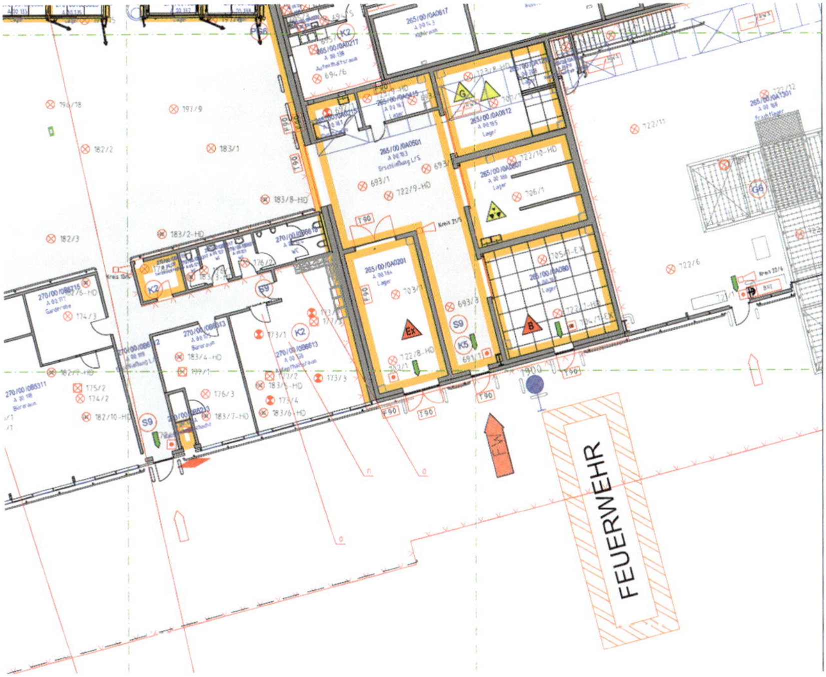

Bild 13: *Insbesondere in größeren Objekten gibt es natürlich i. d. R. spezielle Feuerwehr(einsatz)pläne. Diese beinhalten auch Gefahrenzeichen. Hier ein Brandschutzplan nach TRVB des Flughafen Wien. (Quelle: Flughafen Wien)*

Bild 14: ***Bei Firmen mit speziellen Arbeitsbereichen oder bei sehr großen Objekten und in Logistikbetrieben kann es Bereiche geben, in denen mehrere Gefahren gekennzeichnet sind! (Quelle: Flughafen Wien)***

Bild 15: *Es kann neben den Warnschildern auch zusätzliche Warnhinweise geben, wie z. B. eine Warnlampe (hier rot), die bei einem überschrittenen Schwellenwert eines stationären Messgeräts automatisch ausgelöst wird (hier zur Warnung vor freigesetztem Chlor in einem Schwimm- bzw. Thermalbad). (Quelle: Dr. Cimolino)*

Bild 16: *Und so kann dann die Realität (ggf. auch hinter nicht gekennzeichneten Türen, wie in diesem Fall) aussehen. (Quelle: Jens Kämmerer, Mannheim)*

2.4 Einsätze mit gefährlichen Stoffen und Gütern (»ABC-Einsätze«)

Die Feuerwehr-Dienstvorschrift 500 »Einheiten im ABC-Einsatz« soll die Einsatzkräfte der Feuerwehr befähigen, die besonderen Gefahren gefährlicher Stoffe und Güter zu erkennen und ihnen mit geeigneten Maßnahmen entgegenzuwirken.

Am Anfang steht in jedem Fall das Erkennen, dass es sich überhaupt um einen ABC-Einsatz handelt. Hier kommt der Kennzeichnung von Anlagen, Transportmitteln und Versandstücken große Bedeutung zu. Aber auch vorgehaltene Einsatzpläne für besondere Anlagen und Objekte sowie Gespräche mit Fachpersonal können wichtige Informationen liefern. Auch Messungen können wertvolle Hinweise auf eine ABC-Lage geben, oft muss den Messungen aber ein sie auslösender Anfangsverdacht vorausgehen. Das ▶ Bild 17 zeigt ein Schema zur Stoff- und Gefahrenidentifizierung bei Transportunfällen.

2.4.1 Allgemeine Maßnahmen

In vielen Fällen ist die erste am Schadensort eintreffende Feuerwehreinheit aufgrund fehlender Ausrüstung oder zu geringer Personalstärke nicht in der Lage, alle zur vollständigen Gefahrenbeseitigung notwendigen Maßnahmen durchzuführen.

Die FwDV 500 gibt für diese Fälle mit der GAMS-Regel Maßnahmen vor, die von jeder Feuerwehreinheit durchgeführt werden können:

- Gefahr erkennen,
- Absperren,
- Menschenrettung durchführen,
- Spezialkräfte alarmieren.

Diese Regel kann auch für andere Gefahrenlagen außerhalb typischer ABC-Lagen als Basis angenommen werden.

Als Beispiele: Einsätze mit Absturzgefahr in ggf. noch einsturzgefährdeten Bereichen, oder auf bzw. im Wasser müssen grundsätzlich auch so ablaufen, da sie ohne Sonderausstattung und -ausbildung nicht sicher zu erledigen sind.

Die gemäß der GAMS-Regel bei allen ABC-Einsätzen als Erstes zu treffenden Maßnahmen sind von der Art des Gefahrstoffes weitgehend unabhängig. Zu diesen Maßnahmen zählen insbesondere:

- Die Einsatzstelle ist weiträumig zu sichern und abzusperren. Bis zur genaueren Erkundung der Lage ist ein Sicherheitsabstand von mindestens 50 Metern einzuhalten. Bei bestehender Explosionsgefahr ist dieser Abstand zu vergrößern. Soweit möglich, soll die Einsatzstelle mit dem Wind angefahren werden (»Luv-Seite«). Bebauung und Geländebeschaffenheit sind dabei ebenfalls zu berücksichtigen.
- Die Einsatzstelle ist großräumig, meist im Radius von 100 Metern abzusperren. Sobald möglich, ist diese Aufgabe der Polizei zu übertragen.
- Menschen und Tiere sind aus dem Gefahrenbereich zu retten. Dabei sind die eigenen Einsatzkräfte so gut wie möglich zu schützen. Es ist mindestens umluftunabhängiger Atemschutz in Verbindung mit einer wasserabweisenden Schutzjacke zu tragen. Durch die Bereitstellung eines Strahlrohres werden die Einsatzkräfte zusätzlich geschützt.
- Soweit gefährdete Personen nicht sofort gerettet werden können, sind ihnen geeignete Verhaltensanweisungen zu geben.
- Kräfte in ausreichender Stärke und mit geeignetem Gerät sind nachzufordern und einzuweisen.
- Geeignete Spezialkräfte sind unverzüglich nachzufordern, sie sind örtlich einzuweisen und zu unterstützen. Sachkundige Personen sind hinzuzuziehen, die zuständigen Behörden sind zu verständigen.
- Die Lage ist laufend neu zu erkunden.

Zur Rettung von Menschenleben muss eine erhöhte Eigengefährdung der Einsatzkräfte in Kauf genommen werden, wenn akute Lebensgefahr anders nicht abgewendet werden kann und eine realistische Aussicht auf Erfolg besteht. Die Verwendung von Isoliergeräten als Atemschutz und das Tragen einer wasserabweisenden Schutzjacke ist hierbei jedoch zwingend.

Aber auch die Menschenrettung hat Grenzen: Bereiche, in denen mit Kernbrennstoffen oder mit biologischen Arbeitsstoffen mit sehr hohem Gefährdungspotenzial umgegangen wird oder bei denen es sich um militärische Anlagen mit Munition oder chemischen Kampfstoffen handelt, dürfen ohne Abstimmung mit einem Fachkundigen auch zur Menschenrettung nicht betreten werden, weil das Risiko für die Einsatzkräfte unter Umständen nicht mehr kalkulierbar ist.

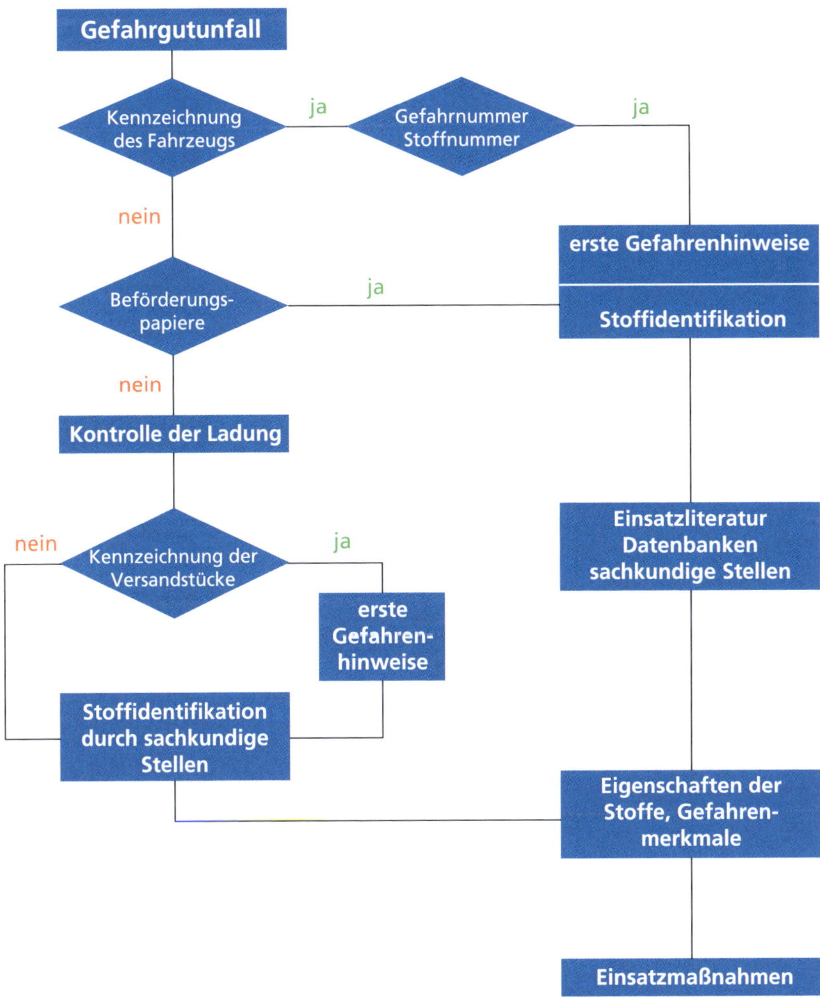

Bild 17: *Schema zur Stoff- und Gefahrenidentifizierung bei Transportunfällen (Quelle: W. Kohlhammer GmbH)*

2.4.2 Spezielle Maßnahmengruppen (MG)

Die besonderen Maßnahmen sind abhängig von der Art und Menge der beteiligten gefährlichen Stoffe und der besonderen Gefahrenlage. Da in der ersten Phase des Einsatzes selten Zeit für umfangreiche Recherchen besteht, benötigt die Feuerwehr schnell Informationen über die vorliegenden Gefahren. Um dies zu ermöglichen, orientiert sich die FwDV 500 am internationalen Gefahrgutrecht, dem Chemikalienrecht sowie dem Arbeitsschutzrecht und teilt die gefährlichen Stoffe und Güter in neun Maßnahmengruppen ein, die in Tabelle 3 aufgelistet sind.

Tabelle 3: ***Maßnahmen- und Gefahrengruppen***

Maßnahmen-gruppe	Bezeichnung	Mögliche Gefahrengruppen
1	Explosive Stoffe und Gegenstände mit Explosivstoff	A – Atemgifte A – Ausbreitung (z. B. Folgebrände) E – Explosion E – Erkrankung/Verletzung (z. B. durch Trümmerteile auch in größerer Entfernung)
2	Gasförmige Stoffe	A – Atemgifte A – Ausbreitung E – Explosion
3	Entzündbare flüssige Stoffe	A – Atemgifte A – Ausbreitung E – Explosion
4	Sonstige entzündbare Stoffe	A – Atemgifte A – Ausbreitung
5	Entzündend (oxidierend) wirkende Stoffe	A – Atemgifte A – Ausbreitung E – Explosion
6	Giftige Stoffe	A – Atemgifte A – Ausbreitung B – Biologische Gefahren C – Chemische Gefahren

Tabelle 3: ***Maßnahmen- und Gefahrengruppen – Fortsetzung***

Maßnahmen-gruppe	Bezeichnung	Mögliche Gefahrengruppen
7	Radioaktive Stoffe	A – Atomare (radiologische) Gefahren A – Ausbreitung
8	Ätzende Stoffe	A – Atemgifte A – Ausbreitung C – Chemische Gefahren
9	Verschiedene gefährliche Stoffe und Gegenstände	A – Atemgifte A – Ausbreitung E – Erkrankung/Verletzung (z. B. durch heiße Produkte)

Die jeweils zugehörigen Gefahrzettel sieht man in ▶ Tabelle 2. Leider stimmen die Gefahrzettel nicht mit denen der Gefahrstoff-Verordnung überein, wenngleich doch die verwendete Symbolik ähnlich ist.

Durch die Zuordnung der gefährlichen Stoffe und Güter in eine überschaubare Zahl von Maßnahmengruppen lassen sich allgemeingültige Gefahrenhinweise und Maßnahmen für die jeweilige Klasse geben.

MG 1: Explosive Stoffe und Gegenstände mit Explosivstoff

Explosive Stoffe können fest, flüssig oder als Gemisch vorliegen. Durch chemische Reaktion entwickeln sie Gase von derartiger Temperatur, Druck und Geschwindigkeit, dass hierdurch in der Umgebung Zerstörungen eintreten können.

Die MG 1 kann entsprechend dem Gefahrgutrecht in sechs Unterklassen unterteilt werden, in welche die explosiven Stoffe nach den folgenden Kriterien eingeteilt werden:

- *Unterklasse 1.1:* Stoffe und Gegenstände, die massenexplosionsfähig sind, d. h. bei einer Explosion wird nahezu die gesamte Ladung praktisch gleichzeitig erfasst.
- *Unterklasse 1.2:* Stoffe und Gegenstände, welche die Gefahr der Bildung von Splittern, Spreng- und Wurfstücken aufweisen, die aber nicht massenexplosionsfähig sind.
- *Unterklasse 1.3:* Stoffe und Gegenstände, die bei ihrer Verbrennung beträchtliche Strahlungswärme freisetzen oder die nacheinander so abbrennen, dass eine geringe Luftdruckwirkung oder Splitter-, Spreng-

stück- oder Wurfstückwirkung oder alle Wirkungen gleichzeitig entstehen.

- *Unterklasse 1.4:* Stoffe und Gegenstände, die im Falle der Entzündung nur eine geringe Explosionsgefahr darstellen. Die Auswirkungen bleiben im Wesentlichen auf das Versandstück beschränkt und es ist nicht zu erwarten, dass Sprengstücke mit größeren Abmessungen oder größerer Reichweite entstehen. Ein von außen einwirkendes Feuer darf keine praktisch gleichzeitige Explosion des nahezu gesamten Inhalts des Versandstücks nach sich ziehen.
- *Unterklasse 1.5:* Sehr unempfindliche massenexplosionsfähige Stoffe und Gegenstände, die so unempfindlich sind, dass die Gefahr einer Zündung oder des Übergangs eines Brandes in eine Detonation unter normalen Beförderungsbedingungen sehr gering ist. Als Minimalanforderung für diese Stoffe gilt, dass sie beim Außenbrandversuch nicht explodieren dürfen.
- *Unterklasse 1.6:* Extrem unempfindliche Gegenstände, die nicht massenexplosionsfähig sind. Sie enthalten nur extrem unempfindliche detonierende Stoffe und weisen eine zu vernachlässigende Wahrscheinlichkeit einer unbeabsichtigten Zündung oder Fortpflanzung auf. Die Gefahr ist auf die Explosion eines einzigen Gegenstandes beschränkt.

Gefahren, die von Stoffen der MG 1 ausgehen: Explosivstoffe tragen den zu ihrer Verbrennung notwendigen Sauerstoff bereits in sich. Dies erklärt die äußerst heftig verlaufende Verbrennung in Form einer Explosion oder gar Detonation (▶ Kapitel 3.12). Je nach Art und Umfang der Ladung können Splitter oder Sprengstücke im Umkreis von 500 bis 1 000 Meter umherfliegen, unter Umständen sogar noch weiter.

Bei der Beurteilung der Gefahren ist die Unterklasse, der der explosive Stoff zuzuordnen ist, entscheidend. Am gefährlichsten sind die massenexplosionsfähigen Stoffe der Klassen 1.1 und 1.5, wobei jedoch bei Letzteren die Wahrscheinlichkeit einer Zündung oder der Übergang eines Brandes in eine Detonation sehr unwahrscheinlich ist. Es gilt folgende Reihenfolge der abnehmenden Gefährlichkeit:

1:1 → 1:5 → 1:2 → 1:3 → 1:6 → 1:4

Bei den Unterklassen 1.1 und 1.5 sollte der Abstand bei vorhandener Deckung mindestens 500 Meter, ansonsten mindestens 1 000 Meter betragen. Stoffe der Unterklasse 1.2 explodieren zwar, allerdings wird nicht die gesamte Ladung nahezu gleichzeitig erfasst. Daher können die Sicherheitsabstände auf 150 bzw. 300 Meter reduziert werden. Bei der Unterklasse 1.3 ist eine Annäherung auf 60 bzw. 150

Meter, bei der Unterklasse 1.6 auf 30 bzw. 75 Meter und bei der Unterklasse 1.4 sogar auf 25 Meter möglich. Allerdings sollte man den tatsächlichen Abstand – wenn möglich – eher etwas großzügiger als zu knapp bemessen. Soweit möglich, ist stets aus der Deckung heraus zu arbeiten, unbemannte Wasserwerfer sind bevorzugt einzusetzen. Zum in-Stellung-Bringen der Löschgeräte sollte Hitzeschutzkleidung getragen werden. Entwickelte Explosivstoffbrände der Unterklassen 1.1, 1.5 oder 1.2 dürfen nicht mehr bekämpft werden, hier ist der Gefahrenbereich unverzüglich zu räumen.

Tabelle 4: ***Munitionsbrandklassen nach ZDV 34/240 der Bundeswehr***

Munitionsbrandklasse	Hauptsächliche Gefahr
1	Massenexplosion, Splitter und andere Wurfstücke
2	Explosionen, Splitter und andere Wurfstücke
3	Massenfeuer, teilweise Explosionen, starke Rauch- und Nebelentwicklung, starke Hitze
4	Feuer und Hitze (normaler Brand)

Ist es zu einem Brand gekommen, bei dem explosive Stoffe beteiligt waren, oder wo dies z. B. aufgrund von Erscheinungen vermutet wird (z. B. bei einem Vegetationsbrand Knallgeräusche, Flammenbilder), so ist unverzüglich sachverständiges Personal hinzuzuziehen. Den Anweisungen z. B. zu den Sicherheitsbereichen ist Folge zu leisten.

Insbesondere darf nach dem offensichtlichen Löschen des Brandes auf keinen Fall mit eigenen Aufräumarbeiten begonnen werden. Munition oder andere Explosivstoffe dürfen nicht berührt und Verpackungen nicht geöffnet werden. Vielmehr ist der gefährdete Bereich weiter zu kühlen und der Sicherheitsabstand einzuhalten, bis die Einsatzstelle von einem Sachverständigen (Munitionsfachpersonal) freigegeben worden ist.

Im Militärbereich gibt es besondere Vorschriften über die Kennzeichnung von Orten, an denen Munition vorhanden ist und für Munitionslager (ZDV 34/240 »Brandschutzbestimmungen für den Umgang mit Munition«). Dabei wird die Munition hinsichtlich der von ihr ausgehenden Gefahren in vier Munitionsbrandklassen eingeteilt (▶ Tabelle 4), die beim Transport den Gefahrklassen 1.1 bis 1.4 der GGVSEB entsprechen. Die Kennzeichnung der Munitionsklassen geht aus Bild 18 hervor.

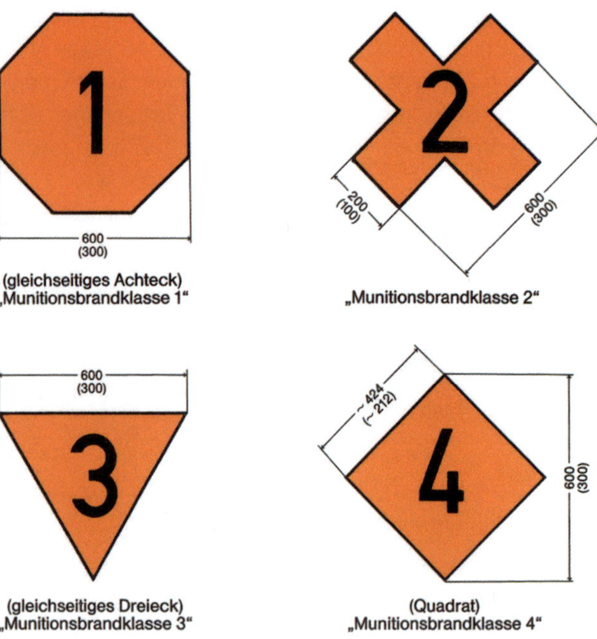

Bild 18: ***Munitionsbrandklassenschilder (Quelle: Merkblatt »Gefährliche Stoffe und Güter«, Hrsg.: Staatliche Feuerwehrschule Würzburg)***

Für weitergehende Informationen wird auf das ▶ Kapitel 14 »Gefahren der Explosion« hingewiesen.

MG 2: Gasförmige Stoffe

Gasförmige Stoffe werden verdichtet, druckverflüssigt, tiefgekühlt verflüssigt oder unter Druck gelöst verwendet und transportiert. Beispiele für verdichtete Gase sind Sauerstoff, Stickstoff, Methan, Wasserstoff und die Edelgase. Als druckverflüssigte Gase werden z. B. Ammoniak, Propan, Butan und Kohlendioxid transportiert und gelagert. Methan, Wasserstoff, Sauerstoff, Stickstoff, Kohlendioxid und einige Edelgase trifft man auch in tiefgekühlt verflüssigter Form an. Als Beispiel für ein unter Druck gelöstes Gas sei Acetylen genannt, ▶ Kapitel 14.7.4.

Gefahren, die von Stoffen der MG 2 ausgehen: Hier ist vor allem die Gefahr eines Druckbehälterzerknalls bei Erwärmung des Transport- oder Lagerbehälters zu nennen. Diese kann z. B. durch den Brand des Transportfahrzeuges oder durch Wärmestrahlung von einer nahe gelegenen Brandstelle bewirkt werden. Der Wärme ausgesetzte Druckbehälter sind daher aus der Deckung heraus zu kühlen – hierzu Rohre mit großer Wurfweite einsetzen, wenn möglich unbemannte Wasserwerfer.

Bild 19: ***Bei einem Brand in einer Freifläche von einer Einsatzkraft durch Drauftreten »entdeckte« Munitionsaltlast – vermutlich aus dem 2. Weltkrieg. (Quelle: Den Verfassern bekannt.)***

Zum in-Stellung-Bringen der Löschgeräte sollte Hitzeschutzkleidung getragen werden. Weitergehende Ausführungen zur Gefahr eines Druckbehälterzerknalls sind ▶ Kapitel 14.4.3 zu entnehmen.

Treten tiefkalt verflüssigte Gase aus, so besteht bei Kontakt mit ihnen die Gefahr von Erfrierungen. In die Flüssigphase darf nicht mit Wasser gespritzt werden, da es hierdurch zu einem gesteigerten Verdampfen und damit zu einer erhöhten Schadstoff-Freisetzung kommt. Auch druckverflüssigte Gase können beim Freiwerden zum

Teil sehr tiefe Temperaturen erreichen. Soweit möglich, sind ausgetretene Lachen verflüssigter Gase mit Mittelschaum abzudecken.

Zu den oben genannten Gefahren können weitere stoffspezifische gefährliche Eigenschaften des Gases kommen, z. B. Brennbarkeit oder Giftigkeit, oxidierende oder ätzende Wirkung. Dann sind weitere Maßnahmen entsprechend der jeweiligen Maßnahmengruppe zu treffen.

MG 3: Entzündbare flüssige Stoffe

Flüssigkeiten selbst brennen nicht, aber ihre Dämpfe können mit der umgebenden Luft zündfähige Gemische bilden. Die Zündfähigkeit des Dampf-Luft-Gemisches hängt in erster Linie von der Temperatur der Flüssigkeit ab. Diejenige Flüssigkeitstemperatur, bei der gerade genügend Dämpfe gebildet werden, um mit einer äußeren Zündquelle gezündet werden zu können, nennt man den Flammpunkt der jeweiligen Flüssigkeit (▶ Kapitel 14.4.2).

Gefahren, die von Stoffen der MG 3 ausgehen: Die Gefahr einer Entzündung ist beim Freiwerden von Flüssigkeiten mit hohem Flammpunkt (z. B. Diesel) geringer als bei solchen mit niedrigem Flammpunkt (z. B. Benzin). Bei Brandeinwirkung auf den Transportbehälter werden jedoch auch höhere Flammpunkte schnell erreicht, sodass in solchen Fällen eine intensive Kühlung erfolgen muss. Ist eine Flüssigkeit in Brand geraten, dann ist Schaum – gegebenenfalls in Kombination mit Pulver – das angezeigte Löschmittel (zur Gefahr einer »Fettexplosion« ▶ Kapitel 14.4.2). Ausgelaufene Flüssigkeit sollte mit einer Schaumdecke überzogen werden, um erstens eine Entzündung auszuschließen und zweitens die Bildung weiterer brennbarer und unter Umständen giftiger Dämpfe zu verhindern. Dabei sind Kanalisation, Schächte, Keller und Gewässer gegen Eindringen zu sichern.

Hingewiesen werden soll noch auf die Gefahr einer Dochtwirkung durch poröse oder netzartige Materialien wie Bindemittel oder Kleidung. Unter Umständen können brennbare Flüssigkeiten auch bei Temperaturen unterhalb ihres Flammpunktes entzündet werden, wenn sie durch die Dochtwirkung entsprechend aufbereitet worden sind. Weiterhin ist zu bedenken, dass einige brennbare Flüssigkeiten während des Transportes auf oder über ihren Flammpunkt erwärmt werden, sodass beim Freiwerden eine Zündgefahr besteht.

Soweit brennbare Flüssigkeiten weitere gefährliche Eigenschaften haben, z. B. Giftigkeit oder Ätzwirkung, sind weitere Maßnahmen entsprechend der jeweiligen Maßnahmengruppe zu treffen.

MG 4: Sonstige entzündbare Stoffe

In die Maßnahmengruppe 4 fallen

- leicht entzündbare feste Stoffe,
- selbstzersetzliche Stoffe, die durch außergewöhnlich hohe Beförderungstemperaturen oder durch Kontakt mit Verunreinigungen zu einer starken exothermen Zersetzung neigen,
- selbstentzündliche Stoffe,
- Stoffe, die bei Berührung mit Wasser entzündbare Gase entwickeln.

Beispiele sind Zündhölzer, roter und weißer Phosphor, geschmolzener Schwefel, entzündbares Metallpulver, ölhaltige Baumwollabfälle und die Alkali- und Erdalkalimetalle sowie Calciumcarbid. Vereinfacht gesagt befinden sich in der MG 4 diejenigen Stoffe und Gegenstände, bei denen aufgrund ihrer chemischen Eigenschaften oder der Art ihres Vorliegens (Staub) mit einer leichten Entzündung und/oder einem besonders heftigen Brandverlauf zu rechnen ist. In der Regel handelt es sich um feste Stoffe, sie können jedoch auch in einer Flüssigkeit gelagert oder gelöst auftreten. So wird weißer Phosphor unter Wasser gelagert und ist in diesem Zustand quasi inertisiert. Sobald das Wasser z. B. aufgrund einer Beschädigung des Behälters ausgelaufen ist, entzündet sich der weiße Phosphor bereits bei einer Temperatur von nur 30 °C.

Gefahren, die von Stoffen der MG 4 ausgehen: Bei den leicht entzündbaren festen Stoffen besteht vor allem die Gefahr eines äußerst heftigen Brandverlaufes, d. h. hohe Abbrandgeschwindigkeit, große Wärmeentwicklung, eventuell Stichflammenbildung. Bei den staubförmig vorliegenden Stoffen besteht die Gefahr einer Staubexplosion (▶ Kapitel 14.4.1), daher ist das Aufwirbeln von Stäuben unbedingt zu vermeiden. Zündquellen sind so weit wie möglich zu entfernen. Im Falle eines Brandes denke man auch daran, dass sowohl die freiwerdenden Brandgase als auch der Stoff selbst weitere gefährliche Eigenschaften, z. B. Giftigkeit, besitzen können. Gegebenenfalls sind weitere Maßnahmen entsprechend der jeweiligen Maßnahmengruppe zu treffen.

Die selbstzersetzlichen bzw. selbstentzündlichen Stoffe haben eine derart hohe Reaktionsfreudigkeit, dass mit ihnen nur unter inertisierten/desensibilisierten Bedingungen sicher umgegangen werden kann. Sie werden daher meist unter Schutzgas bzw. einer Schutzflüssigkeit in einer geeigneten Flüssigkeit gelöst oder unter tiefen Temperaturen gelagert und transportiert. Gefährlich wird es, wenn diese Inertisierung/Desensibilisierung durch einen Unfall oder eine Betriebsstörung wegfällt, weil dann bereits eine geringe Energiezufuhr heftige Reaktionen des Stoffes auslösen kann. Ist weißer Phosphor in Brand geraten, so kann er zwar mit Wasser gelöscht werden, es ist aber daran zu denken, dass Teile des Phosphors mit dem Löschwasser abfließen können und sich dann an anderer Stelle ablagern. Sobald das Wasser verdunstet ist, kommt es dort wieder zum Brandausbruch.

Selbstentzündliche Stoffe unter Schutzgas werden in Druckbehältern transportiert und gelagert. Daher ist bei ihnen auch die Maßnahmengruppe 2 zu beachten. Soweit die selbstentzündlichen Stoffe oder ihre Verbrennungsprodukte weitere gefährliche Eigenschaften haben, z. B. Giftigkeit oder Ätzwirkung, sind weitere Maßnahmen entsprechend der jeweiligen Maßnahmengruppe zu treffen.

Kommen Alkalimetalle (Kalium, Natrium) und Erdalkalimetalle (Calcium) mit Wasser in Berührung, so bildet sich das Gas Wasserstoff. Die Reaktion des Metalls mit dem Wasser ist in der Regel so heftig, dass die dabei freiwerdende Wärme ausreicht, um den Wasserstoff zu entzünden. Bringt man Calciumcarbid und Wasser zusammen, so entsteht das Gas Acetylen. Dieser chemische Vorgang wurde früher technisch zur Acetylen-Gewinnung »vor Ort« genutzt, bevor Acetylen unter Druck gelöst in Druckgasflaschen zu beziehen war.

Auch selbsterhitzungsfähige Stoffe, die ihre Temperatur zum Teil über Tage hinweg bis zum Erreichen ihrer Zündtemperatur steigern, werden der Maßnahmengruppe 4 zugeordnet. Ein Beispiel sind Brände von Braun- und Steinkohle auf Halden oder in Silos, wobei in letzterem Fall die Brandbekämpfung besonders schwierig und risikoreich ist.

MG 5: Entzündend (oxidierend) wirkende Stoffe

In die Maßnahmengruppe 5 fallen feste und flüssige Stoffe mit der Eigenschaft, sehr leicht Sauerstoff abzugeben, wodurch anderes Material in Brand gesetzt oder zumindest die Verbrennung von anderem Material gefördert werden kann. Die Stoffe dieser Gruppe müssen selber aber nicht brennbar sein, sie wirken als Sauerstoffträger. Beispiele für oxidierend wirkende Stoffe sind Wasserstoffperoxid, Chlorate, Perchlorate und bestimmte Nitrate.

Gefahren, die von Stoffen der MG 5 ausgehen: Mischungen von Stoffen wie z. B. Schwefel oder Zink mit Chloraten oder Perchloraten neigen zur explosionsartigen Verbrennung. Die oxidierend wirkenden Stoffe können durch ihre Sauerstoffabgabe Verbrennungen überhaupt erst ermöglichen oder gemächlich ablaufende Reaktionen bis hin zur Detonation beschleunigen. Der Kontakt mit diesen Stoffen ist daher unbedingt zu vermeiden. Auf keinen Fall dürfen brennbare Stoffe (z. B. Sägemehl) als Bindemittel verwendet werden.

Bestimmte oxidierend wirkende Stoffe sind chemisch äußerst instabil. Bei ihnen kann durch Wärme, Kontakt mit Verunreinigungen, Reibung oder Schlag eine heftige Reaktion ausgelöst werden, es besteht die Gefahr der explosionsartigen Selbstzersetzung mit der Gefahr des Berstens von Behältern. Beispiele hierfür sind die organischen Peroxide. Diese werden in vielen Fällen durch feste oder flüssige Stoffe oder Wasser desensibilisiert, teilweise dürfen sie nur unter Temperaturkontrolle gelagert und transportiert werden. Im Brandfall ist ein Löschangriff mit großen Wassermengen aus sicherer Entfernung durchzuführen. Soweit die organischen Peroxide oder die entstehenden Verbrennungsprodukte weitere gefährliche Eigenschaften haben, z. B. Giftigkeit oder Ätzwirkung, sind weitere Maßnahmen entsprechend der jeweiligen Maßnahmengruppe zu treffen.

MG 6: Giftige Stoffe

Unter einem giftigen Stoff versteht man einen festen oder flüssigen Stoff, von dem aus Erfahrungen oder aus tierexperimentellen Untersuchungen anzunehmen ist, dass er bereits bei einmaliger oder kurzzeitiger Aufnahme auch in nur kleiner Menge in den menschlichen Körper zu Gesundheitsschäden oder zum Tod führt. Die Aufnahme kann über die Atemwege, durch Verschlucken oder auch über die Haut geschehen. Beispiele sind Blausäure, Arsenverbindungen, bestimmte Mittel zur Arzneimittelherstellung und Schädlingsbekämpfung usw.

Gefahren, die von Stoffen der MG 6 ausgehen: In dieser Maßnahmengruppe ist zu unterscheiden zwischen giftigen und ansteckungsgefährlichen Stoffen.

Giftige Stoffe haben eine schädigende Wirkung auf den Menschen. Wichtigste Maßnahme ist daher die Verhinderung der Aufnahme in den Körper. Da diese auf verschiedene Art und Weise erfolgen kann, muss sich die Wahl der Schutzkleidung an dem vorliegenden Stoff orientieren. Umluftunabhängiger Atemschutz ist das Minimum. Bei giftigen Stoffen, die auch über die Haut aufgenommen werden können, ist Vollschutz zu tragen. Giftige Stoffe wirken auch schädigend auf Tiere und die Umwelt, daher ist eine Ausbreitung möglichst zu verhindern. Nach dem Einsatz ist großer Wert auf eine gründliche Dekontamination zu legen, damit eine Verschleppung des giftigen Stoffes verhindert wird.

Eine eindeutige Beurteilung der vorliegenden Gefahr kann in der Regel nur durch Fachleute (Toxikologen, Biologen, Chemiker) erfolgen. Auch wenn nur der Verdacht einer Giftaufnahme besteht, sind die betroffenen Personen einer ärztlichen Untersuchung zuzuführen. Soweit die giftigen Stoffe weitere gefährliche Eigenschaften haben, z. B. Brennbarkeit oder Ätzwirkung, sind weitere Maßnahmen entsprechend der jeweiligen Maßnahmengruppe zu treffen.

Ansteckungsgefährliche Stoffe enthalten lebensfähige Mikroorganismen und andere Erreger, von denen bekannt oder anzunehmen ist, dass sie bei Menschen oder Tieren infektiöse Krankheiten erregen. Auch genetisch veränderte Mikroorganismen, biologische Produkte, diagnostische Proben und infizierte lebende Tiere sind hier einzuordnen.

Die Hauptgefahr ansteckungsgefährlicher Stoffe ist die Übertragung von Krankheiten durch Kontakt mit den infektiösen Materialien. Zum Schutz hiervor sind besondere Maßnahmen zu ergreifen. Wie schon bei den giftigen Stoffen, ist auch hier großer Wert auf eine enge Zusammenarbeit mit Fachleuten, die Einhaltung von Hygienevorschriften und eine sorgfältige Dekontamination nach dem Einsatz zu legen. Für weitergehende Informationen wird auf ▶ Kapitel 8 »Gefahren durch Biologische Stoffe« verwiesen.

MG 7: Radioaktive Stoffe

Die Gefahren, die von radioaktiven Stoffen ausgehen, sowie die wichtigsten Schutzmaßnahmen werden im ▶ Kapitel 6 behandelt.

MG 8: Ätzende Stoffe

In diese Maßnahmengruppe fallen flüssige oder feste Stoffe sauren Charakters (»Säuren«), das sind Stoffe mit einem pH-Wert unter 7, sowie Stoffe basischen Charakters (»Laugen«), das sind Stoffe mit einem pH-Wert über 7, und andere ätzende Stoffe. Auch Stoffe, die erst mit Wasser ätzende flüssige Stoffe oder mit natürlicher Luftfeuchtigkeit ätzende Dämpfe oder Nebel bilden, werden dieser Maßnahmengruppe zugeordnet. Beispiele für Säuren sind Schwefelsäure, Salzsäure, Salpetersäure und Flusssäure. Laugen sind z. B. Kaliumhydroxid (»Ätzkali«), Natriumhydroxid (»Ätznatron«) und Ammoniaklösungen (»Salmiakgeist«).

Gefahren, die von Stoffen der MG 8 ausgehen: Ätzende Stoffe wirken gewebe- bzw. materialzerstörend. Gelangen sie in Kontakt mit Hautgewebe oder Schleimhäuten, muss unter Umständen mit starken und tiefgehenden Verätzungen gerechnet werden. Auch die Dämpfe von flüssigen ätzenden Stoffen können beim Einatmen schwere Schäden in der Lunge hervorrufen. Daher ist Atemschutz, in vielen Fällen auch ein Chemikalienschutzanzug, eine notwendige Maßnahme. Sollte es doch einmal zum Kontakt mit Säuren oder Laugen gekommen sein, so ist als Erstmaßnahme die benetzte Haut unverzüglich mit viel Wasser mindestens 15 Minuten lang zu spülen, wobei darauf zu achten ist, dass der verätzte Bereich durch das Spülen nicht ausgeweitet wird. Der Verletzte ist anschließend einem Arzt zuzuführen.

Ausgelaufene Säuren oder Laugen sollten wegen ihrer Umweltschädlichkeit möglichst aufgefangen werden. Ist dies nicht möglich, so kann man versuchen, sie mit viel Wasser auf unschädliche Konzentrationen zu verdünnen. Aber Achtung:

Konzentrierte Schwefelsäure (»Oleum«) setzt, wenn sie mit Wasser verdünnt wird, so viel Wärme frei, dass es zum Sieden und damit zum Umherspritzen des Säure-Wasser-Gemisches kommen kann. Da diese Gefahr auch bei anderen hochkonzentrierten Säuren oder Laugen sowie bei bestimmten anderen ätzenden Stoffen besteht, soll grundsätzlich nicht mit Wasser in eine Säure oder Lauge gespritzt werden.

Da Säuren und Laugen in der Regel sehr gut wasserlöslich sind, lassen sich ihre Dämpfe meist relativ gut mit Sprühstrahl niederschlagen.

Soweit die ätzenden Stoffe weitere gefährliche Eigenschaften haben, z. B. Brennbarkeit oder Giftigkeit, sind weitere Maßnahmen entsprechend der jeweiligen Maßnahmengruppe zu treffen.

MG 9: Verschiedene gefährliche Stoffe und Gegenstände

In dieser Maßnahmengruppe befinden sich gefährliche Stoffe und Gegenstände, die nicht in die anderen Maßnahmengruppen eingeordnet worden sind.

Beispiele hierfür sind:

- Stoffe, die beim Einatmen von Feinstaub die Gesundheit gefährden können, z. B. Asbest,
- Stoffe und Geräte, die im Brandfall Dioxine bilden können, z. B. polychlorierte Biphenyle (PCB),
- Stoffe, die entzündbare Dämpfe abgeben können, z. B. schäumbare Polymer-Kügelchen,
- Lithiumbatterien,
- Rettungsmittel, z. B. selbstaufblasende Flugzeug-Notrutschen, Airbag-Gasgeneratoren (▶ Kapitel 14.8),
- umweltgefährdende Stoffe, z. B. bestimmte wasserverunreinigende Stoffe,
- genetisch veränderte Mikroorganismen, die für Menschen und Tiere zwar nicht ansteckungsgefährlich sind, aber Tiere, Pflanzen, mikrobiologische Stoffe und Öko-Systeme in einer Weise verändern können, die in der Natur nicht vorkommt,
- erwärmte Stoffe und verflüssigte Metalle, z. B. unter erhöhter Temperatur in Thermobehältern befindliches Aluminium in flüssiger Form, wie es z. B. in der Automobilindustrie häufig zu den Gießereien angeliefert wird.

Ein besonderes Problem der Maßnahmengruppe 9 ist die Tatsache, dass diese Gruppe zunehmend zur Sammelstelle von »exotischen« gefährlichen Stoffen und Gütern wird, von denen völlig unterschiedliche Gefahren ausgehen. Ein angemessenes Reagieren ist daher erst nach detaillierter Identifikation des Stoffes oder der Ladung möglich.

Die Informationen über die jeweils vorliegenden Stoffe sind laufend zu erweitern und zu vertiefen. So können die zu treffenden Maßnahmen immer besser an die Besonderheiten angepasst und ihre Wirksamkeit gesteigert werden. Die Möglichkeiten zur Informationsbeschaffung und Beratung sind in ▶ Kapitel 2.5 beschrieben.

2.4.3 Abschließende Maßnahmen

Auch nach der Beseitigung der akuten Gefahren ist die Arbeit der Feuerwehr noch nicht beendet. Zu den noch zu treffenden abschließenden Maßnahmen zählen insbesondere:

- Aufräumungs- und Reinigungsarbeiten,
- Kontaminationsnachweis und Dekontamination bzw. Kennzeichnung kontaminierter Ausrüstung/Geräte (z. B. mit einer Kontaminationsanhängekarte, ▶ Kapitel 17 – Anhang 1, vgl. Cimolino, ELH, 2025),
- Übergabe der Einsatzstelle an die zuständige Behörde.
- Soweit zu entsorgende Ausrüstung (z. B. Einweg-PSA, defekte Geräte etc.) nicht direkt an der Einsatzstelle verbleiben kann, deren sichere Verpackung und anschließende fachgerechte Reinigung und Wiederaufbereitung bzw. Entsorgung.

Aufräumungs- und Reinigungsarbeiten durch die Feuerwehr erfolgen grundsätzlich nur im Rahmen der unaufschiebbaren Sofortmaßnahmen. Insbesondere sollte die Feuerwehr es vermeiden, aufgenommene Gefahrstoffe mit ihren Fahrzeugen zu transportieren oder auf eigenem Gelände sicherzustellen. Für die ordnungsgemäße Beseitigung und Entsorgung der gefährlichen Stoffe und Güter hat nämlich der Eigentümer bzw. Besitzer unter Aufsicht der jeweils zuständigen Behörde zu sorgen.

Nicht zuletzt aus diesem Grund kommt der korrekten Übergabe der Einsatzstelle an die zuständige Behörde große Bedeutung zu. Der Zeitpunkt der Übergabe ist zu dokumentieren, denn die Gesamtverantwortung geht hiermit auf diese Behörde über.

Tabelle 5: ***Dekontamination von Einsatzkräften, vgl. vfdb-RL 10/04. Anweisungen von fachkundigen Personen sind zu beachten!***

Einsatz-art	Dekon-Stufe I Not-Dekon	Dekon-Stufe II Standard-grobreinigung	Dekon-Stufe III Erweiterte Dekon
Radio-aktive Stoffe	So schnell wie möglich kontaminierte Hautpartien reinigen. Bei Verdacht auf Hautkontamination ist die Einsatzkraft einem Arzt vorzustellen.	Nach Überprüfung auf Kontamination (mit Kontaminationsnachweisgerät) wird die Schutzkleidung abgelegt. Alles, was mehr als die dreifache Nullrate aufweist, gilt als kontaminiert und ist in Säcke/Überfässer zu verpacken.	Dekontamination wie in Stufe II und Nutzung bestimmter Sonderausstattung (z. B. Dusche, Zelte, Umkleidemöglichkeiten).
Biologische Stoffe	So schnell wie möglich kontaminierte Hautpartien desinfizieren. Dabei Einwirkzeiten beachten! Bei Verdacht auf Hautkontamination ist die Einsatzkraft einem Arzt vorzustellen.	Desinfektion der Schutzkleidungsoberfläche (mit Flächendesinfektionsmittel). Nach der Einwirkzeit kann die Schutzausrüstung abgespült werden. Die Reinigungsflüssigkeit ist aufzufangen.	Dekontamination wie in Stufe II und Nutzung bestimmter Sonderausstattung (z. B. Dusche, Zelte, Umkleidemöglichkeiten). Anschließend Ablegen der gesamten Kleidung (auch Unterbekleidung). Die Reinigungsflüssigkeit ist aufzufangen.
Chemische Stoffe	So schnell wie möglich kontaminierte Hautpartien mit Sprühstrahl reinigen. Bei Verdacht auf Hautkontamination ist die Einsatzkraft einem Arzt vorzustellen.	Dekontamination mit Wasser und Hilfsmitteln. Die Reinigungsflüssigkeit ist aufzufangen.	Dekontamination mit warmem Wasser (evtl. Reinigungszusätze verwenden) und bestimmter Sonderausstattung (Dusche, Zelte, Umkleidemöglichkeiten). Die Reinigungsflüssigkeit ist aufzufangen.

Maßnahmen zum Kontaminationsnachweis bzw. zur Dekontamination müssen mit der gleichen Sorgfalt durchgeführt werden wie die zur akuten Gefahrenabwehr ergriffenen allgemeinen oder besonderen Maßnahmen. Ein sorgfältiger und gründlicher Kontaminationsnachweis ist unverzichtbar, um Kontaminationsverschleppung und damit eine weitere Gefährdung von Menschen und Umwelt zu verhindern. Bei Kontaminationsnachweis- und Dekontaminationsmaßnahmen ist das Hinzuziehen von Spezialisten sehr ratsam, zum Teil sogar unverzichtbar. Aufgrund fehlender Messmöglichkeiten ist der Kontaminationsnachweis vor Ort insbesondere bei Stoffen der Maßnahmengruppe 6 sehr schwierig bzw. unmöglich.

Bei der von der Feuerwehr durchzuführenden Dekontamination handelt es sich grundsätzlich um eine Grobreinigung. Kontaminierte Kleidung oder Geräte werden je nach Verschmutzungsgrad und Gefährlichkeit des vorliegenden Stoffes entweder einer Grobreinigung unterzogen oder gleich in geeignete Behältnisse verpackt, gekennzeichnet und einer geordneten Entsorgung zugeführt. Es ist daran zu denken, dass das zur Reinigung verwendete Wasser ebenfalls als kontaminiert anzusehen ist, bis das Gegenteil nachgewiesen werden kann. Unter Umständen kann die Dekontamination auch nur in besonders hierfür ausgestatteten Einrichtungen durchgeführt werden.

Kontaminierte Personen sind grundsätzlich zu entkleiden und insbesondere bei Kontakt mit giftigen, ansteckungsgefährlichen, radioaktiven und ätzenden Stoffen einem geeigneten Arzt vorzustellen. Besteht der Verdacht auf eine erfolgte Inkorporation, gilt dies ebenfalls.

In ▶ Tabelle 5 sind die Grundsätze für eine mehrstufige Dekontamination der Einsatzkräfte zusammengefasst dargestellt.

2.5 Informationsmöglichkeiten bei ABC-Einsätzen

Das Informationssystem der Feuerwehr bei ABC-Einsätzen ist mehrstufig aufgebaut. Wie bereits dargestellt, ist es von größter Bedeutung, bereits bei den ersten Erkundungsmaßnahmen zu erkennen, dass es sich überhaupt um einen Einsatz mit gefährlichen Stoffen oder Gütern handelt.

In Gebäuden und stationären Anlagen ist dies insbesondere möglich durch

- vorgehaltene Einsatzpläne bzw. bekannte Örtlichkeiten,
- Gefahrensymbole sowie Gefahrenhinweise H (»Hazard-Statement«) und Sicherheitshinweise P (»Precautionary-Statement«),
- Gefahrklassen-Beschriftung bei brennbaren Flüssigkeiten sowie bei Spreng- und Explosivstoffen,
- farbliche Kennzeichnung von Behältern und Rohrleitungen,
- Auskünfte von fachkundigem Personal (z. B. Fachberater Gefahrgut oder über TUIS, Erläuterung nachfolgend in diesem Abschnitt).

Beim Transport stellt die Kennzeichnung des Fahrzeuges mit orangefarbener Tafel den ersten Hinweis auf einen Gefahrgut-Transport dar. Bei Anbringung von Gefahrnummer und Gefahrzettel ist bereits hieraus eine erste Zuordnung des Gefahrgutes zu einer Gefahrklasse möglich.

Die bisherigen Unfallmerkblätter fallen nach dem aktuellen Gefahrgut-Transportrecht weg, sie wurden ersetzt durch sogenannte »Schriftliche Weisungen« bzw. das elektronische Beförderungsdokument, in denen allgemeine Hinweise für das Verhalten und die Hilfe bei einem Unfall gegeben werden. Diese schriftlichen Weisungen richten sich an den Fahrer bzw. die Fahrzeugbesatzung. Sie sind für die Feuerwehr wenig hilfreich, weil sie – anders als die bisherigen Unfallmerkblätter – keinen Bezug mehr auf das konkret transportierte Gut nehmen.

Von der Feuerwehr mitgeführte oder online abrufbare ERI-Cards (Emergency Response Intervention-Cards) geben weitere stoffspezifische Informationen, die für qualifizierte Sofortmaßnahmen an der Einsatzstelle erforderlich sind. Sie geben der Feuerwehr Hinweise für erste Einsatzmaßnahmen, indem sie die mehr als 2 200 mit UN-Nummern versehenen gefährlichen Stoffe und Güter in nur mehr knapp 230 Gruppen mit jeweils gleichen Gefahren und Maßnahmen zusammenfassen.

Über die Stoffnummer oder den Stoffnamen können detaillierte Informationen aus Nachschlagewerken abgerufen werden. An dieser Stelle kann auch der Einsatz von Computerdatenbanken sinnvoll sein, wenn sichergestellt ist, dass die oft recht umfangreichen Informationen schnell und unverfälscht an den Einsatzort übermittelt werden können, z. B. mit Fernkopierern.

Ein Vorlesen über Funk ist hier sicher kein geeigneter Weg, dies gilt auch für die oben erwähnte Literatur. Es sollte immer bedacht werden, dass auch Daten aus dem Computer einer qualifizierten Interpretation bedürfen. Der Einsatzleiter tut also gut daran, fachkundige Personen beratend hinzuzuziehen.

Je nach Einsatzlage und örtlicher Organisation können fachkundige Personen insbesondere von folgenden Stellen angefordert werden:

- Technische Ämter auf unterschiedlichen Verwaltungsebenen,
- Tiefbauämter,
- Stadtreinigungsämter,
- Ordnungsämter,
- Gesundheitsämter,
- Wasserwirtschaftsämter,
- Gewerbeaufsichtsämter,
- Umweltschutzdienststellen,
- Speditionen für gefährliche Stoffe,
- Firmen für Sondermüllbeseitigung,

- Informations- und Behandlungszentren für Vergiftungsfälle,
- Betriebe der chemischen Industrie,
- Werk- und Betriebsfeuerwehren.

In Deutschland sind außerdem acht sogenannte Analytische Task Forces (ATF) aufgestellt, die bundesweit zum Einsatz kommen können. Nicht alle können jede Aufgabe wahrnehmen (vgl. BBK, 2023). Diese sollen mit speziell ausgebildeten Einsatzkräften und besonders leistungsfähiger Mess- und Analysetechnik, wie sie auch in chemischen Laboren verwendet wird und die gasförmige, flüssige und feste Einzelsubstanzen und Stoffgemische identifizieren kann, beim Erkennen und Bewerten von ABC-Gefahren unterstützen und den Einsatzleiter beraten. Bei einer chemischen Gefahrenlage können die ATF ganze Areale mittels Fernerkundung überwachen, also Schadstoffwolken lokalisieren und ihre Ausbreitung überwachen. Bei biologischen Gefahrenlagen können ausgewählte biologische Erreger sowie Toxine biologischen Ursprungs nachgewiesen werden, darüber hinaus arbeiten die ATF mit den entsprechenden Kompetenzzentren/Fachinstitutionen zusammen.

Der Einsatzleiter kann auch das TUIS-System nutzen. TUIS bedeutet Transport-Unfall-Informations- und Hilfeleistungs-System und ist eine Einrichtung der chemischen Industrie für die Gefahrenbeseitigung bei Transportunfällen mit chemischen Produkten. Etwa 200 Unternehmen der chemischen Industrie sind der TUIS-Organisation angeschlossen. Sie gewährleisten rund um die Uhr schnelle und sachkundige Hilfe in drei Stufen (▶ Bild 20):

- Stufe I: telefonische Beratung des Einsatzleiters,
- Stufe II: fachkundige Beratung am Einsatzort durch einen entsandten Spezialisten,
- Stufe III: Einsatz einer Werkfeuerwehr mit Mannschaft und Gerät am Einsatzort.

Weitere Informationen sind den bei Leitstellen befindlichen TUIS-Mappen zu entnehmen. Aus diesen Unterlagen gehen auch die Telefonnummern der zum eigenen Standort geografisch günstig gelegenen TUIS-Firmen hervor.

Auf europäischer Ebene ist das TUIS-System in das International Chemical Environment (ICE) integriert. Die chemische Industrie stellt hiermit länderübergreifend ein wirksames und im nationalen Rahmen bereits bestens bewährtes System zur Unterstützung der Feuerwehren bei Einsätzen mit gefährlichen Stoffen und Gütern zur Verfügung.

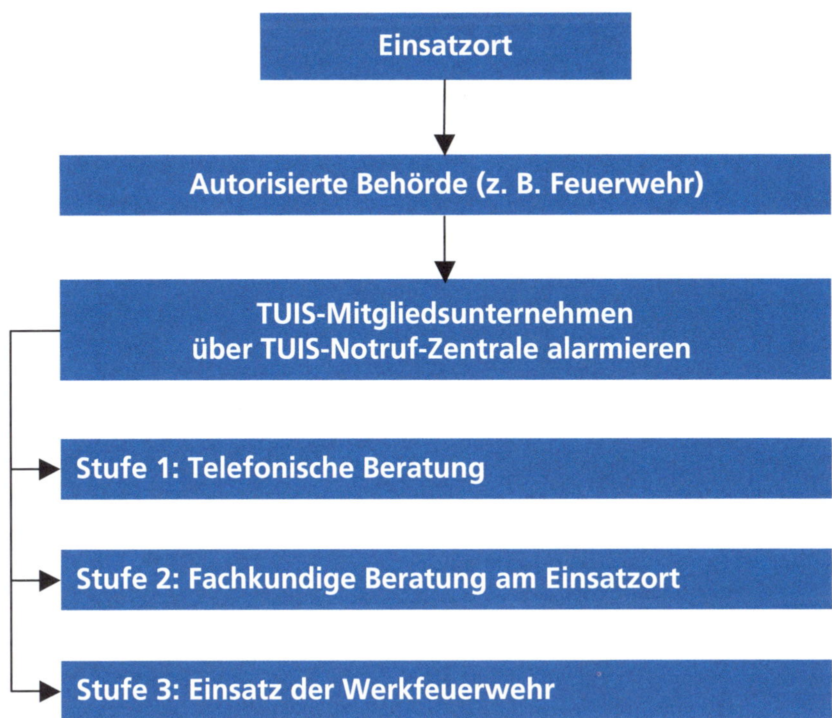

Bild 20: ***Unfall-Notruf-Schema von TUIS (Transport-Unfall-Informations- und Hilfeleistungs-System) (Quelle: W. Kohlhammer GmbH)***

Zur Unterstützung bei Einsätzen mit Flüssiggas in den Bereichen

- Lagerung und Umschlag von Flüssiggas in ortsfesten und ortsbeweglichen Behältern (z. B. Lagertanks, Flaschen) und
- Transport von Flüssiggas in Eisenbahn-Kesselwagen, Straßen-Tanklastwagen und mit Lastkraftwagen (Flaschen)

steht der Flüssiggas-Sicherheitsdienst (FSD) des Deutschen Verbandes Flüssiggas e. V. (DVFG) zur Verfügung. Analog zum TUIS-Modell gliedert sich auch hier die Hilfe in drei Stufen. Insbesondere ermöglicht die technische Ausstattung des FSD ein Leerpumpen von Behältern oder Transportfahrzeugen sowie ein gefahrloses Abfackeln von Flüssiggas, wofür die Ausrüstung des Gerätewagens Gefahrgut der öffentlichen Feuerwehren nicht ausgelegt ist.

2.6 Ergänzendes

Die Feuerwehren werden sich in Zukunft mehr und mehr Einsätzen gegenübergestellt sehen, bei denen gefährliche Stoffe und Güter vorliegen. Da die Eigenschaften dieser Stoffe in der Regel der allgemeinen Lebenserfahrung nach nicht bekannt und einschätzbar sind, müssen zur Lagefeststellung in den meisten Fällen weitere Informationsquellen hinzugezogen werden. Die für den Ersteinsatz wichtigste Informationsquelle ist die Kennzeichnung, die durch Vorschriften geregelt ist. Leider kommt es immer wieder vor, dass Gefahrgut-Transporte – aus welchen Gründen auch immer – falsch oder gar nicht gekennzeichnet sind, oder dass falsche Ladepapiere mitgeführt werden. In diesen Fällen kann es zu verhängnisvollen Zwischenfällen bei der Gefahrenabwehr kommen. Deswegen sollten Informationen über den angeblich transportierten Stoff laufend mit dem Aussehen und Verhalten des tatsächlich vorliegenden Stoffes verglichen werden. Im ABC-Einsatz gilt der Grundsatz, dass Maßnahmen zur Gefahrenabwehr nur unter angemessener Berücksichtigung des Eigenschutzes durchgeführt werden dürfen.

Hinweis zu den Gefahrengruppen:

Die Einstufung der Gefahren erfolgt nachfolgend alphabetisch. Die Autoren erinnern daran, dass es sich nicht um konkrete und immer gleiche »Einzelgefahren« handelt, sondern eher um Gefahrengruppen, die unter einem Schlagwort zusammengefasst sind.

3 Gefahren durch Abnormale Reaktionen (früher Angstreaktionen)

3.1 Einleitung

Die **A**ngstreaktion wurde mit der vorherigen Erweiterung der Gefahrenmatrix (▶ Kapitel 1) vor allem (wieder) eingeführt, um das (angst-)stress-, damit panikbedingte Verhalten von Menschen und Tieren in Ausnahmesituationen in das Bewertungsschema mit aufnehmen zu können.

Heute ist es geboten, dieses »A« in der Gefahrenmatrix zu erweitern, um neben der (bleibenden) Angstreaktion auch anderes abnormales Verhalten berücksichtigen zu können. Das kann z. B. nach Missbrauch von Alkohol oder Drogen, oder Fluchtreflexen zurück in bekannte Orte (z. B. laufen Pferde u. U. zurück in den brennenden Stall), oder Rettungsreflexe von Menschen (meine Frau, Kinder, Tiere, Geldbörsen sind noch im brennenden Haus) vorkommen, die nichts mit den erwarteten »normalen« Angst- oder Flucht- bzw. sonstigen Reaktionen zu tun haben. Bei Fällen von Drogenmissbrauch ist zu beachten, dass sich die Risiko-, aber auch die Schmerz- bzw. Reizwahrnehmung völlig verändern kann. Dies kann zu völliger Unterschätzung von Risiken bis hin zu übersteigerten Angstreaktionen oder Psychosen, aber auch zum Ausbleiben körperlicher Reaktionen (z. B. auf Reizgas) führen.

Aus der Gefahr durch **A**ngstreaktion wird so die Gefahr durch irrationales Verhalten in einer für die jeweilige Person (oder auch Tier) unbekannten oder unerwarteten Situation. Diese beinhaltet ausdrücklich die Angst-, aber auch eine Schreckreaktion sowie eben auch anderes unerwartetes Verhalten, z. B. durch Alkohol-/Drogeneinfluss, oder dem »Rettungsreflex«.

Einem guten und stetigen Informationsaustausch an und um die Einsatzstelle sowie der Öffentlichkeitsarbeit kommt hier eine besondere Aufgabe und immer wichtigere Rolle zu. Durch frühzeitige, zielgerichtete, vertrauenswürdige und daher immer richtige Informationen soll so erst gar keine Panik und damit Fehlverhalten entstehen. Dies ist im Zeitalter von »Multimedia« und der flächigen Verfügbarkeit von Smartphones zusammen mit Sozialen Medien speziell für besondere oder langandauernde Flächenlagen wichtiger als jemals zuvor!

Angst ist eine natürliche Reaktion auf ungewisse oder bedrohliche Situationen. Die Fähigkeit, Angst zu spüren, ist tief in der menschlichen Psyche angelegt. Das Ausmaß der Angstempfindung entspricht nicht immer dem Grad der objektiven, realen Gefahr. Angst wird individuell sehr unterschiedlich erlebt, am ausgeprägtesten ist bei allen Menschen die Angst vor dem eigenen Tod. Übermäßige Angst kann beim Einzelnen heftige Gefühlsausbrüche auslösen und sich bei einer Menschenmasse bis zur Panik steigern, die von einem weitgehenden Kontrollverlust und entsprechend irrationalem Verhalten des einzelnen gekennzeichnet ist.

Das Empfinden von Angst muss das Verhalten eines Menschen nicht unbedingt sofort sichtbar verändern. Oftmals bedarf es hierzu noch eines akuten Auslösers, der die eigentliche Angstreaktion hervorruft. Besonders bedrohlich werden Umstände empfunden, die unbekannt oder unübersichtlich sind und deren Auswirkungen man mit der eigenen Lebenserfahrung nicht abschätzen kann. Aber auch soziale oder finanzielle Probleme können Ängste hervorrufen, die sich mittel- oder langfristig bis zur Verzweiflung steigern können (»Es geht nicht mehr!«).

Die Handlungen, die unter starken Angstgefühlen begangen werden, lassen sich bei nüchterner Betrachtungsweise oft nicht nachvollziehen, denn das Verhalten von verzweifelten oder sich bedroht fühlenden Menschen ist kaum vorhersehbar. Man kann aber immer wieder ähnliche Verhaltensmuster in bestimmten Situationen feststellen. Dies gibt der Feuerwehr eine gewisse Chance, in ihrem Sinne einzuwirken und zu verhindern, dass durch die Angstreaktionen weiterer Schaden hervorgerufen wird.

3.2 Selbsttötung(sversuch)

Eine Selbsttötung erfolgt i. d. R. immer aus einer extremen psychologischen Ausnahme- bzw. Kurzschlussreaktion. Fälle von geplanter oder assistierter Selbsttötung aufgrund eines sehr schweren Krankheitsverlaufes sind in Deutschland noch eine absolute Ausnahme und dann auch meist durch das Umfeld (Begleitung, Angehörige, Testament, Auffindesituation) bekannt.

In der Bundesrepublik sterben jährlich etwa 10 000 Menschen durch Suizid (Selbsttötung), damit scheidet etwa jeder Hundertste freiwillig aus seinem Leben. Die Zahl der suizidalen Versuche liegt mindestens um das 10- bis 20-Fache höher, jährlich werden zirka 150 000 Menschen wegen eines Suizidversuches oder Verdacht darauf in eine Klinik eingewiesen (Destatis, 2024).

Die Wahl der Mittel für den Suizid ist reichhaltig und reicht von Tabletteneinnahme, Aufdrehen des Gashahnes, Überfahrenlassen und Erschießen bis hin zum Sprung in die Tiefe. Wie die Methode, so kann auch die Durchführung unterschiedlich sein: Es gibt Menschen, die ihren Suizid ankündigen und solche, die ihn ohne jede Vorwarnung ausführen. Manche Menschen wollen in aller Stille sterben, andere wählen das spektakuläre Ereignis, sie suchen für ihr Vorhaben die Öffentlichkeit. In allen Fällen aber handelt es sich um Menschen, die sich in einer für sie ausweglos erscheinenden Lage befinden. In vielen Fällen tragen sich diese Menschen schon länger mit dem Gedanken an Selbsttötung; zur Ausübung werden sie dann meist durch einen aktuellen Anlass getrieben.

3.2.1 Vergiftung

Bei Erwachsenen geschehen rund 90 Prozent aller Vergiftungen in suizidaler Absicht. Vergiftungen stellen eine Form der stillen Selbsttötung dar, in den meisten Fällen werden Tabletten (Beruhigungs- oder Schlafmittel) in Verbindung mit Alkohol eingenommen. In diesem Fall besteht für die Einsatzkräfte keine besondere Gefährdung, ihre Aufgabe ist klar: Öffnen der Wohnungstür und Leisten von Erster Hilfe bzw. die Unterstützung bei rettungsdienstlichen Maßnahmen. Das Weitere sind rein medizinische Vorgänge wie Magenspülung, Medikamentengabe usw., die vom Rettungsdienst bzw. in einer Klinik durchzuführen sind.

Mitunter werden aber auch Stoffe eingenommen, die direkt als Gifte ausgewiesen sind. Besondere Vorsicht bei den Maßnahmen der Ersten Hilfe ist dann geboten, wenn E 605 (»Parathion«) als Gift verwendet wurde, da es sich hierbei um ein so genanntes Kontaktgift handelt. E 605 wurde in erster Linie in der Landwirtschaft sowie im Gartenbau zur Insektenbekämpfung verwendet und ist in Deutschland inzwischen verboten. Es wirkt direkt auf das (vegetative) Nervensystem und ruft schwere Muskelkrämpfe und letztlich eine Atemlähmung hervor. Als Kontaktgift kann es durch Verschlucken, über die Haut und über die Atemwege in den Körper gelangen. Vorsicht: Der Wirkstoff findet sich im Speichel des Vergifteten! Da Produkte, die das Gift E 605 enthalten, in aller Regel intensiv blau eingefärbt sind, kann man eine solche Vergiftung oft an blauen Trinkspuren oder an blauem Schaum vor dem Mund des Vergifteten erkennen. In solchen Fällen muss unter allen Umständen direkter Kontakt vermieden werden. Die in der Ersten Hilfe sowieso zweckmäßigen Latexhandschuhe sind unbedingt zu tragen, eine Beatmung darf nur mit Hilfsgeräten wie Maske oder Tubus durchgeführt werden, da der Helfer bei der direkten Atemspende das Gift selbst aufnehmen würde.

Die gleiche Vorsicht ist unbedingt anzuwenden, wenn der begründete Verdacht auf Vergiftungen infolge einer Verwendung chemischer Kampfstoffe besteht. Insbesondere die 1995 in Japan durchgeführten Anschläge haben die besonderen Gefahren wieder deutlich gemacht, die von diesen Giften ausgehen. Auch bei chemischen Kampfstoffen handelt es sich durchwegs um hautwirksame Kontaktgifte, sodass die Schädigung vom Vergifteten auf den Helfer übertragen werden kann.

Als gefährlich für die herbeigerufenen Einsatzkräfte erweist sich auch der Selbsttötungsversuch durch Aufdrehen des Gashahns. Während in früheren Zeiten vom so genannten Stadtgas wegen seines hohen Kohlenmonoxidgehaltes eine hohe Giftigkeit ausging, liegt beim heute überwiegend verwendeten, weitgehend ungiftigen Erdgas die Hauptgefahr in einer drohenden Explosion. Da sich in der betreffenden Wohnung in aller Regel ein zündfähiges Gas-Luft-Gemisch gebildet hat, müssen Zündquellen so gut es geht vermieden werden. Falls vorhanden, sollten Messgeräte (»Explosimeter«) eingesetzt werden. Bei Mietshäusern sind die Mitbewohner auf die drohende Explosionsgefahr hinzuweisen, das Gebäude ist zu räumen. Auf keinen Fall dürfen Lichtschalter, Klingeln u. Ä. betätigt werden. Eine unkalkulierbare Gefahr ist darin zu sehen, dass nicht alle Zündquellen sicher ausgeschaltet werden können. Man denke an elektrische Geräte mit automatischer Ein- und Ausschaltung wie z. B. Kühlschränke oder an das Telefon. Deswegen sollte man sich nach Schließen des Hauptgashahns möglichst schnell Zutritt zur betreffenden Wohnung verschaffen und gründlich lüften. Dabei denke man auch an die Zündquelle Handfunksprechgerät! Da es sich beim Erdgas im Wesentlichen (85 bis 90 Prozent) um Methan handelt, das leichter als Luft ist, kann es sich auch in den oberen Geschossen oder auf dem Dachboden in gefährlicher Konzentration angesammelt haben. Diese Räumlichkeiten sind daher ebenfalls zu kontrollieren und gegebenenfalls zu lüften. Dem geruchlosen Erdgas beigemischte Geruchstoffe (so genannte »Odorierung« mit THT (Tetrahydrothiopen), Mercaptan oder Gasodor-S-free) mit intensiver, unangenehm empfundener Wahrnehmung garantieren eine Wahrnehmbarkeit weit unterhalb jeder Gefährdungsschwelle. Allerdings kann Erdreich die Geruchstoffe zurückhalten, sodass Erdgas beim langsamen Durchgang durch den Boden wieder geruchlos werden kann.

Eine Vergiftung in suizidaler Absicht wird mitunter mit Kohlenmonoxid (CO, Gefahr der **A**temgifte, ▶ Kapitel 5.3.3) durchgeführt. Während dies früher vor allem durch das Laufenlassen eines Kraftfahrzeugs in einer geschlossenen Garage oder durch die Einleitung der Auspuffgase in den Fahrzeuginnenraum erfolgte, treffen die Einsatzkräfte heutzutage vermehrt auf einen Holzkohlegrill, der in einem geschlossenen (und meist zusätzlich mit Klebeband abgedichteten) Raum betrieben wird und als CO-Quelle dient. Schutz für die Einsatzkräfte bieten hier CO-Warner als Teil der Persönlichen Schutzausrüstung, umluftunabhängiger Atemschutz, rasches Lüften sowie ein zügiges Verbringen der CO-Quelle ins Freie.

3.2.2 Überfahrenlassen

Zum Teil lassen sich Lebensmüde bewusst überfahren. Bevorzugt wählen sie für ihr Vorhaben Schienenfahrzeuge, wohl wegen deren großer Masse, der Unfähigkeit zum Ausweichen und ihrem langen Bremsweg. Oft kommt der Zug dann über dem Verletzten zum Stehen, sodass eine Erstversorgung und anschließende Befreiung unter erschwerten Bedingungen erforderlich werden.

Hier muss bei elektrisch betriebenen Zügen (U-Bahn, S-Bahn, DB) mit besonderer Vorsicht vorgegangen werden, denn an der Zugunterseite können sich freiliegende spannungsführende Teile befinden – Gefahr der **E**lektrizität (▶ Kapitel 11). Insbesondere Bahnen, die aus Stromschienen gespeist werden, haben beidseitig Stromabnehmer, die alle unter Spannung stehen, solange einer von ihnen noch Kontakt mit der spannungsführenden Stromschiene hat. In solchen Fällen müssen vor den Rettungsarbeiten zunächst die fünf Sicherheitsregeln für den Einsatz in elektrischen Anlagen eingehalten werden.

Im Niederspannungsbereich ist ein Gewalterden unter bestimmten Voraussetzungen möglich, muss allerdings bereits im Vorfeld technisch und organisatorisch zwischen Feuerwehr und Betreiber abgesprochen sein. Bei allen Arbeiten auf Bahnanlagen ist eine gute Zusammenarbeit zwischen Betriebspersonal und Feuerwehr unbedingt erforderlich. Zur Absicherung derartiger Einsatzstellen ▶ Kapitel 1.5.

3.2.3 Sprung in die Tiefe

Immer wieder wählen Menschen den Sprung in die Tiefe, um sich das Leben zu nehmen. Diese Methode stellt insoweit eine Besonderheit dar, als in vielen Fällen der Sprung einer größeren Öffentlichkeit zunächst nur angedroht wird. Nur selten erklimmt ein Lebensmüder eine abgelegene Brücke und stürzt sich sofort in die Tiefe. Häufig kündigt er sein Vorhaben durch Rufen an, er macht auf sich aufmerksam, d. h. er tut seine Probleme der Öffentlichkeit kund.

Der angedrohte Sprung in die Tiefe ist also ein Hilfeschrei, der Lebensmüde sucht die Entscheidung zwischen Leben und Tod: Er verzweifelt am Leben, ist aber noch nicht völlig zum Sterben entschlossen. Dieser Umstand gibt der Feuerwehr die Möglichkeit, auf den Lebensmüden einzuwirken, ihn von seinem Vorhaben abzubringen. Zunächst ist alles zu unterlassen, was die Bereitschaft zum Sprung verstärken könnte, insbesondere Hektik und Lärm. Die Anfahrt zu solchen Einsätzen geschieht daher zumindest in der Nähe der Einsatzstelle immer ohne akustisches Sondersignal. Es sollte stets versucht werden, eine einfühlsame und angemessene

Kontaktaufnahme durchzuführen und geduldig zu verhandeln. Gerade das Hinzuziehen von (erwünschten) Verwandten oder Freunden hat sich oft als hilfreich herausgestellt. Gelingt es, das Vertrauen des Sprungwilligen zu erlangen, so kann er unter Umständen in einem Gespräch von seinem Vorhaben abgebracht werden. Handelt es sich um eine stark alkoholisierte oder geistig verwirrte Person, so kann aber auch ein beherztes Zugreifen angeraten sein. Eine enge Zusammenarbeit mit Polizeipsychologen oder anderen entsprechend geschulten Fachkräften ist immer sinnvoll. Die Psychologie der Gesprächsführung mit Suizidgefährdeten darzustellen, würde den Rahmen dieses Buches sprengen. Wer sich mit solchen Fragen eingehender befassen möchte, der sei auf das Literaturverzeichnis verwiesen.

Grundsätzlich bestehen bei dieser Einsatzart v. a. zwei Gefahren: A – wie **A**bsturz der zum Patienten steigenden Einsatzkräfte und E – wie **E**insturz (bzw. hier Herabfallen) – von losgetretenen Dachziegeln, oder eben auch einem Körper.

Beim angedrohten Sprung in die Tiefe ist auch stets die Vornahme von sogenannten Sprungpolstern zu bedenken. Diese sind genormt und in der Regel für eine Sprunghöhe von 16 Meter zugelassen (»SP 16«, ▶ Bild 21). Einige Feuerwehren halten auch Sprungpolster für größere Höhen (bis 60 m) vor. SP 16 bestehen aus einem mit einer Druckluftflasche aufblasbaren Schlauchgerüst, welches mit Planen umgeben ist, sodass ein umschlossener Luftraum entsteht. Beim Aufprall eines Menschen verformt dieser die Oberfläche nach innen und verdrängt die eingeschlossene Luft, welche aber nur langsam entweichen kann und dadurch dämpfend wirkt. Sobald die Person das Sprungpolster verlassen hat, richtet das Schlauchgerüst das Sprungpolster wieder auf und es ist nach maximal 20 Sekunden erneut einsatzbereit. In der Praxis liegt dieser Wert meist unter zehn Sekunden.

Sprungpolster sind – soweit möglich – außerhalb des Sprungbereichs des zu Rettenden aufzubauen, damit dieser nicht springt, bevor der Aufbau vollständig abgeschlossen ist und das Sprungpolster seine uneingeschränkte Wirkung besitzt. Beim SP 16 kann der Aufbauvorgang bis zu 30 Sekunden dauern. Wegen seines geringen Gewichts von rund 50 kg kann das aufgeblasene SP 16 von zwei bis drei Einsatzkräften an seinen Einsatzort transportiert werden, wo es eine freie Aufstellfläche von rund 4 × 4 Meter benötigt. (Das SP 60 braucht ca. 8,5 × 6,6 Meter Aufstellfläche und wird über elektrisch betriebene Gebläse in ca. 80 s gefüllt.)

Sprungpolster verbessern im Vergleich zu den früher gebräuchlichen Sprungtüchern die Einsatzbedingungen der Feuerwehr erheblich, denn es wird nur eine Bedien- und keine Haltemannschaft benötigt und damit auch nicht gefährdet.

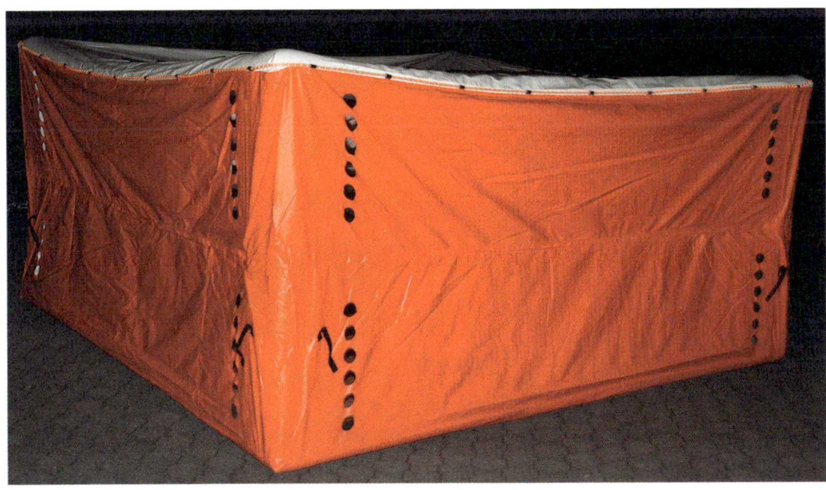

Bild 21: ***Einsatzbereites Sprungpolster SP16 (Quelle: Jochen Thorns)***

3.3 Fehlverhalten im Brandfall

Werden Menschen mit einem Brand in dem Gebäude, in dem sie sich gerade aufhalten, konfrontiert, so entstehen bei den meisten völlig verständliche Angstgefühle. Oberstes Ziel des einzelnen ist dann die Flucht ins Freie. Dieses an sich richtige Verhalten kann aber auch zahlreiche Probleme mit sich bringen, wenn die Fluchtbedingungen erschwert sind.

Gerade bei großen Menschenansammlungen, z. B. in Versammlungsstätten, besteht in solchen Fällen stets die Gefahr einer Panik, d. h. eines völlig rücksichtslosen und unbedachten Verhaltens. Im schlimmsten Fall werden Menschen zu Tode gequetscht oder getrampelt. Dem kann durch Maßnahmen des Vorbeugenden Brandschutzes begegnet werden, nämlich baulich durch Errichtung von genügend und ausreichend dimensionierten Rettungswegen, Einbau einer Notbeleuchtung u. Ä. sowie organisatorisch durch die Stellung von Brandsicherheitswachen, welche die Einhaltung der geforderten Sicherheitsmaßnahmen überwachen und im Ernstfall effektive Erstmaßnahmen der Gefahrenbekämpfung einleiten und beruhigend auf die Besucher einwirken.

Auch in »normalen« Mietshäusern begehen die Bewohner im Brandfall immer wieder schwerwiegende Fehler. Zunächst vergessen viele Menschen, die aus einer brennenden Wohnung flüchten, die Tür hinter sich zu schließen. Die Folge ist eine schnellere Brandausbreitung, vor allem aber ein Verrauchen des Treppenraumes. Bewohner der oberen Etagen versuchen dann oft noch, über dieses Treppenhaus ins Freie zu gelangen, anstatt in ihrer relativ sicheren Wohnung das Eintreffen der Feuerwehr abzuwarten. Viele Rauchgasintoxikationen bei Bränden im Wohnbereich und bei Kellerbränden haben hierin ihre Ursache.

Bild 22: ***Rettung mit Fluchthaube durch den leicht verrauchten Treppenraum – sicherer als ein Abstieg über tragbare Leitern (Quelle: Jochen Thorns)***

Müssen Menschen im Brandfall aus oberen Geschossen gerettet werden, so ist daran zu denken, dass sie in einer extremen Stresssituation stehen und deswegen unter Umständen nicht mehr vernünftig handeln. Auf die zu Rettenden sollte daher beruhigend eingewirkt werden. Als Rettungsweg ist, soweit möglich, ein Treppenraum zu wählen, denn dieser ist den Anwohnern bekannt und sein Begehen erfordert keine Überwindung. Die Verwendung von Fluchthauben ermöglicht auch das Retten über verrauchte Treppenräume, wenn die Rauchkonzentration nicht zu hoch ist (▶ Bild 22). Die nächstschlechteren Rettungswege stellen die Feuerwehrleitern dar, wobei der Drehleiter, falls möglich, der Vorzug vor den tragbaren Leitern zu geben ist. Die Benutzung einer Drehleiter – wenn möglich mit Korb – erweist sich für den zu Rettenden sicher angenehmer als der Abstieg über eine dreiteilige Schiebleiter, ganz abgesehen von den unterschiedlichen Rettungshöhen und Belastbarkeiten. Trotzdem wird es immer wieder bauliche Situationen geben, in denen auf den Einsatz tragbarer Leitern zur Menschenrettung nicht verzichtet werden kann.

Können auch tragbare Leitern nicht mehr verwendet werden, so bleibt noch die Möglichkeit des Abseilens, wobei es fraglich ist, welche zu rettende Person zu solch einer Maßnahme bereit ist, bevor sie sich in wirklich unmittelbarer Lebensgefahr befindet. Gleiches gilt für den letzten und schlechtesten Rettungsweg, die Vornahme eines Sprungrettungsgerätes, dessen Einsatzgrenzen und Risiken bereits erörtert wurden.

Die meisten Probleme bei der Menschenrettung wird die Feuerwehr immer bei Gebäuden haben, in denen Personengruppen untergebracht sind, die nur erschwert gerettet werden können: Altersheime, Krankenhäuser, Anstalten. Aber auch von Hotels gehen wegen der Ortsunkenntnis der Bewohner besondere Gefahren aus. In Ausländerwohnheimen bzw. Asylunterkünften besteht aufgrund unterschiedlicher Mentalitäten und vielfacher Verständigungsprobleme auch immer eine erhöhte Gefahr von Angstreaktionen.

Es kann aber im Brandfall auch dazu kommen, dass bereits im Freien in Sicherheit befindliche Menschen oder auch Tiere zurück in das brennende Objekt (Haus, Wohnung, Stall) laufen, um selbst noch Rettungsversuche zu unternehmen, oder – bei Tieren – sich wieder in die bekannte Umgebung zu »retten«.

3.4 Intoxikation

Drogen- oder Medikamentenmissbrauch kann Wahnvorstellungen oder direktes irrationales Handeln auslösen. Außerdem kann dies dazu führen, dass auf andere Maßnahmen unkalkulierbar reagiert wird. Dies geht so weit, dass selbst Mittel wie Pfefferspray oder auch Medikamente zur Beruhigung oder Betäubung auf den mit Drogen intoxierten Menschen keine Reaktion mehr zeigen.

Insbesondere dann, wenn die Einsatzkräfte auf Personen treffen, die sich völlig abnormal verhalten, obwohl es dafür keinerlei Begründung zu geben scheint, müssen sie damit rechnen, dass ein Missbrauch von Drogen oder Medikamenten oder eine Falsch- bzw. Überdosierung von Medikamenten vorliegt. Hier ist immer der Rettungsdienst mit hinzuzuziehen, auch weil sich bei solchen Menschen in kürzester Zeit eine vital bedrohliche Situation einstellen kann.

3.5 Fehlverhalten von Personen in Absturzgefahr oder von Ertrinkenden

Werden Menschen in eine Notsituation in für sie gefährlicher Umgebung kommen, können sie sich irrational verhalten und die Retter gefährden, weil sie sich z. B. spontan an diese klammern. Dies wird unter anderem in der Rettungsschwimmerausbildung gelehrt und Höhenretter werden mindestens im Rahmen der Ausbildung darauf hingewiesen. Schon bei der Annäherung an derart gefährdete Personen ist das zu beachten. Soweit möglich, ist beruhigend und erklärend einzuwirken und notfalls sind Befreiungsgriffe anzuwenden, um eine Eigengefährdung zu vermeiden.

3.6 Ergänzendes

Um einem Fehlverhalten vorzubeugen, sollte die Bevölkerung bereits im Vorfeld über die tatsächlichen Gefahren informiert und aufgeklärt werden. Da es in der Regel aber nicht einfach ist, bei der breiten Masse Interesse für die Belange des Brand- und Katastrophen- bzw. Zivil- und Selbstschutzes zu wecken, bietet es sich an, Tage der offenen Türen, Betriebsunterweisungen und vor allem Schulklassenführungen gezielt für die Vermittlung von Grundwissen über Brandverhütung und richtiges Verhalten im Brandfall einzusetzen. Jede Feuerwehr tut gut daran, bestehendes Interesse der Bevölkerung nicht nur mit dem Vorzeigen von Fahrzeugen und Geräten zu befriedigen, sondern in ihrem Sinne Brandschutzaufklärung bzw. Brandschutzerziehung zu betreiben. Neben dem wünschenswerten Effekt der Eigendarstellung kann so dazu beigetragen werden, in Zukunft größeres Unheil zu vermeiden, das seinen Ursprung in Angstreaktionen von in Not geratenen Menschen hat.

Auch die Einsatzkräfte der Feuerwehr können in bedrohlich empfundenen Situationen Angst empfinden. Es wäre ein nicht erreichbares und auch nicht sinnvolles Ziel, den Einsatzkräften jegliche Angst völlig nehmen zu wollen. Nicht die Beseitigung von Angst, sondern ihre Nutzbarmachung im Sinne und Interesse des Eigenschutzes müssen vielmehr das Ziel der Ausbildung sein. Durch angemessenes Einschätzen und Bewerten von Gefahren sowie Vertrauen in das verwendete Gerät und in das eigene Leistungsvermögen kann der kontrollierte Umgang mit der eigenen Angst zu überlegten und effektiven Schutzreaktionen führen.

4 Gefahren durch Absturz

Bisher wurde die Gefahr »Absturz« oft unter »Einsturz« geführt. Mit einer Einstufung in »Einsturz« wird der Bereich Höhensicherung/-rettung aber zu oft missachtet, weil dort eher an herabfallende Teile von oben gedacht wird als an den eigenen Absturz. Außerdem kann man auch von völlig intakten Bauwerken oder Naturstrukturen (z. B. Felsen oder Dächern, ▶ Bild 23) ab- oder in Vertiefungen (z. B. Schächte oder Baugruben) hineinstürzen. Nicht umsonst wurde aufgrund der erkannten besonderen Gefahren für die Einsatzkräfte der schon seit 2007 genormte Gerätesatz »Absturzsicherung« nach DIN 14800-17 auf vielen Einsatzfahrzeugen verlastet und es werden gerade dazu spezielle Aus- und Fortbildungen angeboten.

Bild 23: ***Typische Absturzgefahr durch rational nicht mehr erklärbares Verhalten eines zivilen Helfers beim Entlasten eines Daches von Schnee und Eis. (Quelle: Dr. Cimolino)***

Der Einsatz der Feuerwehr erfolgt außerdem originär sowohl für Rettungs- als auch für Arbeitsmaßnahmen immer wieder in großen Höhen oder in anderen absturzgefährdeten Bereichen. Beispiele hierfür sind:

Bild 24: ***Auch im Vegetationsbrandeinsatz kommt es regelmäßig in Gebieten mit starken Gefällen – und das kommt nicht nur im Gebirge, sondern auch bei Taleinschnitten von z. B. Flüssen vor – zur Gefahr des Absturzes, der mit geeigneten Sicherungsmaßnahmen im Einsatz begegnet werden muss. Dies umfasst an der Stelle u. a. neben einer geeigneten Absturzsicherung durch Gurte an der Einsatzkraft, auch temperaturbeständige oder außerhalb der Glutbereiche verlegte Sicherungsseile. Hier bietet sich z. B. eine Zusammenarbeit mit der Bergwacht an. (Quelle: Feuerwehr Bad Reichenhall)***

- Rettung suizidgefährdeter Personen,
- Befestigen von Blechdächern infolge von Stürmen,
- Abräumen von Schneelasten zur Verhinderung von Dacheinstürzen,
- Rettung verletzter Arbeiter von Dächern, Kränen, Schornsteinen oder aus Schächten, Baugruben usw.

Hierbei liegen oftmals Randbedingungen vor, von denen erhöhte Absturzgefahren ausgehen können, z. B. Windböen, rutschige oder schräge Standflächen, nicht vorhandene oder nicht nutzbare Geländer usw. Auch sind Angstreaktionen angesichts mitunter extremer Höhen nicht auszuschließen.

Zum Schutz der Einsatzkräfte beim Arbeiten in Höhen oder in anderen absturzgefährdeten Bereichen hat die Feuerwehr prinzipiell folgende Sicherungsmöglichkeiten:

1. Verwendung des Feuerwehr-Haltegurtes zur Selbstsicherung,
2. Verwendung der Feuerwehrleine als Brustbund bzw. am Feuerwehr-Haltegurt,
3. Verwendung der Feuerwehrleine in Verbindung mit einem Auffanggurt,
4. Verwendung eines dynamischen Kernmantelseils in Verbindung mit einem Auffanggurt (▶ Bild 25).

Bild 25: ***Absturzsicherung bei Arbeiten unter Absturzgefahr (Quelle: Jochen Thorns)***

Bei der Bewertung dieser vier Möglichkeiten ist in den Fällen 2 und 3 vor allem auf die begrenzte Reißfestigkeit der Feuerwehrleine hinzuweisen. Der von der Norm geforderte Wert von 14 kN ist nämlich schon bei Fallhöhen von nur wenigen Metern beim Fangstoß weit überschritten. Die Feuerwehrleine eignet sich daher nicht für eine dynamische Sturzbelastung.

Beim Sturz in bzw. beim Hängen im Brustbund muss außerdem mit Verletzungen gerechnet werden, die je nach Fallhöhe und Hängezeit lebensgefährlich sein können. Gleiches gilt auch für den Feuerwehr-Haltegurt, der als reiner Haltegurt zur Selbstsicherung konzipiert ist und sich daher weder zum Aufnehmen eines Fangstoßes noch zum Hängen über längere Zeit eignet.

Es muss an dieser Stelle auf die Einsatzgrenzen der Systeme Feuerwehrleine/Feuerwehr-Haltegurt bzw. Feuerwehrleine/Auffanggurt hingewiesen werden. Wie der Feuerwehr-Haltegurt allein sind auch diese Kombinationen ausschließlich zum Halten geeignet, d. h. sie dürfen nur verwendet werden, wenn ein Abstürzen sicher ausgeschlossen werden kann. Dies ist dann der Fall, wenn

1. die Feuerwehrleine vom Sichernden immer straff geführt werden kann und ruckartige Belastungen nicht erfolgen,
2. der Anschlag des Sicherungsseils bzw. der Anschlagpunkt des Feuerwehr-Haltegurtes sich oberhalb des zu Sichernden befindet und
3. die Feuerwehrleine nicht über scharfe Kanten geführt bzw. ein geeigneter Kantenschutz verwendet wird bzw.
4. der Feuerwehr-Haltegurt nur zur statischen Sicherung z. B. im Korb einer DLK genutzt wird.

Diese Voraussetzungen sind beispielsweise erfüllt, wenn beim Arbeiten auf einem Dach aus einer höher gelegenen Dachgaube heraus die Führung der Feuerwehrleine ständig so straff erfolgt, dass der Gesicherte beim Abrutschen von seiner Standfläche sofort von Gurt und Leine derart gehalten wird, dass er nicht weiterrutschen oder abstürzen kann. Auch hierbei sollte dem Auffanggurt stets der Vorzug gegenüber dem Feuerwehr-Haltegurt oder dem Brustbund gegeben werden. Außerdem ist darauf zu achten, dass der Sichernde nicht unmittelbar in die Sicherungsleine eingebunden ist, sondern diese mit einem geeigneten Knoten, z. B. Halbmastwurf, über einen unabhängig vom Sichernden geschaffenen Festpunkt geführt wird. Insbesondere darf niemals der Halbmastwurf in den Karabinerhaken des Feuerwehr-Haltegurtes gelegt werden! Weder ist der Sicherungspunkt am Haltegurt der sichernden Einsatzkraft zulässig, noch ist der Karabinerhaken dafür geeignet (vgl. Wachter, 2020).

Auch zur Sicherung von geretteten Personen beim Absteigen über Leitern oder zum Selbstretten (»Abseilen«) von Einsatzkräften kann die Feuerwehrleine verwendet werden, da auch hierbei eine straffe Leinenführung realisierbar ist.

Die Verwendung eines zur Aufnahme dynamischer Fangstöße geeigneten Kernmantelseils, wie es auch beim Bergsteigen zum Einsatz kommt, stellt in Verbindung mit einem Auffanggurt eine echte Absturzsicherung dar (▶ Bild 25). Das Kernmantelseil wird am Anschlagpunkt mittels Halbmastwurf durch einen speziellen Halbmastwurfsicherungs(HMS)-Karabiner mit verschraubbarer Klinke geführt und am Auffanggurt mittels eines Achterknotens befestigt. Bei einem Sturz wird die Fallenergie durch Längung des Seils abgebaut und der Fangstoß hinreichend gedämpft. Diese Kombination ist daher immer dann zu verwenden, wenn sich der Anschlagpunkt des Sicherungsseiles neben oder unterhalb des zu Sichernden befindet oder das Sicherungsseil nicht ständig straff geführt werden kann. Durch die Verwendung von Zwischensicherungen, z. B. vernähte Bandschlingen mit HMS-Karabinerhaken, ist die maximale Fallstrecke aber auf wenige Meter zu begrenzen. Der in der DIN 14800-17 genormte Gerätesatz Absturzsicherung enthält alle Ausrüstungsteile, die für das geschilderte Sicherungsverfahren benötigt werden.

Merke:

Die oben geschilderten Grundsätze gelten für Arbeiten allgemeiner Art an absturzgefährdeten Einsatzstellen.

Für besondere Lagen ist eine darüberhinausgehende spezielle Ausbildung erforderlich, da nur eine solide Ausbildung in der Höhenrettung und ein laufendes intensives Training die zum Erfolg notwendige Routine entstehen lassen. Unter diesem Aspekt ist die Bildung von spezialisierten Höhenrettungsgruppen (HöRG) zu überlegen, die als zentrale Einrichtung einem oder mehreren Landkreisen/Städten für besondere Einsätze in Höhen und Tiefen auch überregional zur Verfügung stehen können.

5 Gefahren durch Atemgifte

5.1 Einleitung

An Einsatzstellen können Atemgifte oder Sauerstoffmangel auftreten. Bei Atemgiften handelt es sich um Stoffe, die, wenn sie über die Atemwege in den Körper gelangen, dort eine schädigende Wirkung hervorrufen. Besteht zusätzlich die Gefahr einer Aufnahme (»Resorption«) über die Haut, so ist diese Gefahr im Rahmen der in diesem Buch verwendeten Systematik der Gruppe »chemische Gefahren« zugeordnet.

Atemgifte kommen in allen Aggregatzuständen vor, nämlich fest (z. B. Stäube), flüssig als Schwebstoffe oder gasförmig als Gas oder Dämpfe. Atemgifte können schwerer als Luft sein, d. h. sie zeigen Schwergasverhalten und sammeln sich am Boden. Sie können in Gängen, Schächten, Gräben u. Ä. »entlangkriechen« und sich in tiefergelegenen Bereichen, wie z. B. Kellern aber auch Innenhöfen oder Senken, in gefährlich hoher Konzentration ansammeln. Atemgifte, die leichter als Luft sind, steigen dagegen auf und sind daher im Freien nur in unmittelbarer Nähe der Austrittsstelle in höheren Konzentrationen anzutreffen. In Gebäuden können allerdings auch sie sich schnell in gefährlichen Mengen ansammeln.

Die ▶Tabelle 6 zeigt eine Auswahl von im Feuerwehreinsatz häufig vorkommenden Atemgiften. Bevor auf die Wirkung der verschiedenen Atemgifte auf den menschlichen Organismus eingegangen wird, soll zunächst kurz die Atmung und ihre Bedeutung für das Leben dargestellt werden.

Im Bereich der **A**temgifte erfolgte in den letzten Jahren eine zunehmende Sensibilisierung (vgl. vfdb Richtlinien 10/01, 2016 und 10/03, 2014 bzw. deren jeweiligen Vorläuferausgaben seit den 1990er-Jahren). Die Initiative »Feuerkrebs« sorgte auch bei einer größeren Zahl von Feuerwehrangehörigen für eine immer stärkere Fokussierung auf ganzheitliche Konzepte von der richtigen Einsatzstellenhygiene bis hin zur Schwarz-Weiß-Trennung in den Fahrzeugen und Standorten. Die klassischen Leitgase im Brandrauch[18] treten mit sehr wenigen Ausnahmen (z. B.

---

18 Die relativ größte Bedeutung hinsichtlich ihrer Toxizität haben in Brandrauchgemischen die folgenden drei Stoffe:

- Chlorwasserstoff (HCl) (»Salzsäure«)
- Cyanwasserstoff (HCN) (»Blausäure«)
- Kohlen(stoff)monoxid (CO)

Diese kommen sehr häufig und in relativ hohen Konzentrationen bei Verbrennungen der unterschiedlichsten Stoffe vor und können relativ leicht festgestellt werden. Sie werden daher als Leitgase bezeichnet (vgl. vfdb RL 10/01, Cimolino, ELH, 2025).

Abbrand reinen Wasserstoffes) bei fast jedem Feuer auf, zusammen mit dem gebildeten Ruß und einwirkendem (Lösch-)Wasser hat dies im Einsatz und über die Tage bzw. Wochen danach ohne wirksame Gegenmaßnahmen bleibende Schäden zur Folge.

So bleibt die Benennung der Gefahr an sich zwar gleich, aber die Berücksichtigung bei den Wirkungen auch auf Material und Sachwerte muss angepasst werden (vgl. die aktualisierte tabellarische Übersicht ▶ Bild 2). Dazu ist zu beachten, dass die Verschleppung (= Ausbreitung!) des Problems über die schmutzige Ausrüstung in saubere Bereiche unbedingt vermieden werden muss.

5.2 Die Atmung

Sauerstoff (O_2) ist ein unverzichtbarer Bestandteil des menschlichen Stoffwechsels. Unter Stoffwechsel soll hier allgemein die Umsetzung von Nahrung in Energie (Bewegung und Wärme) in den Körperzellen verstanden werden. Die Nährstoffe werden quasi im Körper »verbrannt«.

Zu dieser Verbrennung ist Sauerstoff notwendig, der den Zellen über das arterielle Blut zugeführt wird. Als Endprodukt des Stoffwechsels entsteht unter anderem Kohlendioxid (CO_2). Dieses Gas wird vom venösen Blut zur Lunge transportiert (▶ Bild 26). Ohne die Vorgänge in der Lunge detaillierter zu beschreiben, kann gesagt werden, dass dort ein Gasaustausch stattfindet. Das Kohlendioxid tritt aus dem Blut in den Lungenraum über, von dort wird frischer Sauerstoff an das Blut gebunden. Die Funktion der Lunge besteht also sowohl im Auffrischen des Blutes mit Sauerstoff als auch im Abführen des Stoffwechselproduktes Kohlendioxid. Unter normalen Umständen setzen sich Ein- und Ausatemluft wie in ▶ Tabelle 7 dargestellt zusammen.

Tabelle 6: ***Übersicht über einige ausgewählte Atemgifte, sortiert über die zunehmende Dichte***[19]

Stoffname	Chemische Formel	Wirkung	brennbar	$T_{zünd}$	ρ_{Gas}/ρ_{Luft}
Wasserstoff	H_2	E	ja	560	0.07
Helium	He	E	nein	-	0.14
Methan	CH_4	E	ja	595	0.55
Ammoniak	NH_3	R	ja	630	0.6
Neon	Ne	E	nein	-	0.7
Azetylen	C_2H_2	B	ja	305	0.9
Cyanwasserstoff (Blausäure)	HCN	B	ja	535	0.93
Stickstoff	N_2	E	nein	-	0.97
Kohlenmonoxid	CO	B	ja	605	0.97
Formaldehyd	CH_2O	R	ja	420	1.0
Schwefelwasserstoff	H_2S	B	ja	270	1.2
Salzsäure	HCl	R	nein	-	1.25
Kohlendioxid	CO_2	B	nein	-	1.53
Nitrose Gase, NO_X	z. B. NO_2	R/B	nein	-	1.59
Salpetersäure	HNO_3	R	nein	-	2.2
Schwefeldioxid	SO_2	R	nein	-	2.3
Chlor	Cl_2	R	nein	-	2.5
Schwefelkohlenstoff	CS_2	B	ja	102	2.6
Schwefelsäure	H_2SO_4	R	nein	-	2.9
Phosgen	$COCl_2$	R	nein	-	3.4

19 In der Tabelle bedeutet:
E: Atemgift mit erstickender Wirkung
R: Atemgift mit Reiz- oder Ätzwirkung
B: Atemgift mit Wirkung auf Blut, Nerven oder Zellen
$T_{zünd}$: Zündtemperatur des Gases in °C
ρ_{Gas}/ρ_{Luft}: relative Dichte des Gases bezogen auf die Dichte der Luft bei ca. 15 Grad. Ein Wert < 1.0 bedeutet leichter als Luft, ein Wert > 1.0 entsprechend schwerer.

Tabelle 7: ***Zusammensetzung der Atemluft***

Gas	Einatemluft ca.	Ausatemluft ca.
Stickstoff	78 %	78 %
Edelgase	1 %	1 %
Sauerstoff	21 %	17 %
Kohlendioxid	0,03 %	4 %

Wie man in der Tabelle sieht, nehmen Stickstoff und Edelgase am Gasaustausch nicht teil. Ungefähr vier Volumenprozent Sauerstoff sind vom Körper aufgenommen worden, im Gegenzug wurde die Ausatemluft mit vier Volumenprozent Kohlendioxid angereichert.

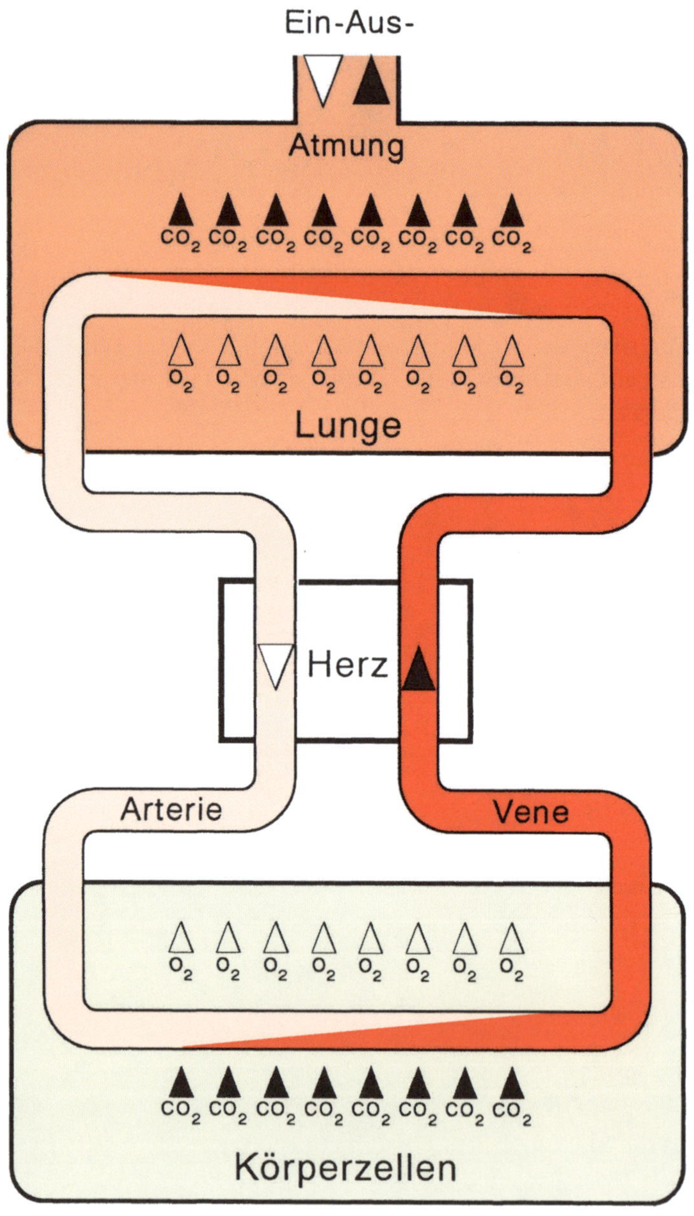

Bild 26: ***Schematische Darstellung von Atmung und Kreislauf***

5.3 Wirkung der Atemgifte

Im Folgenden sollen die Atemgifte nach ihrer Wirkung auf den menschlichen Körper – man spricht von ihrer physiologischen Wirkung – eingeteilt werden. Bei vielen Atemgiften ist eine eindeutige Zuordnung aber schwierig, weil der Stoff auf mehrfache Weise wirkt. Man unterscheidet bei der Wirkung der Atemgifte auf den menschlichen Körper drei Gruppen (▶ Bild 27).

Zur besseren Einschätzung der Gefährlichkeit hat die vfdb hier bereits vor vielen Jahren die Liste der Einsatztoleranzwerte (ETW) aufgelegt und seither regelmäßig aktualisiert, dazu kommt eine weitere Richtlinie zu den Schadstoffen bei Bränden:

- vfdb, Einsatztoleranzwerte, Richtlinie 10/01, 2022: Die ETW sind für ausgewählte Atemgifte jeweils toxikologisch festgesetzte Volumenkonzentrationen, denen Einsatzkräfte ohne Atemschutz eine bzw. vier Stunden ausgesetzt sein dürfen, ohne dass Gesundheit und Leistungsfähigkeit von Einsatzkräften während eines Einsatzes und in der Folgezeit beeinträchtigt werden.
- vfdb, Schadstoffe bei Bränden, Richtlinie 10/03, 2016: Die Gefährlichkeit des Brandrauches und seine dynamische Veränderung während der

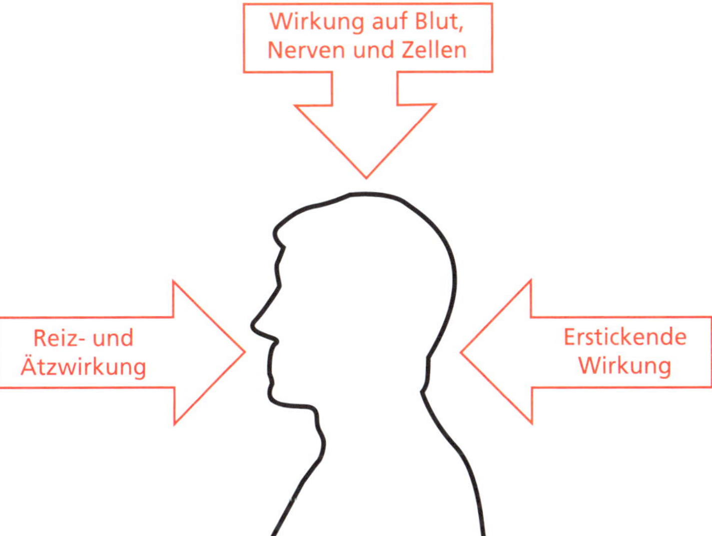

Bild 27: ***Wirkungen von Atemgiften (Quelle: W. Kohlhammer GmbH)***

Brandphasen (▶ Kapitel 7) erfordern spezielle taktische, organisatorische und hygienische Maßnahmen.

5.3.1 Atemgifte mit erstickender Wirkung (»Stickgase«)

Die hierzu zählenden Stoffe sind keine Gifte im eigentlichen Sinne, haben aber die Eigenschaft, den Sauerstoff zu verdrängen. Bei Anwesenheit dieser Stickgase kann die Sauerstoffkonzentration auf gefährlich niedrige Werte absinken. Ein Absinken des Sauerstoffanteils in der Einatemluft unter 15 Volumenprozent hat zur Folge, dass der Sauerstoff in der Lunge in der Regel nicht mehr in ausreichendem Maße in das Blut übertreten kann, wodurch es zum Sauerstoffmangel im Körper kommt. Ein Sauerstoffmangel von nur wenigen Minuten – als Faustwert merke man sich drei Minuten – kann bereits zu bleibenden Schädigungen führen. Als erstes sind hiervon die empfindlichen Nervenzellen betroffen. Besonders tückisch ist der Umstand, dass Sauerstoffmangel mit den menschlichen Sinnen nicht wahrnehmbar ist. Verringert sich der Sauerstoffanteil in der Einatemluft, so bleibt die Schutzreaktion »hier ist Sauerstoffmangel« aus.

Ob der Sauerstoffanteil in der Atemluft groß genug ist, kann ausschließlich mit Messgeräten festgestellt werden. Beispiele für Stickgase sind Stickstoff (N_2), Wasserstoff (H_2), Methan (CH_4) und die Edelgase (He, Ne, Ar, Kr, Xe).

5.3.2 Atemgifte mit Reiz- und Ätzwirkung

Diese Atemgifte reizen oder verätzen die Schleimhäute der Atemwege und/oder wirken zerstörend auf das Lungengewebe. Sie können im Zusammenwirken mit der dort stets herrschenden Feuchtigkeit eine Entzündung an den Lungenbläschen hervorrufen. Als Folge kommt es zu einer massiven Ansammlung von Gewebsflüssigkeit, man spricht von einem Lungenödem. Dieses bewirkt eine Störung des Gasaustausches in der Lunge und somit eine ungenügende Versorgung des Körpers mit dem notwendigen Sauerstoff.

Es soll mit Nachdruck darauf hingewiesen werden, dass Personen, die Reiz- oder Ätzgasen ausgesetzt waren, unbedingt ärztlicher bzw. klinischer Behandlung zuzuführen sind. Dies gilt auch bei nur geringer Gaskonzentration und kurzer oder einmaliger Einwirkung. Zur Bildung eines Lungenödems kann es je nach Atemgift noch 24 bis 48 Stunden nach dem Einatmen kommen, man spricht von der so genannten Latenzzeit. Es folgen einige Beispiele für Atemgifte mit Reiz- oder Ätzwirkung:

Chlor (Cl_2)

Chlor ist ein stechend riechendes, gelb-grünes Gas, das Augen, Haut und Schleimhäute angreift. Sein Geruch ist so intensiv, dass es bereits unterhalb gefährlicher Konzentrationen wahrgenommen wird. Chlor ist zwar nicht brennbar, stellt aber ein sehr reaktionsfreudiges Element dar, das sich mit bestimmten Stoffen sogar explosionsartig verbindet. Aufgrund dieser Reaktionsfreudigkeit mit anderen Chemikalien kommt Chlor nicht frei in der Natur vor, es wird aber in größeren Mengen in der chemischen Industrie für die Herstellung anderer Chemikalien verwendet und somit auch transportiert, gelagert und verarbeitet

Austretendes Chlorgas ist deutlich schwerer als Luft und kann in gewissem Umfang mit Sprühstrahl niedergeschlagen werden. Die Löslichkeit von Chlor in Wasser ist temperaturabhängig, je wärmer das Wasser, umso schlechter die Löslichkeit:

- bei 0 °C: ca. 16 g/L
- bei 20 °C: ca. 7 g/L
- bei 30 °C: ca. 5 g/L

Beim Berechnen der nötigen Wassermenge zum Niederschlagen/Lenken von Chlorgas ist zu beachten, dass nur ein Teil des Chlors in Wasser gelöst werden wird, daher werden viel größere Wassermengen benötigt, als nach idealer Rechnung erforderlich sind!

Besser ist daher ggf. die Zugabe von Reagenzien, die die Bindung an das damit versetzte Wasser verstärken, z. B. Natriumthiosulfat (vgl. Cimolino, ELH, 2025). Schwimmbäder halten derartige Produkte in der Regel vor.

Ammoniak (NH_3)

Ammoniak ist ein farbloses, stechend riechendes Gas, das auf Haut, Schleimhäute und Augen stark ätzend wirkt. Bei Inhalation besteht die Gefahr eines Lungenödems innerhalb einer Latenzzeit von bis zu 48 Stunden. Es lässt sich zwar zünden, brennt dann aber nicht selbstständig weiter. Große Mengen Ammoniak finden sich in Kälteanlagen sowie als Grundstoff der chemischen Industrie, insbesondere zur Herstellung von Düngemitteln. Ammoniak ist leichter als Luft und hat daher das Bestreben, zu entweichen. Austretendes Ammoniakgas kann mit Sprühstrahl niedergeschlagen werden. In Wasser gelöstes Ammoniak wird als Salmiakgeist bezeichnet.

Nitrose Gase (NOx)

Unter dem Begriff »nitrose Gase« fasst man eine ganze Reihe von Stickstoff-Sauerstoff-Verbindungen (Stickoxide) zusammen. Das am häufigsten auftretende nitrose Gas ist das Stickstoffdioxid (NO_2). Es handelt sich dabei um ein gelb bis rotbraunes, nicht brennbares Gas von leicht chlorigem Geruch, das schwerer als Luft ist. Nitrose Gase entstehen beispielsweise in größeren Mengen bei der Zersetzung von ammoniumnitrathaltigen Düngemitteln, aber auch bei chemischen Reaktionen der Salpetersäure mit Metallen oder organischen Stoffen. Sie lassen sich nur in sehr geringem Umfang mit feinem Sprühstrahl niederschlagen bzw. zumindest aber durch Wasserwände in der Ausbreitung behindern oder etwas steuern. Das besonders Gefährliche an den nitrosen Gasen ist ihre lange Latenzzeit bei gleichzeitig relativ geringer Reizwirkung während des eigentlichen Einatmens. Noch nach Ablauf einer langen (häufig relativ beschwerdefreien) Latenzzeit von bis zu 48 Stunden können die Symptome eines Lungenödems auftreten.

Bild 28: ***Nitrose Gase können insbesondere bei Bränden in Produktion bzw. Lagerung bestimmter Stoffe auch in großen Mengen entstehen. Es bestehen dann die Gefahren der Atemgifte, der Ausbreitung und auch noch nach Tagen der Erkrankung/Verletzung über Folgeschäden in der Lunge. (Quelle: Feuerwehr Düsseldorf)***

Säuredämpfe

Säuredämpfe haben meist einen charakteristisch stechenden Geruch und eine starke Ätzwirkung auf Lunge, Haut und Augen. Sie lassen sich wegen ihrer Wasserlöslichkeit mit Sprühstrahl gut niederschlagen und sind in der Regel nicht brennbar. Speziell bei PVC-Bränden können Salzsäuredämpfe in erhöhter Konzentration auftreten.

5.3.3 Atemgifte mit Wirkung auf Blut, Nerven und Zellen

Diese Atemgifte werden abgekürzt als »BNZ-Atemgifte« bezeichnet. In dieser Gruppe befinden sich die giftigen Gase im eigentlichen Sinne des Wortes. Sie wirken auf unterschiedliche Art und Weise auf die menschlichen Organe oder Stoffwechselvorgänge ein. Sie können z. B. Regelmechanismen außer Kraft setzen, bestimmte lebensnotwendige Vorgänge hemmen, die Fortleitung von Nervenimpulsen manipulieren usw. Im Feuerwehreinsatz häufig vorkommende BNZ-Atemgifte sollen im Folgenden näher dargestellt werden.

Kohlenmonoxid (CO)

Kohlenmonoxid entsteht bei der unvollständigen Verbrennung kohlenstoffhaltiger Materialien, d. h. bei Verbrennungen, die unter Sauerstoffmangel ablaufen. Es ist ein farb-, geruch- und geschmackloses Gas, das ein wenig leichter als Luft ist. Kohlenmonoxid wirkt als Blutgift. Gelangt es in die Lunge, nimmt es dort am Gasaustausch teil und verbindet sich mit dem Blut. Verhängnisvoll für den Vergifteten ist der Umstand, dass das Blut Kohlenmonoxid, welches für den Stoffwechsel nicht brauchbar ist, etwa 250 mal besser bindet als den lebensnotwendigen Sauerstoff. Je nach Menge des eingeatmeten Kohlenmonoxids ist also ein mehr oder weniger großer Teil des Blutes für den Sauerstofftransport »ausgefallen« und bleibt es auch noch lange Zeit nach Beendigung der CO-Aufnahme, denn das Kohlenmonoxid wird nur sehr langsam wieder abgeatmet. So werden in vier Stunden durchschnittlich nur 50 bis 60 Prozent des aufgenommenen Kohlenmonoxids über die Atemwege wieder ausgeschieden. Hierdurch kommt es zu ungenügender Sauerstoffversorgung der Zellen, man spricht vom »inneren Ersticken«. Bereits eine Konzentration von nur 0,02 bis 0,03 Volumenprozent CO muss wegen dessen starker Neigung zur Bindung an das Blut auch bei ausreichendem Sauerstoffgehalt als gefährlich angesehen werden. Besonders Kinder reagieren wegen ihres höheren Stoffwechselumsatzes empfindlicher auf Kohlenmonoxid als Erwachsene. In der Tabelle 8 werden die Symptome einer Kohlenmonoxidvergiftung dargestellt.

Tabelle 8: ***Symptome der Kohlenmonoxidvergiftung, zum Vergleich eingefügt der AEGL 2- bzw. ETW 4-Wert.***

CO-Konzentration in Volumenprozent	Symptome
0,005	keine Gesundheitsgefährdung zu erwarten
0,01	nach mehreren Stunden leichte Kopfschmerzen
0,033	AEGL[20] 2 bzw. ETW 4
0,05	nach mehreren Stunden heftige Kopfschmerzen, Schwindel, Ohnmachtsneigung
0,1–0,2	Tod nach 30 Minuten
0,3–0,5	Tod nach wenigen Minuten durch Atemlähmung und Herzversagen

Mit dem Auftreten von CO muss vor allem an Orten gerechnet werden, an denen die Bedingungen für eine unvollständige Verbrennung, d. h. vor allem Sauerstoffmangel, vorliegen. In erster Linie ist hier an Kellerbrände, an Brände in noch geschlossenen Räumen und an Schwelbrände ganz allgemein zu denken. Aber auch undichte Öfen und Schornsteine haben schon zu schweren und tödlichen CO-Vergiftungen geführt. CO breitet sich außerdem zeitversetzt durch fast alle Materialien aus (vgl. Cimolino, ELH, 2025). Bei modernen Heizungsanlagen kann es unter Umständen bei bestimmten Sonneneinstrahlungen auf die Schornsteine aufgrund zu geringer Abgastemperaturen zu Rückstau von Abgasen und damit Freisetzung von CO in die Wohnungen kommen. Mitunter wird CO auch in suizidaler Absicht verwendet (▶ Kapitel 3.2.1).

Neben der Giftigkeit geht vom Kohlenmonoxid zusätzlich die Gefahr der guten Brennbarkeit aus (Zündbereich von 12,5 bis 74 Volumenprozent).

Schutz für die Einsatzkräfte bieten hier CO-Warner als Teil der Persönlichen Schutzausrüstung, umluftunabhängiger Atemschutz, rasches Lüften sowie – wenn möglich – ein zügiges Verbringen der CO-Quelle ins Freie.

Kohlendioxid (CO_2)

Kohlendioxid entsteht bei der vollständigen Verbrennung kohlenstoffhaltiger Materialien, d. h. bei Verbrennungen, die unter ausreichendem Sauerstoffangebot

20 AEGL = Acute Exposure Guideline Levels; AEGL 2 Werte definieren diejenige Stoffkonzentration, bei der eine schwerwiegende, langandauernde oder fluchtbehindernde Wirkung eintritt.

ablaufen. Es ist ein unsichtbares und geruchloses Gas, das leicht säuerlich schmeckt und etwa 1,5-mal schwerer als Luft ist.

CO_2 ist nicht brennbar, es wird sogar als Löschmittel eingesetzt. Ab einer Konzentration von mehr als acht Volumenprozent in der Einatemluft wirkt Kohlendioxid lähmend auf das Atemzentrum, was bis zum Atemstillstand führen kann. 20 Volumenprozent Kohlendioxid wirken tödlich.

Tabelle 9: ***Vergleich zwischen Kohlenmonoxid und Kohlendioxid***

Chemisches Symbol	CO	CO_2
Relatives Gewicht[21]	0,967	1,467
Brennbar	ja	nein
Zündbereich	12,5–74 Vol %	–
Zündtemperatur	605 °C	–
Giftwirkung	auf das Blut	auf das Atemzentrum
AGW[22]-Wert (ppm)	20	5 000
ETW[23]-4-Wert (ppm)	33	10 000

Neben dem Auftreten im Brandrauch findet man Kohlendioxid häufig in Silos, Kellereien und Brauereien, denn es entsteht auch bei Gärungs- und Zersetzungsprozessen von organischem Material. Wegen seines hohen Gewichtes sammelt es sich in tiefer liegenden Gebäudeteilen in hohen Konzentrationen an. Man spricht auch vom so genannten »CO_2-See«, der schon vielen Menschen und dann auch immer wieder den nachsteigenden – ungenügend geschützten – Helfern zum Verhängnis geworden ist.

21 in Bezug auf Luft

22 AGW = Arbeitsplatz-Grenzwert (GefStoffV/TRGS 900)
Bei Unterschreitung der jeweils stoffspezifisch festgelegten Arbeitsplatzgrenzwerte bestehen keine schädlichen Auswirkungen auf die Gesundheit von Beschäftigten im Allgemeinen. Die AGW sind Schichtmittelwerte bei in der Regel täglich achtstündiger Exposition an 5 Tagen pro Woche während der Lebensarbeitszeit.

23 ETW = Einsatz-Toleranzwert (vfdb-Richtlinie 10/01)
Der Einsatz-Toleranzwert (4) ist die höchstzulässige Konzentration eines Gases, Dampfes oder Schwebstoffes in der Luft, bei der während eines vierstündigen Einsatzes keine Beeinträchtigung der Leistungsfähigkeit der Einsatzkräfte und keine Gesundheitsgefährdung für die Bevölkerung bestehen.

CO_2 wird in großen Mengen in ortsfesten Löschanlagen verwendet, wenn Löschmittelrückstände unerwünscht oder Wasser(-Schaum-Gemische) ungeeignet sind, z. B. in EDV-Anlagen sowie bestimmten Produktionsstätten und Lagern der chemischen Industrie. Bei Auslösen dieser Anlagen besteht im beaufschlagten Löschbereich eine CO_2-Konzentration von 30 bis 60 Volumenprozent. Daher dürfen diese Räume dann nur unter umluftunabhängigem Atemschutz betreten werden. Aufgrund baulicher oder betrieblicher Mängel kann es aber auch in anderen Gebäudeteilen und sogar in der Umgebung zu gefährlich hohen CO_2-Konzentrationen kommen. Dies ist – soweit möglich – bereits bei der Anfahrt, spätestens aber bei der Aufstellung der Feuerwehrfahrzeuge zu beachten. Alle in einen Gebäudekomplex mit ausgelöster CO_2-Löschanlage vorgehenden Einsatzkräfte müssen umluftunabhängigen Atemschutz tragen, bis entsprechende Messungen eine CO_2-Freiheit ergeben haben. Dies gilt ausdrücklich auch für die Brandmeldezentrale.

Achtung:

Eine reine Sauerstoffmessung ist nicht relevant, weil trotz ausreichend Sauerstoff eine gefährlich hohe CO_2-Konzentration vorliegen kann!

Wenn große CO_2-Mengen abgegeben wurden und nach der Erkundung bzw. dem Abschluss der Löschmaßnahmen der Löschbereich gelüftet wird, ist die Gefahr einer Ausbreitung der CO_2-Wolke in die Umgebung unter Berücksichtigung der Wetterlage zu bewerten. Dies gilt insbesondere, wenn das zu belüftende Gebäude höher liegt als die Umgebung.

Kohlenmonoxid und Kohlendioxid werden mitunter begrifflich durcheinandergebracht. Deswegen sind die Merkmale und Eigenschaften dieser beiden sehr unterschiedlich wirkenden Atemgifte noch einmal in ▶ Tabelle 9 zusammengestellt.

Cyanwasserstoff (HCN), »Blausäure«

Cyanwasserstoff ist eine farblose Flüssigkeit, von der ein charakteristischer Bittermandelgeruch ausgeht. Da der Siedepunkt schon bei zirka 25 °C liegt, befinden sich über der Flüssigkeitsoberfläche Dämpfe in hoher Konzentration. Diese sind leicht zu entzünden, der Flammpunkt liegt bei unter -20 °C, der Zündbereich reicht von fünf bis 47 Volumenprozent. Als Blausäure bezeichnet man die Lösung von Cyanwasserstoffdämpfen in Wasser. Auch aus der Blausäure treten Cyanwasserstoffdämpfe in hoher Konzentration aus.

Cyanwasserstoff ist ein sehr starkes Atemgift, das bei hoher Konzentration auch über die Haut in gefährlichen Dosen aufgenommen werden kann. Es wirkt unmittelbar an den Körperzellen, wo es die Ausnützung des Sauerstoffs für den Stoffwechsel der Zellen verhindert. Ähnlich wie beim Kohlenmonoxid kommt es daher zum »inneren Ersticken«, obwohl sich bei der Cyanwasserstoff-Vergiftung genügend Sauerstoff im Blut befindet. Dieser kann aber nicht mehr von den Zellen »verwendet« werden.

Cyanwasserstoff kann insbesondere beim Brand bestimmter stickstoffhaltiger Kunststoffe auftreten, z. B. bei Polyamiden (»Nylon«, »Perlon«), Polyacrylnitril (»Dralon«) und bei Polyurethan (»PUR-Schaum«), außerdem auch bei in Brand geratenen Federbetten.

Schwefelwasserstoff (H_2S)

Schwefelwasserstoff ist ein übel nach faulen Eiern riechendes, farbloses Gas. Es ist etwas schwerer als Luft und entsteht in der Natur bei Fäulnis- und Zersetzungsprozessen von Biomasse.

Schwefelwasserstoff ist sehr giftig, hat in den Atemwegen und der Lunge Ätzwirkung, wirkt aber vor allem als Blutgift, indem er die für den Sauerstofftransport benötigten Teile des Blutes zerstört, sodass den Körperzellen nicht mehr genug Sauerstoff zugeführt werden kann.

Schwefelwasserstoff wird aufgrund seines intensiv empfundenen Geruchs weit unterhalb von gefährlichen Konzentrationen wahrgenommen. Die als äußerst widerlich empfundene Wahrnehmung führt automatisch zu Fluchtreaktionen. Allerdings betäubt Schwefelwasserstoff den Geruchssinn, sodass eine Erhöhung der Konzentration nicht mehr wahrgenommen werden kann.

Wie beim CO_2 kommt es auch beim H_2S zu Folgeunfällen, wenn ungeschützte Ersthelfer dem Verunfallten in die giftige Atmosphäre (z. B. in einem Silo) nachsteigen.

Schwefelwasserstoff ist brennbar und wegen seiner relativ niedrigen Zündtemperatur hochentzündlich. Da Schwefelwasserstoff in Wasser nur wenig lösbar ist, kann er mittels Sprühstrahl nur begrenzt niedergeschlagen werden.

PCB und Dioxine

PCB (Polychlorierte Biphenyle) sind wasserklare Flüssigkeiten, deren Konsistenz in Abhängigkeit vom Chlorgehalt zwischen dünn- und zähflüssig liegt. Weitere gebräuchliche Namen für diesen Stoff sind Askarel (technische Bezeichnung) und Chlophen (Firmenbezeichnung). Die akute Giftigkeit von PCB als Atemgift ist eher als gering anzusehen, nicht zuletzt wegen des äußerst langsamen Verdunstens der Flüssigkeit. Schwere Schädigungen bei Langzeiteinwirkung sind aber zu befürchten, deshalb dürfen PCB nur in geschlossenen Systemen in den Verkehr gebracht werden.

Für die Feuerwehr von Interesse ist vor allem ihre Verwendung als Bestandteil von Kühl- und Isolationsflüssigkeiten in bestimmten elektrischen Anlagen, wie Transformatoren und Kondensatoren.

Gefährlich wird es, wenn PCB erwärmt werden, z. B. durch Brände in elektrischen Anlagen. Zwischen 300 und 1 000 °C zersetzen sich PCB; unter den Zersetzungsprodukten befinden sich Dioxine und die ihnen chemisch verwandten Furane. Hierbei handelt es sich um Stoffgruppen aus mehr als 200 Einzelverbindungen, die je nach ihrer genauen Zusammensetzung schwerflüchtige, hochsiedende Flüssigkeiten oder Feststoffe sind. Dioxine und Furane sind nicht wasserlöslich, sie lagern sich aber sehr stabil an Rußteilchen und Aschepartikel an.

Die Giftigkeit der Dioxine und Furane ist je nach ihrer genauen chemischen Zusammensetzung sehr unterschiedlich. Der giftigste Vertreter dieser beiden Stoffgruppen, das so genannte »2,3,7,8-Tetrachlordibenzodioxin« dürfte seit dem Unfall am 10. Juli 1976 in Seveso (Italien), bei dem lediglich 2,5 kg hiervon freigesetzt wurden, allgemein bekannt sein. In Folge dieses Unfalls mussten mehr als 7 000 Menschen umgesiedelt und zirka 50 000 Tiere getötet werden. Viele Personen, insbesondere Kinder, erlitten schwere Gesundheitsschäden. Dioxine und Furane verursachen vor allem Leberschäden und schwere Hautschäden, z. B. die so genannte Chlorakne. Allerdings gibt es auch natürlich vorkommende Stoffe, die akut wesentlich giftiger sind als die häufig als »Ultragifte« bezeichneten Dioxine und Furane.

Gülle- und Biogase

Dass aus Güllegruben insbesondere beim Aufrühren und Pumpen gefährliche Atemgifte freigesetzt werden können, ist in der Landwirtschaft seit jeher bekannt. Dabei handelt es sich um Gase, die bei der Zersetzung organischer Stoffe regelmäßig entstehen, in veränderlicher Zusammensetzung (»Biogas«). Seit dem Jahr 1999 wird dieser Effekt zur Erzeugung von Strom und Wärme in Biogasanlagen aus ökologischen Gründen gezielt und zunehmend genutzt.

Biogasanlagen sind technische Anlagen, die mit nachwachsenden Rohstoffen und organischen Abfallprodukten betrieben werden, und in der Regel der dezentralen Erzeugung von Strom und Wärme dienen. Sie bestehen prinzipiell aus zwei räumlich voneinander getrennten Funktionsteilen:

1. In einem oder mehreren Gärbehältern findet zunächst ein biologisch-chemischer Prozess (Fermentierung) statt, bei dem das eingebrachte Substrat (Gülle, Silage, Bioabfall) in Biogas und einen Gärrest umgewandelt wird.
2. In einem Blockheizkraftwerk wird das Biogas verbrannt, die dabei freigesetzte Energie dient sowohl der Strom- als auch der Wärmeerzeugung.

Biogas besteht hauptsächlich aus einem Gemisch von Methan, Kohlendioxid, Schwefelwasserstoff, Wasserstoff, Stickstoff und Ammoniak. Die von diesen Gasen ausgehenden Gefahren (s. o.) bestehen damit auch bei Biogas: dieses ist giftig und brennbar. Gärgase etc. treten auch in Kanälen und Abwasserwerken auf!

Feinstäube und »Fiese Fasern«

Feine Stäube (Steinmehl, Kohlestaub, Holzstaub) sowie »Fiese Fasern« (Asbest, bzw. heute auch moderne Faserverbundwerkstoffe, vgl. Bundeswehr, o. A.) können ohne geeigneten Atemschutz auch bis in tiefe Teile der Lunge kommen und dort

- Reizungen der Atemwege,
- Entzündung der Atemwege,
- Erkrankungen der Lunge und/oder
- Krebs

verursachen, weshalb sie hier aufgeführt werden.

Stäube und »Fiese Fasern« können von glatten Oberflächen ab- und meist auch aus Kleidung ausgewaschen (dekontaminiert) werden. Dies erzeugt immer einen zusätzlichen Aufwand. Ist das nicht sicher möglich, sind die Produkte zu kennzeichnen und in geeigneter Weise zu entsorgen, dabei sind die einschlägigen Regelwerke (z. B. zu Asbestbelastung) zu beachten.

Atemfilter müssen für den jeweiligen Staub geeignet sein. Auf das mögliche Verlegen der Filterfließe ist zu achten (vgl. FwDV 7).

5.4 Brandrauch

Unter Brandrauch versteht man ein Stoffgemisch, konkret eine Mischung von Rußpartikeln und den bei jedem Brand entstehenden giftigen Gasen. Die Zusammensetzung des Brandrauches hängt ab von dem brennenden Stoff, dem Sauerstoffangebot und der Verbrennungstemperatur, so dass sie sich im Verlauf eines Brandes und damit auch in den Einsatzphasen deutlich verändert.

Wenngleich sich im Zeitalter der Kunststoffe und der Chemie der Brandrauch aus einer Vielzahl von organischen Nebenprodukten zusammensetzt, so bleibt doch bei einem »normalen« Wohnungsbrand das Kohlenmonoxid der akut gefährlichste Bestandteil. Auch bei der Brandkatastrophe am Düsseldorfer Flughafen am 11. April 1996 waren alle zu beklagenden Opfer an einer Kohlenmonoxidvergiftung gestorben.

Als Brandrauch-Leitsubstanzen[24] (vgl. vfdb-RL 10/03) für die Feuerwehrmesstechnik gelten:

CO	Kohlenstoffmonoxid
HCN	Cyanwasserstoff (»Blausäure«)
HCl	Chlorwasserstoff (»Salzsäure«)

Dioxine und Furane können nicht nur bei der Zersetzung von PCB und chemisch verwandter Stoffe auftreten, sondern sie sind auch im Brandrauch nachweisbar, wenn Chlor oder andere Halogene in den brennenden organischen Stoffen chemisch gebunden waren. Ihre Konzentration hängt dabei sehr stark von der Art der Verbrennung, der Verbrennungstemperatur und dem Sauerstoffangebot ab. PAK (Polycyclische aromatische Kohlenwasserstoffe) entstehen bei fast allen Bränden mit Rußbildung, sie treten daher meist in wesentlich höherer Konzentration auf als Dioxine und Furane. Sie gelten als krebserregend und werden biologisch schwer abgebaut.

Schädigende Wirkungen des Brandrauches auf Menschen treten vor allem in geschlossenen Räumen und in der Rauchgaswolke in unmittelbarer Nähe des Brandherdes auf. Die Aufnahme der im Brandrauch enthaltenen Gifte erfolgt hinsichtlich akuter Schädigungen überwiegend durch Einatmen, die Aufnahme durch Hautresorption ist bei Brandgasen vernachlässigbar. Bei Einsatzkräften, die häufig dem Brandrauch ausgesetzt sind, besteht aber der begründete Verdacht, dass es durch die Aufnahme von krebserregenden Stoffen über die Haut zu Langzeitschäden kommt. Der Einsatzhygiene kommt daher besondere Bedeutung zu, ▶ Kapitel 8 und 9.

Es steht fest, dass bei Bränden weitaus mehr Menschen durch den Rauch als durch das Feuer zu Schaden kommen. Abgesehen von Explosionsunglücken sterben die meisten Opfer eines Brandes an einer Rauchvergiftung und nicht an erlittenen Brandverletzungen. Man bedenke, dass in einem 60 m^3 großen Raum bereits die unvollständige Verbrennung von nur 500 g Holz ausreicht, um unter ungünstigsten Bedingungen eine gefährliche Kohlenmonoxid-Konzentration von 0,02 Volumenprozent entstehen zu lassen. Darüber hinaus nimmt Rauch die Sicht und verleitet zu Angst- und Panikreaktionen (▶ Kapitel 3.3). Die Menge des gebildeten Rauches hängt ebenso wie seine Zusammensetzung von den Brandbedingungen und dem brennenden Stoff ab. So entsteht beispielsweise aus einem Kilogramm brennendem

24 Das früher auch noch enthaltene Formaldehyd wurde 2004 auf der 50. Sitzung des Ref. 10 der vfdb für den Feuerwehreinsatz als Leitsubstanz für den Brandrauch gestrichen.

Schaumgummi die dreifache Menge Rauch wie aus einem Kilogramm brennendem Birkensperrholz. Allerdings gibt es auch Kunststoffe, die weniger Rauch entwickeln als »natürliche« Baustoffe. Ebenso ist es ein leider weit verbreiteter Irrtum, dass bei Bränden von Kunststoffen grundsätzlich Dioxine und andere aggressive Gase/Dämpfe wie z. B. Salzsäure gebildet werden. Aus einem Kunststoff kann nämlich nur das als Brandrauch entweichen, was in der chemischen Zusammensetzung des Kunststoffes elementar vorhanden ist. So können bei der Verbrennung von reinem Polyethylen mit Sicherheit keine Dioxine und auch keine Salzsäure gebildet werden, weil im reinen Polyethylen gar kein Chlor enthalten ist. Viele Kunststoffe sind aber Mischprodukte. In Deutschland befinden sich ca. 50 % der chlorhaltigen Endprodukte in Kunststoffen. Diese setzen das Chlor dann bei der Verbrennung frei, wobei u. a. Salzsäure (HCl) entsteht.

Neben der giftigen Wirkung auf Menschen und Tiere können sich aggressive Atemgifte aber auch zerstörend auf Einrichtungen, Lagergüter und Bauteile auswirken. Die Palette der möglichen Schäden reicht von der Renovierung einer Wohnung bis hin zur kostenaufwendigen Sanierung eines ganzen Gebäudes.

Ein Sonderfall innerhalb dieses Unterkapitels ist der Rückstau von Abgasen (hier v. a. CO) aus modernen Niedrigtemperaturheizungen in Wohnräumen. Dies kann v. a. bei wärmeren Außentemperaturen bzw. direkter Sonneneinstrahlung auf den Kamin geschehen. Schon deshalb empfiehlt es sich für Einsatzkräfte auch im Rettungsdienst CO-Melder immer, z. B. an der PSA, mitzuführen! Weitere Infos: https://www.co-macht-ko.de/

5.5 Schutz vor Atemgiften

Betrachtet man die von den Atemgiften ausgehenden Gefahren, so wird klar, dass ein Arbeiten an den meisten Brandstellen ohne Atemschutz nicht möglich ist (Bild 29). Vor allem die in Gebäuden effektivste Form des Löschangriffs, der Innenangriff, wäre ohne Atemschutzgeräte nicht durchführbar. Für das Arbeiten in geschlossenen Räumen können in der Regel nur umluftunabhängige Atemschutzgeräte zum Einsatz kommen, meist wird es sich hierbei um Pressluftatmer handeln. Ausnahmsweise können Filtergeräte auch in Gebäuden zum Einsatz kommen, wenn es sich um Stäube, Fiese Fasern, Krankheitserreger etc. handelt, weil hier der Anteil an Sauerstoff in der Luft ausreicht. Hier ist aber immer auf die Gefahr zu achten, dass sich die Filter zusetzen können. Dies kann auch durch ein unerwartetes Ereignis im Einsatz geschehen, z. B. Aufwirbelung von Staub durch eine umfallende Wand o. ä. Mit dem Verlegen der

Filter steigt zunächst die notwendige Atemarbeit und damit die physische Belastung der Einsatzkräfte; im Einsatzverlauf kann es insbesondere bei FFP-Masken zu vermehrter seitlich einströmender ungefilterter Luft kommen. Einschraubfilter o. ä. können sich so weit verlegen, dass ein Atmen damit unmöglich wird.

Bild 29: ***Schutz vor Atemgiften bei der Brandbekämpfung (Quelle: Jochen Thorns)***

Auf gar keinen Fall darf ein bei der Feuerwehr verwendeter Filter (Typ B2-P3 oder A2B2E2K2-P3) dort zum Einsatz kommen, wo mit dem Auftreten von Kohlenmonoxid zu rechnen ist, denn dieses Gas wird von diesen Filtern nicht zurückgehalten, oder es ist zu wenig Sauerstoff vorhanden. Somit scheiden Filtergeräte als Schutz beim Vorgehen in durch Brandeinwirkung verqualmte Gebäude, oder bei der Rettung aus Schacht- bzw. Siloanlagen von vornherein aus, weil dort immer mit dem Auftreten von Kohlenmonoxid bzw. Sauerstoffmangel gerechnet werden muss. Das Filtergerät kann also niemals als Ersatz für den Pressluftatmer dienen.

Filter dürfen verwendet werden, wenn sichergestellt ist, dass

- die Schadstoffkonzentration gering (≤ 0,5 Volumenprozent) **und**
- die Sauerstoffkonzentration groß genug (≥ 17 Volumenprozent) **und**
- die erwartbare Belastung durch Staub so gering ist, dass die Filter davon nicht verlegt werden.

Ein Beispiel wäre der Einsatz von geeigneten Filtern bei Waldbränden, um sich vor der Belästigung durch den beißenden Rauch zu schützen. Auch spezielle Filter, die in gewissem Umfang gegen Kohlenmonoxid schützen, ändern prinzipiell nichts an den Einsatzgrenzen von Filtergeräten. Allerdings sind diese Filter gut geeignete Fluchtgeräte für unvorhergesehene Notlagen, wenn sie bei der Brandbekämpfung zusammen mit dem Atemanschluss immer »am Mann« getragen werden.

Einsatzfahrzeuge sollten mit Maske und A2B2E2K2-P3-Filtern je Sitzplatz ausgestattet sein und sind – soweit taktisch möglich – außerhalb der Rauch- bzw. Schadgaszone aufzustellen. Das Eindringen von Schadstoffen in das Innere der Mannschaftskabinen ist zu verhindern, indem die Fenster geschlossen werden und die Lüftung ausgeschaltet wird.

Für die Verwendung bei Feinstäuben, »Fiesen Fasern« und bei Infektionslagen sind passende Atemschutzfilter zu verwenden. Dies können dann auch spezielle Halbmasken aus Papier sein.

Hinweise zur Verwendung von Atemschutzgeräten im Einsatz:

Die notwendigen Untersuchungspflichten für den Einsatz von Atemschutzgeräten sind immer zu beachten. Nur einfache, leichte Filter(halb)masken bei nur gelegentlicher und kürzerer Anwendung sind dabei frei von Untersuchungspflichten. Bereits die geplante Anwendung von Atemschutzgeräten unter 5 kg aber mit einem erhöhten Einatemwiderstand (z. B. Feuerwehrmaske mit A2B2E2K2-P3-Filter) erfordert eine arbeitsmedizinische Untersuchung, die Verwendung von Atemschutzgeräten von mehr als 5 kg (Pressluftatmer) eine mit erhöhten physiologischen Anforderungen (beide jeweils früher[25] nach G 26.2 bzw. G 26.3).

Die Verwendung von Masken mit Filtern als Fluchtgerät ist untersuchungsfrei. Dies gilt sowohl für die Nutzung von Fluchthauben an Dritten wie auch für die Verwendung von Atemschutzmasken mit Filter nur zur Flucht aus einer Gefahrenlage.

25 Seit August 2022 ersetzen die »DGUV Empfehlungen für arbeitsmedizinische Beratungen und Untersuchungen« die oben genannten DGUV Grundsätze. Dort sind die bisher geläufigen Bezeichnungen mit Nummerierung (z. B. G 26) entfallen.

5.6 Einsatz(stellen)hygiene

Auch nach Abschluss der Brandbekämpfung müssen bestimmte Schutzmaßnahmen beachtet werden, damit eine Verschleppung bzw. Aufnahme gesundheitsschädlicher oder giftiger Stoffe vermieden wird (vgl. vfdb-Merkblatt 10/13, DGUV-Information 205-035 und DFV-FE-77-2023). Dafür sind an der Einsatzkraft, mindestens aber als Ausstattung für jeden Sitzplatz in den Einsatzfahrzeugen seit Juli 2023 Hygienesets (Einweghandschuhe, FFP3-Maske, enganliegende Schutzbrille) durch eine gemeinsame Fachempfehlung von DFV[26] und AGBF[27] vorgesehen (vgl. DFV, 2023). Schließlich kommt es auch nach dem Löschen der Flammen immer noch zum Ausdampfen von Reaktionsprodukten, solange die Einsatzstelle noch »warm« ist, und der niedergeschlagene Ruß enthält oftmals gesundheitsschädliche Stoffe in hoher Konzentration. Daher gilt, dass auch bei Aufräumungsarbeiten grundsätzlich Atemschutz zu tragen ist (▶ Bild 30). Dabei bietet zwar das Filtergerät für diesen Verwendungszweck in aller Regel einen ausreichenden Schutz, nicht zuletzt aus Kostengründen sollte aber auch hier dem Pressluftatmer der Vorzug gegeben werden. Erst wenn der Brandbereich ausreichend erkaltet und gründlich gelüftet ist, kann die Brandstelle ohne Atemschutz betreten werden. Allerdings ist auch dann das Aufwirbeln von Ruß und Asche sowie Kontakt mit dem niedergeschlagenen Ruß so weit wie möglich zu vermeiden.

Einsatzfahrzeuge sind – soweit möglich – außerhalb der Gefahrenzone aufzustellen, um das Eindringen von Rauchgasen in das Innere der Mannschaftskabine und in Geräteräume zu vermeiden. Fenster und Türen sind zu schließen, die Lüftung ist auszuschalten.

Für Schutz und Sicherheit der Einsatzkräfte ist ein Hygienekonzept aufzustellen, welches einerseits das Verhalten von kontaminiert aus dem Einsatz zurückkommenden Einsatzkräften regelt und andererseits ein Ausstattungs- und Logistikkonzept für Grobreinigung, Verpackung, Transport, Endreinigung und Ersatz von Geräten und insbesondere Persönlicher Schutzausrüstung beschreibt. Die Mindeststandards dabei lauten:

---

26 DFV = Deutscher Feuerwehrverband e. V.

27 AGBF = Arbeitsgemeinschaft der Leiter der Berufsfeuerwehren in der Bundesrepublik Deutschland

Bild 30: ***Auch während der Aufräumungsarbeiten ist Atemschutz zu tragen, solange die Einsatzstelle noch »warm« ist. (Quelle: Feuerwehr Bremen)***

- Essen, Trinken und Rauchen sind bei Einsätzen nur nach gründlicher Reinigung von Gesicht und Händen sowie ausschließlich außerhalb der Bereiche von Rußniederschlag und Schadstoffwolken gestattet.
- Nach dem Einsatz ist sichtbar kontaminierte Schutzkleidung mit abgesetztem aber noch angeschlossenem Atemschutzgerät abzulegen. Eine Grobreinigung von Gesicht und Händen ist so bald wie möglich durchzuführen. Verschmutzte Geräte und Kleidungsstücke dürfen nicht in der Mannschaftskabine transportiert werden, sondern sind in dichten Foliensäcken zu verpacken und einer qualifizierten Reinigung zuzuführen. An verschmutzten Geräten ist auf der Feuerwache eine Feinreinigung durchzuführen, bevor sie wieder auf die Fahrzeuge verlastet bzw. ins Lager genommen werden.
- Einsatzkräfte, die Rauch oder Ruß ausgesetzt waren, müssen spätestens nach dem Einrücken gründlich duschen. Ein Betreten von Aufenthalts- und Sozialräumen sowie das Verlassen der Wache mit verschmutzter Dienstbekleidung sind zu unterlassen. Wichtig ist eine klare Trennung zwischen Privat- und Einsatzkleidung auf den Feuerwachen.

Darüber hinaus sind je nach örtlichen Gegebenheiten weitergehende Maßnahmen möglich, z. B. die Vorhaltung von Sonderfahrzeugen mit Umkleideraum und Wechsel-Schutzkleidung, ggf. auch Duschmöglichkeit.

Da die anzutreffenden Schadstoffe in Art und Konzentration sowohl von den am Brand beteiligten Stoffen als auch von den Brandbedingungen (Brandbild) abhängen, sind unter bestimmten Voraussetzungen besondere Maßnahmen zu ergreifen. Dies gilt insbesondere bei

- Bränden, an denen größere Mengen an chlor- oder bromorganischen Stoffen, insbesondere PVC, beteiligt waren und bei denen aufgrund des Brandbildes eine nennenswerte Schadstoffkontamination der Brandstelle wahrscheinlich ist;
- Bränden im gewerblichen und industriellen Bereich mit Beteiligung von größeren Mengen der im Folgenden aufgeführten kritischen Stoffe sowie weiterer giftiger oder sehr giftiger Stoffe im Sinne der Gefahrstoff-Verordnung:
  - Polychlorierte Biphenyle (PCB), derzeit noch enthalten in elektrischen Betriebsmitteln wie Transformatoren und Kondensatoren,
  - Pentachlorphenol (PCP) als Bestandteil von Holzschutz- und Holzimprägnierungsmitteln, soweit größere Gebinde betroffen sind,
  - Pflanzen- und Vorratsschutzmittel in größeren Gebinden;

  Bränden mit Beteiligung von asbesthaltigen Bauteilen, weil die bei deren mechanischer Zerstörung freigesetzten Asbestfasern sich in der Lunge festsetzen und dort mit hoher Wahrscheinlichkeit mittel- bis langfristig zu Asbestose und Lungenkrebs führen. Das gleiche gilt für Bauteile, die bei Zerstörung »Fiese Fasern« freisetzen können, das gilt v. a. für Leichtbauteile aus Faserverbundwerkstoffen von z. B. Flugzeugen, Fahrzeugen oder Windenergieanlagen.

In solchen – glücklicherweise selten vorkommenden – Fällen darf die Einsatzstelle grundsätzlich nur mit ausreichender Schutzkleidung und unter Atemschutz betreten werden. Sinnvoll ist im ersten Zugriff das Tragen der Kontaminationsschutzhaube oder entsprechender spezieller Schutzanzüge. Eingesetzte Geräte, vor allem aber auch die Persönliche Schutzausrüstung, müssen zunächst als kontaminiert angesehen werden, wenn sie dem Brandrauch ausgesetzt oder mit Brandrückständen in Kontakt waren. Sie sollten daher noch an der Einsatzstelle möglichst dicht in Foliensäcke verpackt, mit Inhalt, Einsatz und vermuteter Belastung gekennzeichnet werden (▶ Kapitel 17 – Anhang 1 »Kontaminationsanhängekarte« und Cimolino, ELH, 2025). Nur auf der Grundlage geeigneter analytischer Untersuchungen lassen sich im Nachhinein Aussagen über eine mögliche Reinigung und damit eine ungefährliche Weiterverwendung treffen.

5.7 Ergänzendes

Die Feuerwehr wird nicht nur bei Bränden mit Atemgiften konfrontiert. Atemschutzgeräte bis hin zu Vollschutzanzügen können bei sachgemäßem Einsatz die Sicherheit der Helfer gewährleisten. Wegen der Gefahren, die von den Atemgiften ausgehen, ist es mit Sicherheit besser, einmal mehr Atemschutz angelegt zu haben als einmal zu wenig. Daher ist es eine sinnvolle Maßnahme, auch kleine Freiwillige Feuerwehren mit Pressluftatmern, mindestens aber mit Atemschutzmasken mit (Flucht-)Filtern auszurüsten. Der DFV und die AGBF empfehlen dazu für alle Einsatzkräfte ein Hygieneset[28] in der PSA, mindestens aber für jeden Sitzplatz in jedem Einsatzfahrzeug (vgl. DFV-FE-77-2023).

Denn die von diesen auch bei besonderen Lagen durchzuführenden Erstmaßnahmen – hierzu zählt vor allem die Menschenrettung – können oft nur unter umluftunabhängigem Atemschutz durchgeführt werden und bei vielen Lagen können sich unerwartete Lageänderungen ergeben, die auch im Freien zu erheblicher Schadstoffbelastung führen. Atemschutz ist immer Risikominimierung für die eingesetzten Kräfte.

Der Brandrauch enthält auch Giftstoffe, die über die Haut aufgenommen werden. Selbst die beste Feuerschutzkleidung ist nicht gasdicht, sodass es immer wieder zu Ablagerungen von Ruß auf der Haut kommt. Hygienestandards, begonnen bei Bekleidungs- und Reinigungskonzepten sowie Basismaßnahmen an der Einsatzstelle über Schwarz-Weiß-Bereiche auf den Feuerwachen bis zur Akzeptanz, dass die Einhaltung dieser Standards sowohl jede Einsatzkraft fordert als auch eine Führungsaufgabe der Vorgesetzten ist, sind wichtige Bausteine, um Langzeitschäden wirksam zu minimieren.

Dazu gehört nach den einschlägigen Unfallverhütungsvorschriften für die Feuerwehr auch der Bau und Betrieb geeigneter Gebäude, wie z. B. Feuer- und Rettungswachen, Gerätehäuser etc. Dies umfasst z. B. für den Bereich der Schadstoffe in der Luft und auf Oberflächen:

28 Mindestens enganliegende Schutzbrille, FFP3-Maske und Einmalhandschuhe.

- Absauganlagen für Dieselmotoremissionen,
- Drucklufterhaltungs- und Batterieladesysteme,
- Trennung von Umkleidung und Fahrzeughallen,
- Trennung von Privat- und Schutzkleidung,
- regelmäßige Reinigung und Pflege der Schutzausrüstung, Fahrzeuge und Geräte.

6 Gefahren durch atomare und andere Strahlungen

6.1 Einleitung

Eine exaktere Bezeichnung für den Begriff »atomare Strahlung« aus der Gefahrenmerkhilfe lautet ionisierende Strahlung. Ionisierende Strahlung wirkt, wenn sie auf Materie trifft, durch Energieübertragung auf deren Atome und Moleküle ein. Hierbei kommt es unmittelbar oder mittelbar zu Veränderungen in der Atom- bzw. Molekülstruktur, insbesondere zur Ionisation. Hierunter versteht man Veränderungen im elektrischen Ladungszustand dieser Teilchen.

Ionisierende Strahlung wird von so genannten radioaktiven Stoffen ausgesandt, daher spricht man auch von Radioaktivität. Ionisierende Strahlung kann aber auch technisch erzeugt werden, beispielsweise in Röntgengeräten. Da diese technischen Apparaturen aber durch einfaches Ausschalten gefahrlos gemacht werden können, sollen im Folgenden ausschließlich radioaktive Stoffe und die von ihnen ausgesandte ionisierende Strahlung behandelt werden.

Über Radioaktivität wird spätestens seit der Reaktorkatastrophe von Tschernobyl im Frühjahr 1986 immer wieder heftig und kontrovers diskutiert. Leider wird die Diskussion nicht immer sachlich, vor allem aber allzu oft mit mangelndem Fachwissen geführt. Dies wird durch vier Umstände begünstigt:

- Ionisierende Strahlung ist mit den menschlichen Sinnen nicht unmittelbar feststellbar, ihr Vorkommen kann nur mit geeigneten Messgeräten erfasst werden.
- Radioaktivität hat ihren Ursprung in den Atomen, d. h. in nicht mehr sichtbaren und der allgemeinen Lebenserfahrung nach nicht mehr vorstellbaren Gebilden.
- Bei erfolgter Bestrahlung müssen Langzeitschäden wie Krebs oder Erbgutveränderungen befürchtet werden, die nur statistisch erfassbar sind.
- Wenn im Folgenden von Einsätzen mit radioaktiven Stoffen gesprochen wird, dann sind hier nicht primär Störfälle in Kernkraftwerken o. Ä. gemeint. Vielmehr geht es bei praktisch allen entsprechenden Einsätzen der öffentlichen Feuerwehren um die alltäglich verwendeten Strahler, auf die die Feuerwehr bei Bränden oder Hilfeleistungen in bestimmten Gebäuden und Anlagen oder bei Transportunfällen stoßen kann.

Die Neu- bzw. Umbenennung der **A**tomaren Gefahren wurde in den letzten Jahren mehrfach diskutiert, weil die »ABC«-Gefahren aus dem englischsprachigen Raum in vielen Bereichen die Bezeichnung »CBRN« (für Chemisch, Biologisch, Radiologisch, Nuklear) bekamen. CBRN ist hier ein Begriff bzw. ein Akronym als Abkürzung, der vermehrt auch im Bereich des Katastrophenschutzes verwendet wird (vgl. BBK, 2014 und Kühar/Ehrmann, 2020). Radiologische Gefahren im alltäglichen Einsatzgeschehen gehen dabei entgegen den Darstellungen in den meisten Quellen weit über das unter »atomar« erwartete Spektrum hinaus. Es müssen damit auch leistungsstarke (Funk-)Wellen oder medizinische Strahlungen (beginnend beim Röntgen) betrachtet werden, die bisher in den Gefahren der Einsatzstelle (außer über »Erkrankung«) nicht erfasst wurden. Da aber zu den bekannten atomaren Gefahren eben auch die radiologischen – also strahlenden bzw. auch magnetischen(!) – Gefahren gehören und es in deren Abwehr bzw. Schutz keine Unterschiede gibt, weil sie in zumindest für das Strahlungsthema physikalisch letztlich sehr ähnlich sind, müssen sie hier mit summiert werden. Bei den »echten« Atomaren Gefahren kommt natürlich die Gefahr durch die Inkorporation bzw. Ingestion radioaktiver Partikel weiter hinzu.

6.2 Einführung in die Physik der Radioaktivität

Bereits 400 v. Chr. betrachteten griechische Philosophen die Materie als aus kleinsten Teilchen aufgebaut, die ihrerseits nicht mehr weiter teilbar sein sollten; diese kleinsten Teilchen nannten sie Atome (atomos = unteilbar). Als sich Anfang des 19. Jahrhunderts aus der Alchemie die Naturwissenschaft Chemie entwickelte, erwies sich die Vorstellung von der Existenz der Atome als überaus geeignet, um bestimmte Erscheinungen schlüssig erklären zu können. Es dauerte aber noch bis zum Anfang des 20. Jahrhunderts, bevor die Physik Aufschluss über den Aufbau der Atome liefern konnte. Am bemerkenswertesten ist wohl die dabei gewonnene Erkenntnis, dass die Atome ihrerseits wiederum aus noch kleineren Teilchen aufgebaut und daher sehr wohl teilbar sind.

Die Radioaktivität ist eine unmittelbare Folge des Atomaufbaus, deshalb soll dieser im Folgenden in vereinfachter Form dargestellt werden.

6.2.1 Atombau

Ein Atom besteht aus einem Atomkern und einer Hülle (▶ Bild 31). Die Hülle ist der Aufenthaltsort der Elektronen, das sind kleinste, elektrisch negativ geladene Teilchen.

Da diese aber an der Entstehung der ionisierenden Strahlung nicht beteiligt sind, soll hier nicht weiter auf sie eingegangen werden. Der Kern, in dem fast die gesamte Masse des Atoms konzentriert ist, besteht aus Protonen und Neutronen. Protonen sind elektrisch positiv geladen, Neutronen sind elektrisch neutral. Da Atome im Normalzustand gleich viele Protonen und Elektronen besitzen, sind sie nach außen hin elektrisch neutral, weil sich die unterschiedlichen Ladungen ausgleichen.

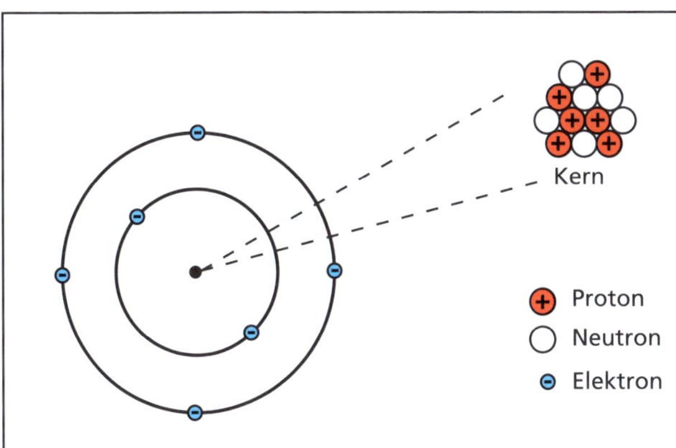

Bild 31: ***Schematischer Atomaufbau (Quelle: W. Kohlhammer GmbH)***

Woran liegt es nun, dass bestimmte Atome ionisierende Strahlung aussenden, d. h. radioaktiv sind, und andere nicht? Zur Beantwortung dieser Frage muss man sich die Rolle der Neutronen im Atomkern verdeutlichen: Die eng beisammen liegenden Protonen könnten allein gar nicht in dieser Form existieren, denn gleichnamige Ladungen stoßen sich ab und der Kern würde auseinanderfliegen. Die Neutronen übernehmen nun im Kern die Rolle eines ausgleichenden Vermittlers, ihre Anwesenheit hält den Kern zusammen. Im Normalzustand ist der Atomkern daher ein stabiles Gebilde, Radioaktivität ist nicht feststellbar. Es gibt aber auch Atomkerne, in denen die Zahl der Neutronen zu groß oder zu klein ist, um die Aufgabe des vermittelnden Ausgleiches durchführen zu können. Als Folge hiervon wird der Kern instabil, das Atom sendet ionisierende Strahlung aus. Atome, die bei gleicher Protonenzahl unterschiedlich viele Neutronen haben, nennt man Isotope. Weiterhin gibt es bestimmte Atome, die so viele Protonen besitzen, dass eine Stabilisierung des Kerns mit Neutronen unmöglich ist, d. h. die aus ihnen gebildeten Stoffe sind unabhängig von der Neutronenzahl immer radioaktiv.

Zusammenfassend kann man sagen: Radioaktivität hat ihren Ursprung immer im Atomkern und ist die Folge eines unstabilen Kernaufbaus. Durch Aussenden von ionisierender Strahlung, was physikalisch betrachtet eine Art von Energieabgabe ist, versucht das Atom, in einen stabilen Zustand zu gelangen. So zerfällt der radioaktive Stoff nach und nach in einen anderen, der seinerseits wiederum radioaktiv oder stabil sein kann usw. Die Zeit, in der die Hälfte des ursprünglich vorhandenen Stoffes unter Aussendung radioaktiver Strahlung zerfallen ist, bezeichnet man als Halbwertszeit. Diese Halbwertszeit kann je nach Isotop Bruchteile einer Sekunde bis hin zu mehreren Milliarden Jahren betragen und ist charakteristisch für das jeweilige Isotop.

6.2.2 Strahlenarten

Die von radioaktiven Stoffen ausgesandte Strahlung liegt in unterschiedlichen Formen vor. Für den Strahlenschutz bei der Feuerwehr unterscheidet man vereinfacht vier Arten von ionisierender Strahlung:

- α-(»Alpha«)-Strahlung,
- β-(»Beta«)-Strahlung,
- γ-(»Gamma«)-Strahlung und
- n-(»Neutronen«)-Strahlung.

Diese Strahlenarten wirken auf unterschiedliche Art und Weise auf die von ihnen getroffene (»bestrahlte«) Materie ein. Für die Feuerwehr ist es in erster Linie interessant zu wissen, wie sich diese Strahlenarten in Reichweite und Durchdringungsvermögen unterscheiden. Die im Folgenden angegebenen Zahlen sollen als Richtwerte verstanden werden, sie können je nach Energie der jeweiligen Strahlung schwanken.

α-Strahlung

Es handelt sich um eine Teilchenstrahlung, d. h. aus dem Atomkern wird Materie ausgeworfen. Von allen Strahlenarten hat α-Strahlung die größte Masse. Daraus ergeben sich auch ihre Eigenschaften: Die Reichweite in Luft beträgt nur wenige Zentimeter, schon ein Blatt Papier kann nicht mehr durchdrungen werden und reicht daher theoretisch zur Abschirmung aus. Allerdings vermögen α-Teilchen, wenn sie auf Körperzellen treffen, diese wegen ihrer großen Energie mehr als die anderen Strahlenarten zu schädigen. Daher muss hier v. a. die Inkorporation vermieden werden.

β-Strahlung

Auch hier liegt eine Teilchenstrahlung vor, wenngleich die Masse der β-Teilchen mehr als 7 000-mal kleiner ist als die der α-Teilchen, wodurch sich eine größere Reichweite und ein höheres Durchdringungsvermögen ergeben, nämlich wenige Meter in Luft und rund ein Zentimeter in Materie.

γ-Strahlung

Diese Strahlung ist eine Wellenstrahlung, ihrem Wesen nach der Röntgenstrahlung sehr ähnlich. Als Welle hat γ-Strahlung keine Masse, ihre Reichweite in Luft ist entsprechend groß und kann je nach Energie einige 100 Meter betragen. In Materie werden je nach Energie und gewähltem Material Stärken von mehreren Zentimetern bis zu einigen Metern durchdrungen. Aus diesem Durchdringungsvermögen folgt, dass es keinen »Strahlenschutzanzug« geben kann, unter dem noch eine effektive Bewegung des Trägers denkbar ist. Andererseits führt der hohe Anteil der γ-Strahlung, der das Material ohne Energieabgabe verlässt, nicht zu Schäden im durchstrahlten Material.

In der Praxis kann die Feuerwehr mit allen oben genannten Strahlenarten konfrontiert werden. Die meisten radioaktiven Stoffe senden neben der für sie typischen α- bzw. β-Strahlung gleichzeitig γ-Strahlung aus. Das Strahlungsverhalten der einzelnen Isotope kann man detailliert den so genannten Nuklidkarten entnehmen.

n-Strahlung

Neutronen sind elektrisch neutrale Bestandteile des Atomkerns, bei der Neutronenstrahlung handelt es sich somit um eine Teilchenstrahlung mit einer der γ-Strahlung vergleichbaren Durchdringungskraft. Neutronenstrahlung entsteht nur in wenigen Fällen durch natürlichen Zerfall, sie spielt aber eine sehr wichtige Rolle für die Funktionsweise eines Kernreaktors und tritt daher in großem Umfang beim Umgang mit Kernbrennstoffen auf. Für die Feuerwehr ist Neutronenstrahlung deswegen kritisch, weil sie mit den üblicherweise vorhandenen Strahlenmessgeräten nicht detektiert werden kann.

6.3 Wirkungen der ionisierenden Strahlung

Bei ionisierender Strahlung handelt es sich um eine besondere Form von Energie. Wenn diese Energie auf Materie trifft, kann sie diese – je nach Strahlenart und -energie – zum Teil durchdringen, zum Teil wird sie aber von der Materie absorbiert. Neben der bereits genannten Ionisation kann es dabei auch zur Spaltung von Molekülen, zur Bildung von sehr reaktionsfreudigen Radikalen, zur eigenen Aussendung von ionisierender Strahlung sowie zu weiteren Effekten kommen.

Handelt es sich bei der bestrahlten Materie um lebendes Gewebe, so kommt es zu Veränderungen im Aufbau der Zellen. Körpereigene Reparaturmechanismen können diese Veränderungen in gewissem Umfang rückgängig machen, bleibende Veränderungen sind jedoch nicht auszuschließen. Am strahlenempfindlichsten sind diejenigen Körperzellen, in denen es laufend zur Zellteilung kommt, wie beispielsweise das Knochenmark, die Lymphknoten, die Schleimhautzellen im Bereich der Speisewege und die Keimdrüsen.

Bei den durch ionisierende Strahlung hervorgerufenen Schäden unterscheidet man zwischen somatischer und genetischer Wirkung. Von somatischer Wirkung spricht man, wenn die Körperzellen – und von genetischer Wirkung, wenn die Keimzellen betroffen sind. Wegen der ständigen Erneuerung der Zellen im Körpergewebe treten akute somatische Schäden erst ab einer bestimmten Strahlenmenge auf, d. h. es gibt einen Schwellenwert für diese Schäden. Oberhalb dieses Schwellenwertes ist die Schwere des Schadens proportional zur aufgenommenen Strahlenmenge. Im schlimmsten Fall kommt es zur akuten Strahlenkrankheit, die in ihrem oft mehrere Wochen dauernden Verlauf qualvoll zum Tode führen kann. Darüber hinaus sind bei den Überlebenden und auch den weniger stark bestrahlten Personen Spätschäden wie z. B. Leukämie zu befürchten.

Im Gegensatz zu den somatischen gibt es bei den genetischen Schäden keinen Schwellenwert! Bereits geringste Strahlendosen können zu Veränderungen in den Erbanlagen führen, die sich unter Umständen erst in späteren Generationen als Mutationen bemerkbar machen.

6.4 Einsätze mit radioaktiven Stoffen

Ionisierende Strahlung und Radioaktivität sind kein Produkt unserer modernen Industriegesellschaft, wie das bei manchen giftigen Stoffen der Fall ist, sondern sie kommen auch in der natürlichen Umwelt vor. Neben der ständigen Bestrahlung aus dem Weltall, der so genannten Höhenstrahlung, ist der Mensch einer ständigen Strahlung ausgesetzt, die ihre Ursache in natürlich vorkommenden radioaktiven Isotopen des Bodens und der Luft hat. Dies kann dazu führen, dass auch bestimmte Baustoffe einen recht hohen Anteil »natürlicher« (hier dann verarbeiteter) Radioaktivität beinhalten. Gleichzeitig können sich in bestimmten Gebieten radioaktive Gase z. B. Radon v. a. in Kellern sammeln. Diese Strahlenbelastung kann auf Dauer durchaus gesundheitliche Effekte haben, ist aber mit Messgeräten der Feuerwehren üblicherweise nicht zu erfassen. In einzelnen Fällen, hier v. a. in Gebieten mit bekannter Belastung bzw. ehemaligen (Uran-)Bergbauaktivitäten, kann es jedoch zu Anzeigen bei den Messgeräten kommen. Hier müssen ggf. die lokalen Besonderheiten für die Bewertung beachtet werden. Dies gilt insbesondere für die Beachtung dieser natürlichen Strahlenbelastung, in der dann im Vergleich zu anderen Orten erhöhten Nullrate. (Nullratenmessungen sollten daher – auch zur Übung – in den Einsatzgebieten in regelmäßigen Abständen wiederholt werden.)

Die Besonderheit von technisch genutzten Strahlenquellen ist das konzentrierte Vorliegen von Radioaktivität. Die häufigsten Anwendungsgebiete ionisierender Strahlung sind Medizin, Forschung und Industrie, aber auch in der Landwirtschaft und im Wohnbereich stößt man auf radioaktive Präparate, z. B. Füllstandsmesser in Siloanlagen oder Ionisationsrauchmelder.

Der natürlichen Strahlenbelastung kann sich der Mensch nicht entziehen. Jede zusätzliche Belastung durch künstliche Strahlung muss aber in Anbetracht der möglichen Schäden denkbar gering gehalten werden.

6.4.1 Kennzeichnung radioaktiver Stoffe

Anlagen, Geräte, sonstige Vorrichtungen, Räume, Schutzbehälter, Aufbewahrungsbehältnisse und Umhüllungen, in denen sich radioaktive Stoffe befinden, die bestimmte Grenzwerte der Strahlenschutzverordnung überschreiten, müssen in ausreichender Zahl deutlich sichtbar und dauerhaft mit dem Strahlenwarnzeichen nach DIN 25 430 gekennzeichnet sein (▶ Bild 32), das sich auch auf allen anderen Schildern und Zeichen findet, die auf Radioaktivität hinweisen. Die Kennzeichnung kann zusätzliche Hinweise enthalten.

Bild 32: ***Strahlenwarnzeichen nach DIN 25 430***

Strahlengefährdete Bereiche in Gebäuden, z. B. Brandabschnitte, werden in so genannte Gefahrengruppen von I bis III eingeteilt, wenn die Gesamtaktivität der darin befindlichen radioaktiven Stoffe eine stoffspezifische Freigrenze überschreitet.

Achtung:

Die Einteilung der Freigrenzen durch die Gewerbeaufsicht erfolgt für jeden einzelnen Stoff. Liegen davon in einem (Brand-)Abschnitt mehrere vor, so muss hier ggf. eine Summenbildung erfolgen! (Vgl. LFS BW, 2013.)

Gefahrengruppe I

In diesen Bereichen kann die Feuerwehr ohne Sonderausrüstung tätig werden, das Tragen von Atemschutzgeräten empfiehlt sich aber in jedem Fall.

Gefahrengruppe II

In diesen Bereichen darf die Feuerwehr nur mit Sonderausrüstung und unter Strahlenschutzüberwachung (Messgeräte und Dokumentation) tätig werden, eine entsprechende Sonderausbildung der Einsatzkräfte ist notwendig.

Gefahrengruppe III

Hier sind Sonderausrüstung und -ausbildung sowie Strahlenschutzüberwachung zwingend erforderlich. Darüber hinaus muss eine im Strahlenschutz besonders ausgebildete Person (»Sachverständiger« nach Strahlenschutzgesetz) zur Verfügung stehen. Hierbei kann es sich um Betriebsangehörige, beispielsweise um den örtlich zuständigen Strahlenschutzbeauftragten, handeln. Aber auch im Strahlenschutz entsprechend ausgebildete Einsatzkräfte der Feuerwehr oder fachkundige Vertreter der zuständigen Behörden gelten als Sachverständige im Sinne dieser Vorschrift. In Anlagen, in denen Kernbrennstoffe ursächlich für die Einteilung in die Gefahrengruppe III sind, gelten nur der zuständige Strahlenschutzbeauftragte oder der fachkundige Strahlenschutzverantwortliche als Sachverständige, es sei denn, es sind anders lautende Vereinbarungen im Vorfeld getroffen worden.

Das ▶ Bild 33 zeigt die Kennzeichnung eines strahlengefährdeten Bereiches der Gefahrengruppe II, zusätzlich wird in diesem Bereich mit biologischen Arbeitsstoffen der Gruppe I umgegangen (▶ Kapitel 2.4.2, Maßnahmengruppe 6 und ▶ Tabelle 10).

Die Einteilung in Gefahrengruppen ist für vorbereitende Maßnahmen von großer Bedeutung. Die Feuerwehren sind verpflichtet, sich über Bereiche, in denen mit radioaktiven Stoffen umgegangen wird, zu unterrichten und im Zusammenwirken mit den zuständigen Behörden die zur Brandbekämpfung notwendigen Maßnahmen zu planen. Informationsquellen sind neben den Betrieben die zuständigen Aufsichts- und Genehmigungsbehörden, z. B. das Gewerbeaufsichtsamt. Für Bereiche der

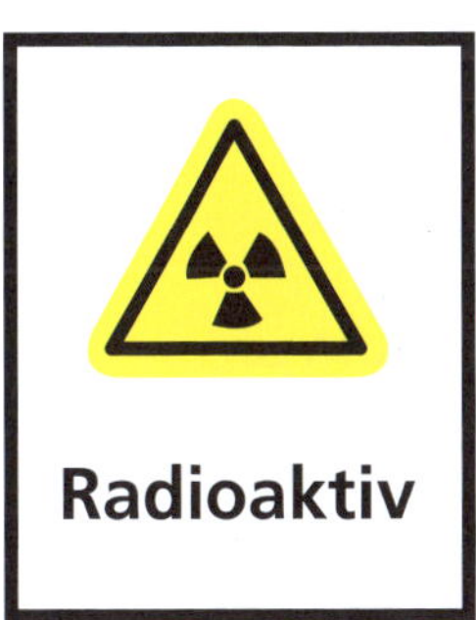

Feuerwehr
Gefahrengruppe II

BIO I

Bild 33: ***Kennzeichnung eines strahlengefährdeten Bereiches der Gefahrengruppe II (Quelle: W. Kohlhammer GmbH)***

Gefahrengruppen II und III müssen Feuerwehrpläne erstellt werden, aus denen die strahlenschutzspezifischen Gegebenheiten hervorgehen.

Der Transport radioaktiver Stoffe ist grundsätzlich genehmigungs- und damit gleichzeitig kennzeichnungspflichtig, Ausnahmen sind allerdings unter bestimmten Voraussetzungen möglich. Je nach Art und Aktivität des zu befördernden Stoffes werden Anforderungen an die Verpackung gestellt. Hier erstreckt sich die Spannweite vom handelsüblichen Pappkarton bis zum »Typ B«-Behälter, der umfangreichen mechanischen und thermischen Prüfungen standhalten muss.

Die Kennzeichnung des Versandstückes richtet sich nach der Strahlungsleistung, die an seiner Außenseite bzw. in einem Meter Entfernung messbar ist. Hier werden drei Kategorien unterschieden, I-WEISS, II-GELB und III-GELB, wobei die Strahlungsleistung mit wachsender Ziffer zunimmt.

Achtung:

Diese drei Transportkategorien entsprechen nicht der oben dargestellten Einteilung in die Gefahrengruppen von Gebäudebereichen!

Bild 34: *Kennzeichnung von Versandstücken mit radioaktivem Inhalt*

Bei Beschädigung der Versandstücke besteht gesundheitsgefährdende Wirkung bei Aufnahme in den Körper, beim Einatmen und beim Berühren freigewordener Stoffe oder kontaminierter Gegenstände. Bei radioaktiven Stoffen, die mit zwei oder drei roten Balken gekennzeichnet sind, besteht darüber hinaus die Gefahr der Strahleneinwirkung auf Entfernung.

Die entsprechenden Warnzettel sind in ▶ Bild 34 zu sehen, sie müssen an zwei gegenüberliegenden Seiten des Versandstückes angebracht werden. Fahrzeuge, die radioaktive Stoffe genehmigungspflichtig befördern, müssen ebenfalls gekennzeichnet werden. Sie führen vorne und hinten eine neutrale orange Warntafel und hinten sowie an beiden Seiten zusätzlich einen Gefahrzettel »RADIOACTIVE« (▶ Kapitel 2.3.1).

Bei Einsätzen im Zusammenhang mit Transporten radioaktiver Stoffe ist taktisch mindestens wie bei Einsätzen in Bereichen der Gefahrengruppe II zu verfahren.

6.4.2 Schutzmaßnahmen

Die Wirkung ionisierender Strahlung auf den menschlichen Körper wurde bereits beschrieben. Es gibt drei Möglichkeiten, wie sie an den Körper gelangen kann (▶ Bild 35):

- Die äußere Bestrahlung, die insbesondere bei γ-Strahlung wegen deren Reichweite gefährlich ist.
- Die Verunreinigung der Körperoberfläche mit radioaktiven Substanzen; hier spricht man von Kontamination.
- Die Aufnahme radioaktiver Stoffe durch Verschlucken, Einatmen oder über Wunden; hier spricht man von Inkorporation.

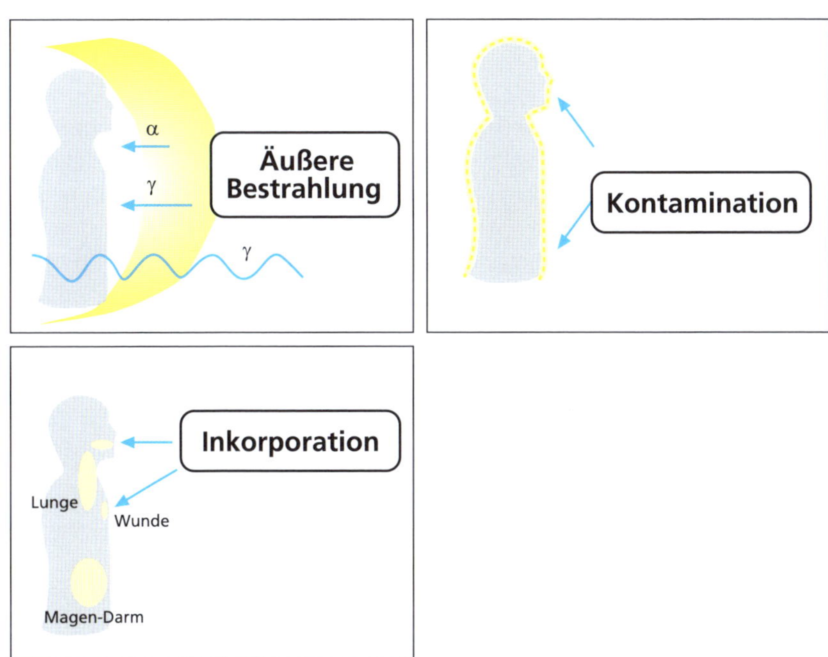

Bild 35: ***Äußere Bestrahlung, Kontamination, Inkorporation***

Diese drei Einwirkungsarten sind von unterschiedlicher Gefährlichkeit. Durch Abschirmung der Strahlenquelle, kurze Aufenthaltszeit im gefährdeten Bereich und Halten von Abstand bzw. Nutzen von Deckung lässt sich die durch äußere Bestrahlung aufgenommene Dosis verringern. Genau dies ist bei einer erfolgten Kontamination aber nicht mehr der Fall. Hat sich eine Einsatzkraft kontaminiert, dann endet deren Bestrahlung nicht mit dem Verlassen der Einsatzstelle, sondern erst nach erfolgter Reinigung, der so genannten Dekontamination. Weiterhin besteht, insbesondere wenn die Einsatzkraft sich ihrer Kontamination nicht bewusst ist, die Gefahr, den radioaktiven Stoff zu verschleppen und somit andere Einsatzkräfte, Fahrzeuge, Geräte u. Ä. ebenfalls zu kontaminieren. Außerdem ist der Feuerwehrangehörige einer Bestrahlung aus unmittelbarer Nähe ausgesetzt, weil sich die strahlende Substanz direkt an seinem Körper befindet.

Am gefährlichsten ist jedoch die Inkorporation, denn hier können die radioaktiven Stoffe unmittelbar schädigend auf das Körpergewebe einwirken. Besonders gefährlich sind bei einer Inkorporation die ansonsten wegen ihrer geringen Reichweite und Durchdringungsfähigkeit eher unkritischen α-Strahler. Treffen α-Strahlen auf Gewebe, so ist ihre zerstörende Wirkung wegen ihrer großen Masse bis zu 20-mal höher als bei β- oder γ-Strahlung. Hinzu kommt noch die Tatsache, dass sich bestimmte radioaktive Stoffe – je nach ihrer chemischen Zusammensetzung – sehr gut im Körper anlagern können. Teilweise werden sie sogar in das Körpergewebe regelrecht eingebaut und können dann eventuell über Jahre hinweg ihre gefährliche Strahlung aussenden. Im Gegensatz zur Beseitigung einer äußerlichen Kontamination durch gründliches Duschen ist ein Entfernen von radioaktiven Stoffen aus dem Körper aufwendig, langwierig und in manchen Fällen sogar unmöglich. Aus dem eben Gesagten folgt, dass jede unnötige Strahlenbelastung und Kontamination zu vermeiden sind, indem

- die Wahrscheinlichkeit einer Exposition,
- die Anzahl der exponierten Personen sowie
- die jeweils einwirkende Dosis

so niedrig zu halten sind, wie es vernünftigerweise erreichbar ist. Dies bezeichnet man als das ALARA-Prinzip (»As low as reasonably archieveable«).

Für die Einsatzkräfte heißt das im Strahlenschutz konkret:

Merke:

Bestrahlung so gering wie möglich halten, Kontamination vermeiden, Inkorporation ausschließen!

Um die aufgenommene Strahlenmenge möglichst gering zu halten, müssen drei grundsätzliche Verhaltensregeln beachtet werden:

- kurze Einsatzzeit in der Nähe der Strahlenquelle,
- möglichst großer Abstand zur Strahlenquelle (durch Verdoppelung des Abstandes verringert sich die Strahlenleistung auf ¼),
- vorhandene Deckung ausnutzen (Abschirmung).

Außerdem sind Messgeräte zu verwenden, welche die aufgenommene Strahlenmenge laufend überwachen und den Feuerwehrangehörigen beim Überschreiten des zulässigen Wertes akustisch warnen (»Dosiswarner«). Die Feuerwehr-Dienstvorschrift 500 »Einheiten im ABC-Einsatz« legt Grenzwerte fest, welche Dosis abhängig vom Einsatzanlass aufgenommen werden darf. Mit der Neufassung der FwDV 500 (2022) gelten folgende Werte (vgl. Cimolino, ELH, 2025 und Anhang 3 »Strahlenschutz – Dosisrichtwerte«, ▶ Kapitel 17).

Tabelle 10: ***Einsatzbezogene Dosisgrenzwerte***

Bezeichnung	Wert	Bemerkung
Warngrenze Gefahrenbereich	25 µSV/h	
Einsätze zum Schutz der Umwelt oder von Sachgütern	20 mSv je Einsatz und Kalenderjahr	Früher 15 mSv je Einsatz
Einsätze zum Schutz von Menschenleben oder der Gesundheit	100 mSv je Einsatz und Kalenderjahr	
Einsätze zur Rettung von Menschen, zur Vermeidung schwerer strahlungsbedingter Gesundheitsschäden, oder zur Vermeidung oder Bekämpfung einer Katastrophe.	250 mSv je Einsatz und Leben	In **Ausnahmefällen**, in denen es möglich ist, dass die effektive Dosis den Wert von 250 mSv überschreitet, kann die Einsatzleitung zur erkennbar möglichen Rettung von Menschenleben, zur Vermeidung schwerer strahlungsbedingter Gesundheitsschäden oder zur Vermeldung oder Bekämpfung einer Katastrophe einen erhöhten Referenzwert von 500 mSv festlegen.

Achtung:

Bei der Aus- und Fortbildung darf die Körperdosis von 1 mSv pro Kalenderjahr nicht überschritten werden!

Dabei ist insbesondere zu berücksichtigen: Sofern im Einsatz die effektive Dosis 100 mSv überschritten werden kann, darf die Tätigkeit im A-Einsatz nur von Freiwilligen ausgeführt werden, die vor dem jeweiligen Einsatz über die Möglichkeit einer solchen Exposition informiert wurden und ihrem Einsatz zugestimmt haben. Es wird empfohlen, im Rahmen einer jährlichen Unterweisung auf diese grundsätzliche Freiwilligkeit hinzuweisen.

Achtung:

Diese Unterweisung entbindet den Einsatzleiter nicht davon, die Abfrage der Freiwilligkeit an der Einsatzstelle durchführen!

Einer Kontamination kann durch das Tragen geeigneter Schutzkleidung begegnet werden (▶ Bild 36). Man beachte, dass es falsch ist, von einem »Strahlenschutzanzug« zu sprechen, denn kein Material kann vor γ-Strahlung wirkungsvoll schützen, ohne dass der Träger unter dem Gewicht des Schutzanzuges zusammenbricht. Besser ist die Bezeichnung »Kontaminationsschutzanzug«, denn genau diese Aufgabe erfüllt er.

Um die Verschleppung einer möglichen Kontamination zu verhindern, passieren alle aus dem Strahlenschutzeinsatz zurückkehrenden Kräfte den noch innerhalb des Absperrbereiches liegenden so genannten Kontaminationsnachweisplatz und werden dort überprüft. Oberflächen gelten als kontaminiert, wenn an ihnen eine Messrate von mehr als der dreifachen Nullrate festgestellt wird. Selbstverständlich haben Essen, Trinken und Rauchen bis zum Nachweis der Kontaminationsfreiheit zu unterbleiben. Kontaminierte Schutzkleidung und sonstige kontaminierte Geräte verbleiben im Absperrbereich.

Einer Inkorporation über Wunden wird ebenfalls durch das Tragen des Kontaminationsschutzanzuges vorgebeugt. Eine Aufnahme radioaktiver Substanzen über die Speise- oder Atemwege wird durch das Tragen von Atemschutz ausgeschlossen. Bei gasförmigen radioaktiven Stoffen muss als Kontaminationsschutz ein Chemikalienschutzanzug getragen werden.

Sofern sich Einsatzkräfte während des Einsatzes verletzen, sind sie sofort abzulösen und nach Passieren des Kontaminationsnachweisplatzes unverzüglich einer ärztlichen Versorgung zuzuführen.

Alle Einsatzkräfte, die nicht entsprechend geschützt sind, verbleiben außerhalb eines zu errichtenden Absperrbereiches, der sich an der tatsächlich messbaren Strahlungsleistung orientiert, ansonsten aber mindestens 50 Meter beträgt. Bei der Fahrzeugaufstellung und der Festlegung von Sammelpunkten ist die Windrichtung zu beachten.

Bild 36: ***Schutzkleidung Form 1, 2 und 3 nach FwDV 500 (2022[29]) (von links, Quelle: Feuerwehr-Dienstvorschrift 500 »Einheiten im ABC-Einsatz«)***

6.5 Ergänzendes

In diesem Kapitel wurde bewusst auf die Behandlung von Einheiten und weitestgehend auf die Angabe von Zahlenwerten verzichtet. Es soll kein Leitfaden für die Aus- oder Fortbildung von im Strahlenschutz tätigen Feuerwehrangehörigen sein, sondern allen Einsatzkräften die Gefahren der Radioaktivität und die möglichen Schutzmaßnahmen leicht verständlich vorstellen. Im Ernstfall ist die Feuerwehr immer gut beraten, wenn sie auf Spezialisten aus ihren eigenen Reihen oder auf andere Fachberater zurückgreifen kann. Hierzu gehören:

- zuständige Strahlenschutzbeauftragte oder fachkundige Strahlenschutzverantwortliche des Betreibers im Sinne des Strahlenschutzgesetzes,
- fachkundige Vertreter der zuständigen Behörden,
- ermächtigte Ärzte im Sinne der Strahlenschutzverordnung,
- sachkundige Angehörige der Feuerwehr,
- sonstige fachkundige Personen für den Strahlenschutz.

Im Strahlenschutz eingesetzte Feuerwehrkräfte sind keine im Sinne des Strahlenschutzgesetzes »beruflich exponierte Personen«, auch wenn sie im Einsatzfall einer

29 In den Vorgängerversionen der FwDV 500: Kontaminationsschutzkleidung Form 1–3.

»beruflichen Exposition« unterliegen. Dies dient insbesondere dem Zweck, relevante Expositionen/Dosen in einem zentralen Strahlenschutz-Register festzuhalten.

7 Gefahren der Ausbreitung

7.1 Einleitung

Im Bereich der Ausbreitung fokussiert sich das alte Verständnis zur Ausbreitung (oder Ausdehnung des Feuers) zu sehr auf einen Brand als Basisereignis. Ausbreiten können sich aber auch noch viele andere Gefahrenquellen. Einige Beispiele:

- Neben dem Feuer an sich können sich natürlich auch die Schadstoffe des Brandes mit dem Rauch (vgl. vfdb RL 10/03, 2014) und mit dem abfließenden Löschwasser ausbreiten. Bei großen Ereignissen wie z. B. beim Brand auf dem Truppenübungsplatz bei Meppen im Jahr 2018 mit Brandrauch über mehr als 100 km bis nach Bremen (vgl. Weser-Kurier, 2018) oder Großbränden an Fließgewässern wie z. B. bei Sandoz von 1986, können über größere Entfernungen mindestens Maßnahmen der Öffentlichkeitsarbeit notwendig werden;
- das gleiche gilt für Schadstoffe (Gase, Partikel, Flüssigkeiten) in einem Gefahrguteinsatz;
- Starkregen (hochdynamisches Ereignis mit schnellen Folgeschäden in Fließrichtung der Gewässer, vgl. Cimolino für DGUV, 2020 sowie für die vfdb, 2021);
- Hochwasser (weniger dynamisches und im Verhalten im Vergleich zum Starkregen i. d. R. besser zu erkundendes bzw. daraus planbares Ereignis mit großflächigen Überschwemmungen und insbesondere der Gefahr von Deichbrüchen);
- bei einem Fahrzeugbrand oder Verkehrsunfall kann sich nicht nur auslaufende Flüssigkeit mit dem Gefälle ausbreiten, sondern es können sich auch die betreffenden Fahrzeuge von selbst in Bewegung setzen. Dies kann z. B. daran liegen, dass entweder der Motor wieder anspringt oder die Bremsen versagen oder gar nicht eingelegt werden. Die Lage, also das brennende KFZ, kann sich dann verlagern, also auch »ausbreiten«.

Bild 37: ***Die Ausbreitung von Brandrauch kann windgetrieben über viele Kilometer erfolgen. Selbst mit der Thermik hoch aufsteigender Rauch kann einige Kilometer entfernt nach Abkühlung wieder auf Bodennähe absinken. Funken bzw. Glutpartikel können über mehrere hundert Meter, bei ausreichend Wind bis zu 5 km (vgl. Brände in der Sächsischen Schweiz, 2022), neue Feuer (Hotspots) erzeugen, ▶ Kapitel 7.2.5. (Quelle: Bundespolizei)***

Bild 38: ***Dabei kann auch über viele Kilometer in Bodennähe eine deutliche Rauchbelästigung erfolgen. In Meppen führte dies im September 2018 beim Brand im Moor des Truppenübungsplatzes zum Reinigungsbedarf in vielen Wohnungen der Orte in Windrichtung und zur Geruchswahrnehmung und Notrufe über mehr als 100 km bis nach Bremen! (Quelle: Südmersen, Wallenhorst)***

Bild 39: *Starkregenereignisse breiten sich mit der Fließrichtung insbesondere in und unterhalb von Tälern hoch dynamisch, d. h. sehr schnell aus. Im Jahr 2016 gab es hier dramatische Einsätze rund um das hier abgebildete Simbach am Inn (Niederbayern) sowie ähnlich auch 2018 rund um Herrstein (RLP). (Quelle: Feuerwehr Pfarrkirchen)*

Bild 40: *Insbesondere bei Hochwassern können großflächige Schäden auftreten wie hier 2002 die komplett zerstörte Verkehrsinfrastruktur (Straßen und Bahnlinie) bei Flöha (Sachsen). (Quelle: Feuerwehr Düsseldorf)*

Bild 41: ***Das Unterkeilen von verunfallten KFZ in beide Fahrtrichtungen gehört zum Standard-Reportoire der Einsatzkräfte, um ein ungewolltes Wegrollen oder -fahren möglichst zu unterbinden. Bei Bränden sind die – häufig aus Kunststoff bestehenden – Keile vor Flammeneinwirkungen zu schützen, um deren Stabilisierungsfunktion zu erhalten. (Quelle: Tanja Hellmann, Feuerwehr Dortmund)***

Die Gefahr der Ausbreitung besteht potenziell bei jedem dynamisch verlaufenden Schadenereignis, d. h. bei den meisten Feuerwehreinsätzen. Folgende Beispiele sollen dies verdeutlichen:

- Brandausbreitung von einem Zimmer auf eine Wohnung, auf ein ganzes Gebäude.
- Brandausbreitung im Freien mit dem Wind und/oder hangaufwärts mit der Thermik – bzw. hangabwärts über herabrollende bzw. -fallende brennende oder glühende Teile.
- Ausbreitung einer Ölspur mit dem Gefälle, durch fahrende KFZ (die während der Fahrt Öl verlieren, oder mit den Reifen das Öl weiterverteilen), oder mit der Fließrichtung eines Gewässers.
- Ausgetretenes Chlorgas breitet sich mit dem Wind und als Schwergas aus und gefährdet je nach ausgetretener Gasmenge, Wetterlage und Bebauungssituation eine mehr oder weniger große Anzahl von Menschen.
- Die Druckwelle einer Explosion zieht eine Spur der Verwüstung und stellt somit eine Ausweitung des Schadenumfangs dar.
- Einsatzkräfte kommen mit radioaktiven Stoffen in Kontakt. Aufgrund unzureichender Kontaminationsüberwachung werden die Substanzen verschleppt und senden ihre ionisierende Strahlung an Orten außerhalb der zunächst vorgefundenen Einsatzstelle aus.

- Abrutschen eines nicht ausreichend befestigten Steilhanges, Böschung, Damms mit folgenden Zerstörungen z. B. an der Infrastruktur und Gebäuden. Erweiterung des abrutschenden Bereichs z. B. durch die Bodenstruktur oder Einfluss von starken Niederschlägen bzw. auch durch einen Deichbruch.

Eine besondere Dynamik wohnt aber den meisten Bränden inne. Nach DIN 14 011 versteht man unter einem Brand ein nichtbestimmungsgemäßes Brennen, das sich unkontrolliert ausbreiten kann. Hier ist also das Ausbreitungsbestreben sogar Bestandteil der Definition. Aus diesem Grund wird der Gefahr der Ausbreitung des Brandes in der Merkhilfe zur Gefahrenlehre ein eigener Buchstabe gewidmet. Wenn also im Folgenden speziell auf die Gefahr der Brandausbreitung eingegangen wird, ist unabhängig davon auch bei allen anderen Schadenlagen stets die Gefahr einer Ausbreitung zu bedenken.

Die Kontrolle des Umfangs der Schadenlage, der Art und Geschwindigkeit der Ausbreitung, der Wirksamkeit der Eindämmungsmaßnahmen usw. gehören mit zu den ständigen Aufgaben der Führungskräfte im Regelkreis des Einsatzes (vgl. Graeger, 2009).

7.2 Formen der Brandausbreitung

7.2.1 Zündung von Rauchgasen

Nicht nur flüssige, sondern auch feste brennbare Stoffe geben bei Erwärmung brennbare Gase ab, ohne die ein Verbrennen mit Flamme nicht möglich wäre. In Abhängigkeit von der Zusammensetzung des brennbaren Stoffes, der Beschaffenheit seiner Oberfläche, der Temperatur und dem Sauerstoffangebot, setzen sich diese Rauchgase aus Zersetzungsprodukten des jeweiligen Stoffes, so genannten Pyrolysegasen, und Verbrennungsprodukten zusammen. Da die Pyrolysegase brennbar sind und die Verbrennungsprodukte dies bei unvollständiger Verbrennung ebenfalls sind (z. B. Kohlenmonoxid, ▶ Kapitel 5.3.3), sind die Rauchgase grundsätzlich entzündbar. Ob eine Zündung erfolgt, hängt von ihrer jeweiligen Zusammensetzung und dem sich daraus ergebenden Zündbereich (untere bzw. obere Explosionsgrenze – UEG/OEG, ▶ Kapitel 14.4.3) sowie der herrschenden Temperatur, dem Sauerstoffangebot und dem Vorliegen einer geeigneten Zündquelle ab.

Wenn es allerdings zur Zündung von Rauchgasen kommt, dann erfolgt mit ihr eine schlagartige und heftige Form der Brandausbreitung und es besteht höchste

Gefahr für die im Innenangriff vorgehenden Einsatzkräfte, die sich von einem Moment auf den anderen von Flammen umgeben und extrem hohen Temperaturen ausgesetzt sehen. Die heute Persönliche Schutzausrüstung für den Innenangriff unter Atemschutzgeräten nach DIN EN 469 bietet einige Sekunden Zeit für die Flucht. Die Gefahr schwerer Verletzungen/Verbrennungen ist dennoch sehr hoch. Daher muss bereits in der Grundausbildung dafür gesorgt werden, dass die Anzeichen einer drohenden Zündung von Rauchgasen rechtzeitig erkannt werden, die Führungskräfte daraus die richtigen Schlüsse und Einsatzaufträge ziehen und für die Trupps das richtige eigene Verhalten weitgehend automatisch erfolgt.

Achtung: Die Zündung von Rauchgasen (oder anderen zündfähigen Gas-Luftgemischen) kann auch räumlich entfernt der eigentlichen Entstehungsquelle (Schwelbrand, Leckage etc.) erfolgen! Kohlenmonoxid breitet sich außerdem durch fast alle Arten von Wänden zeitversetzt aus.

Je nachdem, ob die Zündung der Rauchgase an ihrer unteren oder oberen Explosionsgrenze erfolgt, sind die Auswirkungen unterschiedlich. Bei Zündung an der unteren Explosionsgrenze spricht man von einer Rauchgasdurchzündung, bei Zündung an der oberen Explosionsgrenze von einer Rauchgasexplosion (Backdraft). Die Rauchgasdurchzündung kann begleitet werden von einem Feuerübersprung, dem so genannten Flashover. Diese drei Phänomene sollen im Folgenden näher beschrieben werden.

Die Rauchgasdurchzündung/der Feuerübersprung (Flashover)

Die Mehrzahl aller Brände beginnt klein. Zunächst brennt nur wenig, z. B. ein Papierkorb oder eine Tischdecke. In kurzer Zeit greift das Feuer auf immer mehr Gegenstände über, bis schließlich das gesamte Gebäude in Flammen stehen kann. ▶ Bild 42 zeigt den für ein Gebäudeinneres idealisierten aber durchaus typischen Ablauf eines Brandes hinsichtlich Brandzeit und Temperaturhöhe.

Man erkennt fünf Phasen:

1. Zuerst die Zündphase, in der die Temperatur lokal ansteigt, bis die Zündtemperatur des Stoffes, der in Brand gesetzt werden soll, erreicht ist. Der entstandene Brand dient den folgenden Phänomenen als »Stützfeuer«.
2. In der zweiten Phase brennen einzelne, dem Stützfeuer benachbarte Gegenstände. Hierbei wird heißer Brandrauch vermischt mit Zersetzungsprodukten (Pyrolysegase) und Schwelgasen freigesetzt. Können diese Gase nicht aus dem Raum entweichen, sammeln sie sich unter der Decke, breiten sich dort horizontal aus und geben wegen ihrer hohen Temperatur von 500 bis 600 °C energiereiche Wärmestrahlung an den Raum ab.

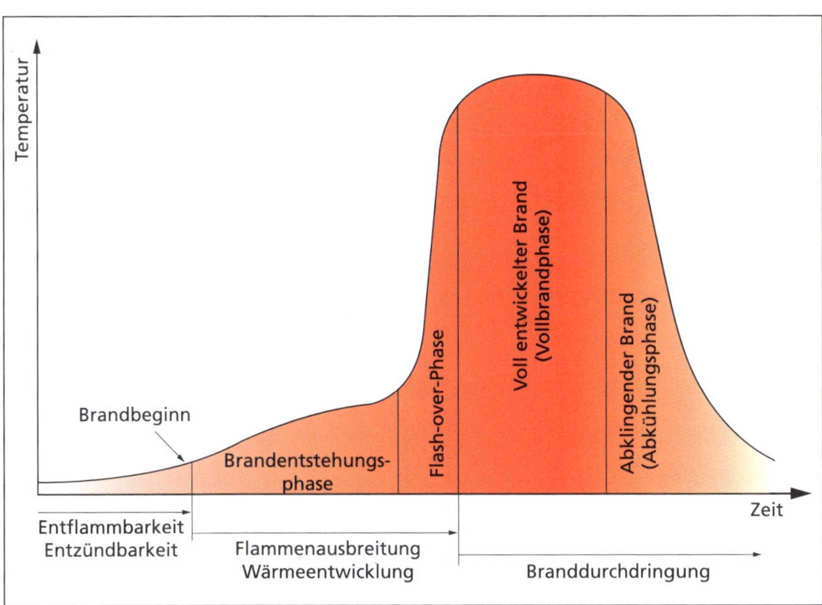

Bild 42: ***Brandverlauf (Quelle: W. Kohlhammer GmbH)***

Dadurch steigt die Temperatur im gesamten Brandraum und die aufgeheizten, noch nicht brennenden – aber brennbaren – Gegenstände beginnen ebenfalls, Pyrolysegase abzugeben. In dieser Phase kann es wiederholt zum Zünden der heißen Rauchgasschicht unter der Decke kommen, wenn deren Konzentration die untere Explosionsgrenze überschreitet und die Temperatur der bereits brennenden Gegenstände ausreichend ist. Durch das Abbrennen der Rauchschicht erhöht sich die Temperatur im Raum weiter und die Pyrolyse der noch nicht brennenden Gegenstände wird beschleunigt.

3. Zu Beginn der dritten Phase hat die Konzentration der Pyrolyse- und Schwelgase auch im Bereich der noch nicht brennenden Gegenstände ihre untere Explosionsgrenze erreicht. Wegen der hohen Raumtemperatur kommt es auch ohne direkten Kontakt zu einer Flamme zum schlagartigen Durchzünden aller thermisch ausreichend aufgeheizten Gegenstände im Raum. Innerhalb kürzester Zeit steht der gesamte Raum mit Temperaturen von etwa 1 000 °C im offenen Vollbrand. Das Feuer ist übergesprungen, der eigentliche Flashover ist erfolgt.

4. In der vierten Phase, der Vollbrandphase, verbrennen die im Raum befindlichen brennbaren Gegenstände unter großer Flammen- und Wärmeentwicklung. In dieser Phase platzen in der Regel die Fensterscheiben und es besteht die Gefahr der Brandausbreitung durch die in den ▶ Kapiteln 7.2.2 bis 7.2.6 beschriebenen Mechanismen.
5. Die Intensität des Brandes nimmt erst wieder in der fünften Phase ab, wenn die brennbaren Stoffe mehr und mehr verbraucht sind, sodass das Feuer letztlich sogar zum Erlöschen kommt.

Eine Rauchgasdurchzündung stellt für die im Innenangriff vorgehenden Kräfte eine große Gefahr dar, da sie die darunter befindlichen Einsatzkräfte mit Stichflammen und Wärmestrahlung gefährdet. Geht die Rauchgasdurchzündung mit einem Feuerübersprung (Flashover) einher, ist eine schlagartige Brandausbreitung in den gesamten Raum erfolgt und die Einsatzkräfte befinden sich in großer Gefahr, weil sie plötzlich im wahrsten Sinne des Wortes »im Feuer stehen«.

Hinweise auf eine drohende Rauchgasdurchzündung sind:

- **geballtes Austreten von dunklem Rauch aus den Raumöffnungen,**
- **hohe Brandlast im Raum, insbesondere in Form von Holz (Möbel, Vertäfelungen, Fußböden),**
- **sichtbare Ausgasungen der Gegenstände im Raum,**
- **sichtbare Schwel- bzw. Verkohlungsprozesse der Gegenstände im Raum,**
- **die Rauchschicht hebt und senkt sich oder senkt sich schnell ab,**
- **Flammenzungen sind an der Unterseite der Rauchschicht sichtbar, zum Teil in Form einer laufenden Flammenfront,**
- **sehr großer Temperaturanstieg im Raum.**

Insbesondere sichtbare Ausgasungen oder Schwel- bzw. Verkohlungsprozesse der Gegenstände im Raum lassen einen bevorstehenden Feuerübersprung (Flashover) erwarten.

Das richtige taktische Vorgehen heißt: Abführen von Wärme! Denn bei ausreichender Wärmeabfuhr ist kein Flashover mehr möglich. Eine massive und zielgerichtete Brandbekämpfung, die angemessene und fachlich richtige Einsatzstellenbe- und -entlüftung (Nutzung vorhandener Rauch- und Wärmeabzüge (RWA), Nutzung vorhandener bzw. Schaffung zusätzlicher Gebäudeöffnungen, Einsatz von Belüftungsgeräten) sowie die Kühlung der heißen Rauchgase und der aufgeheizten Oberflächen sind die angezeigten Maßnahmen.

Die Rauchgasexplosion (Backdraft)

Je besser moderne Gebäude aus Energiespargründen isoliert sind, desto wahrscheinlicher wird ein Brandverlauf, der von dem im ▶ Kapitel 7.2.1 beschriebenen entscheidend abweicht. Dort wurde in allen Phasen das Vorhandensein von ausreichend Sauerstoff vorausgesetzt. Wird dies durch Dämmung und Isolation verhindert, so bleibt das Feuer auf einen abgeschlossenen Raum bzw. Gebäudeteil begrenzt. In diesem Bereich ist der ursprünglich vorhandene Sauerstoff weitgehend verbraucht, es bestehen aber noch kleine Flammen- bzw. Glutnester, die Temperatur ist hoch und die aufgeheizten Gegenstände geben weiterhin Pyrolysegase ab. Zusammen mit den unvollständigen Verbrennungsprodukten aus der Endphase des offenen Brandes hat sich im Raum ein »fettes« Gemisch von entzündbaren Rauchgasen oberhalb der oberen Explosionsgrenze gebildet.

Wird nun eine Tür zu diesem Raum geöffnet oder eine andere Öffnung geschaffen, durch die Sauerstoff einströmen kann, so verdünnen sich die vorhandenen Rauchgase und entzünden sich beim Unterschreiten der oberen Explosionsgrenze an den vorhandenen Brand- bzw. Glutnestern. Da ab diesem Zeitpunkt die gesamte Menge der brennbaren Rauchgase unaufhaltsam abbrennt, ist die Wirkung um ein Vielfaches größer als bei der Rauchgasdurchzündung, bei der ja bereits die ersten abbrennenden Rauchgase dafür sorgen, dass deren Konzentration die untere Explosionsgrenze wieder unterschreitet.

Die Rauchgasexplosion (Backdraft) verdient ihren Namen wahrlich: Im Innern des Raumes bildet sich ein Feuerball, meterlange Stichflammen schlagen aus den Öffnungen, der sich bildende Überdruck ist derart groß, dass Wände herausgedrückt werden können. Entsprechend groß ist die Gefahr für Einsatzkräfte (und Bewohner), die sich im oder in der Nähe des Gebäudes befinden.

Das richtige taktische Vorgehen besteht aus größter Vorsicht beim Öffnen von Türen oder Fenstern, hinter denen ein zündfähiges Rauchgasgemisch vermutet wird. Das Handeln aus der Deckung und Mitführen von Wasser am Hohlstrahlrohr sind Selbstverständlichkeiten. Maßnahmen zur Rauchgaskühlung können das Risiko einer Rauchgasexplosion senken, sie aber nicht gesichert ausschließen. Wenn die Gefahr einer Rauchgasexplosion nicht abschätzbar ist, ist der Innenangriff abzubrechen. Es ist dann zu versuchen, an höher gelegenen Gebäudeteilen Öffnungen zu schaffen, um Rauchgase und Wärme abzuleiten und so die Gefahr einer Rauchgasexplosion zu verringern. Bei derartigen Maßnahmen ist unbedingt auf die Eigensicherung und den eigenen Rückzugsweg zu achten.

Einsatzerfahrungen mit schwer verletzten oder sogar getöteten Feuerwehrangehörigen haben die Gefährlichkeit von Rauchgasdurchzündungen und Rauchgasexplosionen nachhaltig unter Beweis gestellt. Ein konsequentes Tragen von geeigneter Persönlicher Schutzausrüstung und eine stärkere Sensibilisierung der Einsatzkräfte für diese Gefahren sind daher dringend angezeigt. Wenn ein Trupp sich im Innenangriff mit der Zündung von Rauchgasen konfrontiert sieht, dann muss er binnen Sekunden reflexartig das richtige tun: Deckung am Boden suchen (möglichst in Wandnähe) und sofortige maximale Wasserabgabe in der Stellung »Mannschutz«, um sich vor der herannahenden Flammenfront zu schützen. Um einen wirksamen Schutz bieten zu können, müssen Hohlstrahlrohre eine Wasserabgabe von mindestens 200 l/min ermöglichen – ein weiterer Grund, warum Schnellangriffsschläuche für die Brandbekämpfung im Innenangriff nicht geeignet sind!

Zwingend geboten ist mehr und (brand-)praxisnähere Aus- und Fortbildung in geeigneten Simulatoren, damit der Feuerwehrangehörige seine erste Zündung von Rauchgasen nicht bei einem realen Brand erleben muss, sondern die Hinweise auf das drohende Ereignis in realistischer, gleichzeitig aber kontrollierter und sicherer Umgebung unter sachkundiger Betreuung kennen lernen kann. Auch die Auswirkungen des bei der Rauchgaskühlung entstehenden Wasserdampfes – ähnlich einem Aufguss in der Sauna – die Grenzen der Schutzkleidung und der richtige Umgang mit dem Hohlstrahlrohr auch im Notfall, können in geeigneten Simulatoren realitätsnah erfahren und geübt werden.

Hinweise auf eine drohende Rauchgasexplosion sind:

- Gebäude in hoher Isolationsqualität, oft nur wenige Öffnungen,
- hohe Brandlast im Raum, insbesondere in Form von Holz (Möbel, Vertäfelungen, Fußböden),
- ein abgeschlossener oder abgetrennter Brandbereich liegt vor,
- kein offen sichtbares Feuer aber starke Verrauchung hinter Fenstern/Türen,
- rußgeschwärzte oder mit öligem Kondensat beschlagene Fenster,
- aus Türspalten oder anderen kleinen Öffnungen vor und zurück pulsierender Rauch,
- austretende Rauchgase entzünden sich an der Umgebungsluft selbsttätig,
- spürbar erwärmte Türen, insbesondere metallische Klinken sind praktikable Messstellen,
- spürbares, teilweise pfeifend hörbares Ansaugen von Luft beim Öffnen von Türen.

7.2.2 Ausbreitung durch Wärmeleitung

Erwärmt man ein Bauteil an einem Ende, dann stellt sich nach einer bestimmten Zeit am anderen Ende eine erhöhte Temperatur ein. Das Material hat die Wärme von dem einen Ende zum anderen geleitet. Wie schnell dieser Vorgang abläuft, hängt von dem jeweiligen Stoff, seinem Querschnitt, seiner Länge und der Temperaturdifferenz ab. Sehr gute Wärmeleiter sind die Metalle, d. h. also alle Stahlbauteile. Von einem erwärmten Eisenträger geht im Brandfall daher nicht nur ein erhebliches »E – Einsturzrisiko« (▶ Kapitel 10.3.2) aus, sondern es besteht durch Wärmeleitung zusätzlich die Gefahr einer Brandausbreitung, wenn derselbe Träger durch Wände hindurch mehrere Räume verbindet. Man denke hier auch an die Wärmeleitung im metallischen Innern elektrischer Leitungen, die oft mit großem Querschnitt ein Gebäude durchziehen.

Holz ist ein sehr schlechter Wärmeleiter, eine Wärmeübertragung mittels eines durchgehenden Holzbalkens kann daher als äußerst unwahrscheinlich angesehen werden. Allerdings kann es hier im Innern des Balkens zum unbemerkten Durchschwelen kommen, sodass die Brandausbreitung durch Wände auch bei diesem Baustoff nicht ganz ausgeschlossen werden kann. Der Ausbreitungsmechanismus ist hierbei aber ein völlig anderer als beim Stahl.

Von Wärmeübergang spricht man, wenn Wärme zwischen zwei oder mehr verschiedenartigen Stoffen ausgetauscht wird. Technisch ist vor allem der Wärmeübergang von einem flüssigen oder gasförmigen Stoff auf einen festen Stoff von Bedeutung.

7.2.3 Ausbreitung durch Wärmeströmung (Konvektion)

Wärmeströmung ist an flüssige oder gasförmige Stoffe gebunden. Diese dehnen sich bei Erwärmung aus, damit wird ihre Dichte geringer, sodass sie aufsteigen. Bei einem Feuer sind es die heißen Brandgase, die einen Großteil der entstehenden Wärme abführen. Treppenräume und Aufzugsschächte wirken dabei oftmals wie ein Kamin. Dieser Kamineffekt führte beim Brand der Kapruner Standseilbahn am 11. November 2000 zu 155 Toten, weil sich die heißen (und giftigen) Brandgase ausgehend vom letzten Waggon rasend schnell in dem mit bis zu 50 Prozent Steigung verlaufenden, 3,3 Kilometer langen Tunnel ausbreiteten.

Wenn in obere Geschosse vorgegangene Trupps plötzlich ihnen nachströmende heiße Brandgase verspüren, besteht für sie die Gefahr, dass das Feuer sich in kurzer Zeit auf ihren Aufenthaltsbereich ausbreiten wird und der Rückweg abgeschnitten ist. Den Einsatzkräften bleibt in einem solchen Fall nur das Ausweichen in angrenzende Bereiche. Mit einer präventiv vorgehaltenen Anleiterbereitschaft durch Drehleitern (mit Korb) bzw. ggf. auch tragbaren Leitern (z. B. auch in Innenhöfen) besteht für solche Fälle die Möglichkeit eines flexiblen Rückzugsweges.

Damit vorgehende Trupps nicht durch nachströmende, heiße Brandgase und die damit verbundene Ausbreitung des Brandes gefährdet werden, müssen sie es vermeiden, sich an einem Brandraum vorbei nach oben zu begeben. Türen zu Brandräumen bilden keinen verlässlichen Schutz, sondern brennen in nicht vorhersagbarer Zeit durch. So genannte mobile Rauchverschlüsse helfen zwar sehr wirksam, den Rauchschaden im Gebäude zu minimieren und Rettungswege raucharm zu halten, unter hoher Wärmebeaufschlagung können sie aber – abhängig von ihrer jeweiligen Bauausführung – binnen Minuten versagen.

Insbesondere wenn es im oberen Teil eines Gebäudes zu einem Wärmestau kommt, besteht die Gefahr, dass dort durch Wärmeabgabe an brennbare Stoffe deren Zündtemperatur erreicht wird und somit eine Brandausbreitung stattfindet. Sind die Brandgase ihrerseits entzündbar, so kann es an diesen Stellen zu heftigen Durchzündungen kommen, z. B. ausgelöst durch eine auf dem Dachboden noch in Betrieb befindliche Gastherme. Solche Durchzündungen können sogar noch in der Aufräumphase vorkommen, wenn beispielsweise bis dahin unentdeckte Glutnester freigelegt werden und als Zündquelle wirken.

Rauch- und Wärmeabzugsvorrichtungen (RWA) sollen diesen Wärmestau verhindern und gleichzeitig durch Entrauchung wieder übersichtliche Verhältnisse schaffen. Gerade in Treppenräumen sollten solche an der obersten Stelle installierten und vom Erdgeschoss aus bedienbaren Öffnungen durch die Feuerwehr konsequent genutzt werden.

Insbesondere beim Vorgehen in tiefer gelegene Brandräume wie Kellerräume und Tiefgaragen wird der Angriffstrupp durch entgegenschlagende Wärmeströmung gefährdet. Umsichtiges Handeln, das Mitführen von Wasser am Strahlrohr und das Herabsteigen auf Kellertreppen mit den Füßen voraus sind Maßnahmen zur Erhöhung der eigenen Sicherheit.

7.2.4 Ausbreitung durch Wärmestrahlung

Im Gegensatz zu den obigen Vorgängen ist Wärmestrahlung nicht an Materie gebunden, sondern breitet sich frei im Raum aus. Jeder erwärmte Körper sendet Wärmestrahlung aus, deren Energie von der absoluten Temperatur des strahlenden Körpers abhängt. Verdoppelt sich die Temperatur, so steigt die ausgesandte Strahlungsleistung nach dem Stefan-Boltzmann-Gesetz um das Sechzehnfache an! Gerade bei voll entwickelten Bränden mit hoher Temperatur ist daher die Gefahr einer Brandausbreitung durch Wärmestrahlung am größten. Da es sich bei der

Wärmestrahlung um elektromagnetische Wellen ähnlich dem Licht handelt, erfolgt ihre Ausbreitung völlig unabhängig von der Windrichtung.

Trifft Wärmestrahlung auf Materie, so kann sie mit dieser auf drei Arten Wechselwirken:

- **Durchdringung:** Je nach Zusammensetzung des bestrahlten Stoffes wird ein mehr oder weniger großer Anteil der Wärmestrahlung durchgelassen. Bei Fensterscheiben kann der durchgelassene Teil ausreichen, um dahinter befindliche Gardinen oder andere Einrichtungsgegenstände in Brand zu setzen.
- **Reflektion:** Insbesondere helle Metalle mit glatter, glänzender Oberfläche reflektieren einen Großteil der auftreffenden Wärmestrahlung. Dadurch werden sie weniger stark erwärmt als dunkle Stoffe mit geringerem Reflektionsvermögen.
- **Absorption:** Bei der Absorption wird die Wärmestrahlung wieder in Wärme umgewandelt, wodurch es zu einer Temperaturerhöhung der bestrahlten Materie kommt. Absorption ist daher der ursächliche Mechanismus für Brandausbreitung durch Wärmestrahlung. Rauhe und dunkle Körper absorbieren Wärmestrahlung besonders gut, sodass es beispielsweise bei einer dunklen Wand zu einer rascheren Erwärmung kommt als bei einer weiß gestrichenen.

Zu welchen Anteilen ein bestrahlter Körper die Wärmestrahlung durchlässt, reflektiert oder absorbiert, hängt von seiner chemischen Zusammensetzung und der Wellenlänge der Wärmestrahlung ab. In jedem Fall ist aber die Summe der durchgelassenen, reflektierten und absorbierten Komponenten gleich der insgesamt auftreffenden Strahlung.

Da sich die spektrale Zusammensetzung der Wärmestrahlung mit steigender Temperatur zunehmend in Bereiche des sichtbaren Lichtes verschiebt, kann bei festen Körpern aus deren Glühfarbe auf ihre Temperatur geschlossen werden (▶ Tabelle 11).

Für Flammen trifft diese Aussage aber nicht zu, weil deren Färbung sehr stark von der chemischen Zusammensetzung des brennenden Stoffes abhängt.

Ein spezieller Fall der Brandausbreitung durch Wärmestrahlung liegt beim Feuerübersprung (Flashover) vor (▶ Kapitel 7.2.1), weil dort keine offene Flamme, sondern eine aufgeheizte Rauchgasschicht die Quelle der Wärmestrahlung ist.

Tabelle 11: ***Temperaturen von Glühfarben***

Glühfarbe	Temperatur
beginnende Rotglut	525 °C
Dunkelrotglut	700 °C
Kirschrotglut	850 °C
Hellrotglut	950 °C
Gelbglut	1 100 °C
beginnende Weißglut	1 300 °C
volle Weißglut	1 500 °C

7.2.5 Funkenflug und Flugfeuer (Spotfeuer)

Als Funkenflug bezeichnet man glühende Kleinstteilchen, z. B. Aschepartikel, die mit den heißen Brandgasen aufsteigen und je nach Windrichtung und Thermik an einem anderen Ort wieder zu Boden sinken. Besonders gefährlich sind sie dann, wenn sie auf leicht entzündbare Stoffe treffen, z. B. trockene Vegetation, Gardinen hinter geöffneten Fenstern, weiche Bedachungen usw. und dazu noch stärkerer Wind die Glut anfacht.

Dem Flugfeuer (typischer Begriff in der Vegetationsbrandbekämpfung: Spotfeuer) liegt der gleiche Mechanismus zugrunde. Allerdings sind hier die brennend oder glimmend von Thermik und Wind mitgerissenen Teile wesentlich größer, beispielsweise Fetzen eines Teerdaches oder Rindenstücke in einem Waldbrand. Entsprechend größer ist die Zündgefahr dort, wo sie zu Boden fallen.

Bei Großbränden mit starkem Funkenflug oder Flugfeuer muss die Feuerwehr daher in Windrichtung besonders wachsam sein. Dabei ist zu beachten, dass der Wind in Böen um ca. 45° beidseits um die Hauptwindrichtung scheren kann. Dies ist bei der Erkundung und in der Prognose (u. a. zur erwarteten Entwicklung des Wetters – und damit des Brandes!) zu berücksichtigen. Bei größeren Flächenlagen ist dies sinnvoll nur aus der Luft (Drohnen, Hubschrauber, Flächenflugzeuge) und mit laufender Wetterbeobachtung und -auswertung möglich.

Nur durch die Bildung und ggf. verteilte Bereitstellung von mobilen Reserveeinheiten, z. B. mindestens ein in der Nähe der Einsatzstelle bereitstehendes Tanklöschfahrzeug, bei größeren Lagen sogar einen kompletten Angriffszug für die Vegetationsbrandbekämpfung (vgl. hier dazu Fähigkeitsmanagement nach BBK,

Bild 43: ***Bei den Bränden in der Sächsischen Schweiz im September 2022 kam es durch die starke Thermik zu hochgerissenen Glutteilchen, die mit starkem Wind Spotfeuer in bis zu 5 km Entfernung erzeugten und sich in der Folge wieder zu großen Feuerfronten verbanden. (Fotos: Hanswerner Kögler, Ottendorf)***

2022), kann in Verbindung mit umfassender Erkundung der Umgebung Abhilfe geschaffen werden.

7.2.6 Feuerbrücken und Feuerüberschlag

Zur Verhinderung einer Brandausbreitung von einem Gebäude auf das nächste werden entweder bauliche Maßnahmen (Brandwände) oder ein Mindestabstand von Gebäuden untereinander gefordert. Die Wirksamkeit dieses Abstandes wird aber stark vermindert, wenn sich auf der geforderten Freifläche brennbare Gegenstände befinden. Solche »Gegenstände« können dauerhaft sein, z. B. ein ungenehmigt errichteter Schuppen, oder sich nur vorübergehend dort befinden, z. B. ein abgestellter Lkw. Kommt es durch die Nutzung der Freifläche zu einer Brandausbreitung, so haben die dort befindlichen Materialien dem Feuer als Brücke gedient. Es konnte so von einem Gebäude zum anderen laufen, daher die Bezeichnung »Feuerbrücke«. Eine Brandausbreitung auf benachbarte Gebäude kann beispielsweise durch die Schaffung einer Riegelstellung verhindert werden (▶ Bild 44).

Bild 44: ***Riegelstellung zur Verhinderung der Brandausbreitung (Quelle: Feuerwehr Filderstadt)***

Ein Feuerüberschlag findet bei voll entwickelten Bränden an einer Gebäudefassade von unten nach oben, in Gebäudeecken und engen Innenhöfen auch auf einer Etage statt. Die aus den Fenstern der brennenden Etage schlagenden Flammen bringen die Scheiben der darüber liegenden Etage bzw. die über Eck liegenden Fenster zum Platzen. Das Feuer kann so eindringen und auch diese Etage bzw. diese Räume in Brand setzen. Besonders begünstigt wird der Feuerüberschlag durch:

- schachtähnlich eng angeordnete Bauweisen z. B. in schmalen Hinterhöfen, da hier die Kaminwirkung die Flammenausbildung fördert,
- brennbare Außenfassaden oder brennbare Baustoffe z. B. an Balkonen,
- brennbare Fassadendämmungen,
- geringe Abstände in vertikaler bzw. horizontaler Richtung zwischen den Fenstern,
- raumabschließende Fassadenelemente in Leichtmetallbauweise, da diese sehr schnell ihre Festigkeit verlieren und die obere Etage dann völlig ungeschützt der Flammeneinwirkung ausgesetzt ist.

Unter ungünstigen Umständen kann es durch Feuerüberschlag in wenigen Minuten zu einer Brandausbreitung über mehrere Geschosse oder ganze Gebäude kommen (▶ Bilder 45 und 46). In solchen Fällen kann nur ein energisch vorgetragener Außenangriff die Lage wieder beherrschbar machen. Allerdings ist natürlich auch hier so bald wie möglich zum Innenangriff überzugehen.

Bild 45: ***Gefahr des raschen Feuerüberschlags auf die Obergeschosse (Quelle: Holger Schlegel)***

Bild 46: ***Dramatisch schnelle Brandausbreitung über brennbare Balkone entlang eines – und danach durch(!) einen – Gebäudekomplex in Essen im Februar 2022, massiv angefacht durch das Sturmtief »Antonia«. (Quelle: Feuerwehr Essen)***

7.3 Ursachen der Brandausbreitung

Es gibt im Wesentlichen drei Ursachen die dazu führen, dass sich ein ausgebrochener Brand ausbreiten kann:

- bauliche Mängel,
- betriebliche Mängel und
- taktische Fehler der Feuerwehr.

Zu den baulichen Mängeln zählen: ungeschützte Öffnungen in Brandwänden, zu geringe Abstände zwischen Gebäuden, die Verwendung ungeeigneter Baustoffe, ungeschützte Leitungsdurchführungen durch Brandabschnitte u. Ä.

Das am häufigsten anzutreffende Beispiel für betriebliche Mängel sind Feuerschutztüren, die mit Keilen offengehalten werden. Immer wieder werden diese Türen damit zur völligen Wirkungslosigkeit im Brandfall verurteilt. Abgeschaltete Lösch- oder Brandmeldeanlagen zählen ebenso zu den betrieblichen Mängeln wie die bereits erwähnten Feuerbrücken. Auch unvorschriftsmäßige Lagerung, insbesondere wenn es sich um leicht brennbare Stoffe handelt, kann Ursache einer schnellen Brandausbreitung sein.

Aber auch die Feuerwehr selbst kann an einer Brandausbreitung schuld sein, wenn sie bei der Brandbekämpfung taktische Fehler begeht. Denkbar sind hier eine unzureichende Erkundung, eine falsche Beurteilung der Lage, ungenügende Reserven an Einsatzkräften bzw. Löschmitteln, zu schwache Kräfte vor Ort usw. Auch falscher Löschmitteleinsatz kann ursächlich für eine von der Feuerwehr zu verantwortende Brandausbreitung sein. Beispiele sind die Fettexplosion bei Verwendung von Wasser zum Löschen einer brennenden Fritteuse (▶ Kapitel 14.4.2) oder die Staubexplosion beim Aufwirbeln brennbarer Stäube durch Vollstrahl (▶ Kapitel 14.4.1).

Ein Sonderfall ist die Brandausbreitung durch Winddruck auf Fassaden (Blow-Torch-Effekt) im Gebäude. Hier kann es durch den Wind über (ggf. platzende Fenster und durch den Angriffstrupp geöffnete Türen) zum massiven Flammenaustritt in andere Bereiche kommen. Diese werden dann in kurzer Zeit mit hohen Temperaturen beaufschlagt. Grundsätzlich verläuft hier die Brandausbreitung zwar mit dem Wind nach in dessen Lee liegende Bereiche. Durch den Grundriss des Gebäudes sowie durch Öffnungen im Gebäude kann es hier auch zu Verlagerungen in den Richtungen zur Seite bzw. nach oben oder unten kommen!

7.4 Ergänzendes

Der Brandverlauf nach ▶ Bild 42 ist zwar ein idealisierter Fall, aber insbesondere die meisten Zimmerbrände laufen ähnlich ab. Aus Gründen der Energieeffizienz verändert sich allerdings die Bauweise von (Wohn-)Gebäuden zunehmend:

- Es werden spezielle Verglasungen eingebaut, die besonders dick und stabil sind.
- Fassade und Dach haben eine wesentlich größere Wärmedämmwirkung.
- Spezielle Lüftungstechnik wird eingebaut.
- Brennbare Dämmungen werden verbaut. Dabei können Fehler
  - bereits im Bau eingebaut werden oder
  - es kann durch Alterungseffekte oder
  - mechanische Effekte (vom Fahrradlenker bis zum Specht)

Schäden an den nicht brennbaren Schichten der Außenhaut geben, wodurch ein Feuer dann das brennbare Dämmmaterial (häufig Polystyrol) erreichen kann.

Dies verändert den Brandverlauf erheblich und stellt die Feuerwehren im Brandfall vor neue Probleme:

- Brände werden von außen später erkannt und gemeldet.
- Im Gebäude oder Teilen wie z. B. einer gedämmten Wand oder Decke, entsteht regelmäßig ein Wärmestau. Dieser kann ab etwas über 100 °C auf Dauer an Holzbaustoffen bereits Pyrolyse bis zur Selbstentzündung auslösen.
- Der Einsatz von Hochleistungslüftern ist problematisch.
- Ein Außenangriff und das Eindringen über Fensteröffnungen sind schwierig.
- Es besteht die Gefahr einer Rauchgasexplosion (Backdraft), ▶ Kapitel 7.2.1.
- Bei einer Fassadendämmung aus brennbaren Baustoffen besteht die Gefahr, dass sich der Brand in kürzester Zeit von unten nach oben ausbreitet und auf allen Geschossen in die Fenster eindringt.

Die Gefahr einer Brandausbreitung hängt unmittelbar mit der Brennbarkeit der verwendeten Baustoffe oder der im Gebäude gelagerten Stoffe zusammen. Kann beispielsweise aus architektonischen Gründen nicht auf brennbare Baustoffe verzichtet werden, so muss das Risiko durch geeignete Anforderungen des Vorbeugenden Brandschutzes beherrschbar gemacht werden.

Auch mit zunehmender Raumgröße wächst die Ausbreitungsgefahr rapide, denn das Feuer findet seine ersten baulichen Schranken nun erst viel später. Es gibt baulich bedingte Brandrisiken, bei denen auch die beste Feuerwehr an ihre Leistungsgrenzen stößt. Auch in solchen Fällen kann eine wirksame Brandbekämpfung nur erfolgen, wenn vom Vorbeugenden Brandschutz die geeigneten Voraussetzungen geschaffen worden sind. Dass diese bei Errichtung und Nutzung der Gebäude mitunter sowohl baulich als auch betrieblich missachtet werden, zeigen die immer wieder vorkommenden Totalverluste von Großobjekten deutlich.

Achtung:

An den immer häufiger anzutreffenden Neu- oder Altbauten mit umfangreichen Maßnahmen der Wärmedämmung muss immer mit Wärmestau bis zur Pyrolyse brennbarer Stoffe gerechnet werden. Insbesondere in brennbaren Dämmungen können auch noch nach Tagen unerkannte Glutnester zur schleichenden Ausbreitung bis zum Totalverlust des Gebäudes führen! Dies kann nur durch intensive Erkundung mit geeigneten (taktischen) Wärmebildkameras (vgl. DFV, 2025), CO-Meldern (auch zur Lokalisierung von versteckten Glutnestern) und großzügige Öffnungen an verdächtigen Bauteilen in den Griff bekommen werden!

8 Gefahren durch Biologische Stoffe

8.1 Einleitung

Die Gefahren durch Biologische Agenzien[30] wurden bisher meist den Chemischen Stoffen(!) oder der Erkrankung/Verletzung zugeteilt. Dabei handelt es sich bei den »Chemischen Stoffen« offensichtlich um einen völlig anderen Bereich, der wenig mit biologischen Stoffen zu tun hat. Auch bei Zuordnung zu »Erkrankung/Verletzung« stellt sich die Frage, ob damit nicht jede andere Gefahrenbezeichnung überflüssig wird, da auch bei den anderen Gefahren natürlich immer die Gefahr der Erkrankung/Verletzung besteht.[31]

Schon die klassische Nennung der »ABC«-Lagen bzw. -Gefahren, wie auch die ersten drei Buchstaben aus CBRN beziehen neben den A- und C- auch die B-Gefahren mit ein! Die FwDV 500 beschreibt ebenfalls A-, B- und C-Gefahren bzw. -Einsatzlagen und die dazugehörigen Gefahrengruppen. Nicht umsonst hat die vfdb deshalb bereits im Jahr 2002 eine eigene Richtlinie für den Einsatz mit biologischen Stoffen (RL 10/02) herausgegeben und mehrfach (zuletzt 10-2016) aktualisiert.

8

8.2 Vorkommen Biologischer Gefahren

Typische B-Einsätze dienten in der Vergangenheit oft der Unterstützung der Veterinärbehörden bei Tierseuchen, z. B. bei Milzbrand, Maul- und Klauenseuche, Schweinepest oder der Vogelgrippe.

Spezialisierte Einheiten von Feuerwehr und Rettungsdienst arbeiten aber auch schon lange bei schweren und potenziell tödlichen Infektionserkrankungen, wie den verschiedenen Formen von viralen hämorrhagischen Fiebern (z. B. Ebola), zusammen.

Seit Anfang 2020 wurden die Feuerwehren, die Hilfsorganisationen, das THW sowie die Bundeswehr nahezu flächendeckend auch bei der Pandemielage »SARS-

---

30 Häufig wird auch von Biologischen Stoffen gesprochen, Agenzien ist aber der richtige fachliche Begriff (vgl. RKI, 2017).

31 Die übliche Auffassung zur Erkrankung/Verletzung war und ist immer noch, dass darunter eher die Sekundärgefahren für Personen aufzufassen sind, z. B. Verletzung durch Arbeiten mit Werkzeugen, Erkrankung durch Arbeiten im Winter mit unzureichender Schutzkleidung. Dies ergibt sich z. B. auch aus den Schilderungen in der UVV Feuerwehren bzw. zur Sicherheit im Feuerwehrdienst, vgl. die Ausführungen der (Feuerwehr-)Unfallkassen zur Gefährdungsbeurteilung und PSA z. B. in GUV-I 205-010 bzw. AG-FUK, 2017.

CoV-2/COVID-19« zur Unterstützung des Rettungsdienstes eingesetzt. Diese Einsätze werden durch keine der in den früheren Ausgaben genannten Gefahrenbeschreibungen richtig erfasst, weil die Infektionsgefahr durch eine Übertragung auch über kontaminierte Geräte und Fahrzeuge beim Stichwort »Erkrankung« i. d. R. völlig vernachlässigt wird.

B-Gefahren können insbesondere in den folgenden Bereichen auftreten:

- Allgemein bei gezieltem oder ungezieltem Umgang mit biologischen Arbeitsstoffen (BA), z. B. Algen, Bakterien, Pilzen, Parasiten, Prionen[32], Protozoen[33], Viren, einschließlich gentechnisch veränderter Mikroorganismen (GVO) (die human-, tier- und/oder pflanzenpathogen sind), und in deren Gefahrenbereich,
- gentechnische Anlagen,
- mikrobiologische Labore,
- medizinische Labore, Großkliniken (besonders Isolierstationen) bzw. allgemein im Gesundheits- und Sozialwesen,
- Krankheitsfälle, (Tier-)Seuchen,
- Abfall-/Abwasserbereiche inkl. Biogasanlagen,
- Tierhaltung/-verarbeitung/-beseitigung inkl. Biogasanlagen,
- biologische Kampfstoffe. (Auch wenn diese äußerst selten vorkommen, so sind sie doch grundsätzlich denkbar und als »Fake«-Anschläge sogar ziemlich häufig – man denke an das Versenden oder Ausstreuen von »weißem Pulver« zum Auslösen eines Anthrax- bzw. Milzbrandeinsatzes.)

8.3 Einsätze mit Biologischen Gefahrstoffen

In Analogie zum Strahlenschutz (▶ Kapitel 6.4) teilt die Feuerwehr-Dienstvorschrift 500 »Einheiten im ABC-Einsatz« Bereiche mit B-Gefahrstoffen entsprechend ihren Risiken in drei Gefahrengruppen ein (Tabelle 12).

---

32 Giftig wirkende Proteine

33 Tierische Einzeller

Tabelle 12: ***Einteilung der biologischen Gefahrengruppen für den Feuerwehreinsatz***

Biologische Gefahrengruppen	Risiko für die menschliche Gesundheit und die Umwelt	Atemschutz und besonderer Körperschutz (▶ Bild 36)	Desinfektion
IB	unwahrscheinlich	nicht erforderlich	Gesicht und Hände reinigen, Verletzungen melden
IIB	gering bis mittel	Schutzkleidung Form 1 oder 2: A2B2E2K2-P3-Filter/ Isoliergerät[34], Kontaminationsschutzhaube, Gummihandschuhe, Gummistiefel/ flüssigkeitsabweisender Kontaminationsschutzanzug	Schutzkleidung und Gerät an der Absperrgrenze ablegen, Hände und exponierte Hautstellen desinfizieren, ggf. duschen, Anweisungen fachkundiger Personen beachten, Verletzungen melden, Bei IIIB ist die Anwesenheit fachkundiger Personen erforderlich.
IIIB	hoch bis sehr hoch	Schutzkleidung Form 2 oder 3: Isoliergerät, flüssigkeitsabweisender Kontaminationsschutzanzug oder gasdichter Chemikalienschutzanzug	

- **IB – ohne Gefährdungspotenzial:** Es ist unwahrscheinlich, dass biologische Arbeitsstoffe dieser Gefahrengruppe beim Menschen eine Krankheit verursachen. Die Einsatzkräfte dürfen ohne Sonderausrüstung tätig werden, eine Ergänzung der üblichen Feuerschutzkleidung richtet sich nach den sonstigen Anforderungen des Einsatzes. Allgemeine Verhaltensregeln für den Einsatz in Laboratorien sind zu beachten. Nach dem Einsatz sind Gesicht und Hände gründlich zu reinigen, verschmutzte Einsatzkleidung ist zu wechseln und qualifiziert zu reinigen. In die Gefahren-

34 Das ist der »klassische« Feuerwehr-Filter für die Atemschutzanschlüsse (Masken) der Fahrzeugbeladung. Nach Prüfung der Lage und Bewertung der Gefahren sowie Schutzmaßnahmen sind hier – ggf. in Absprache mit Fachleuten, oder auf Basis von Standardeinsatzregeln oder Einsatzplänen auch z. B. FFP3-Filter mit enganliegenden Schutzbrillen fallbezogen möglich, z. B. bei Infektionstransporten.

gruppe IB fallen z. B. bestimmte Hefen und Schimmel-Pilze sowie Polio-Impfviren.

- **IIB – geringes bis mittleres Gefährdungspotenzial:** Die biologischen Arbeitsstoffe dieser Gefahrengruppe können eine Krankheit beim Menschen hervorrufen und eine Gefahr für Beschäftigte darstellen. Eine Verbreitung des Stoffes in der Bevölkerung ist unwahrscheinlich, eine wirksame Vorbeugung oder Behandlung ist normalerweise möglich. Die Einsatzkräfte dürfen nur mit Sonderausrüstung – im Erstangriff mindestens Atemfilter A2B2E2K2-P3[35], bevorzugt Isoliergerät, Kontaminationsschutzhaube, Gummihandschuhe und Gummistiefel – und unter Einhaltung besonderer Hygienemaßnahmen tätig werden. Ausnahmen hiervon sind nur mit Zustimmung des Projektleiters, seines Vertreters oder des Beauftragten für die biologische Sicherheit möglich. In die Gefahrengruppe IIB fallen z. B. Salmonellen, die Viren von Masern, Polio, Mumps, Tollwut, Keuchhusten und Hepatitis-B, Meningokokken sowie die Kleiderlaus als potenzieller Überträger von Fleckfieber, Borreliose und Tularämie.
- **IIIB – hohes bis sehr hohes Gefährdungspotenzial:** Die biologischen Arbeitsstoffe dieser Gefahrengruppe
    - rufen eine schwere Krankheit beim Menschen hervor und können eine ernste Gefahr für Beschäftigte darstellen. Die Gefahr einer Verbreitung in der Bevölkerung kann bestehen, doch ist normalerweise eine wirksame Vorbeugung bzw. Behandlung möglich, oder sie
    - rufen eine schwere Krankheit beim Menschen hervor und stellen eine ernste Gefahr für Beschäftigte dar. Die Gefahr einer Verbreitung in der Bevölkerung ist unter Umständen groß, normalerweise ist eine wirksame Vorbeugung oder Behandlung nicht möglich.

Ist keine Gefahrengruppe erkennbar bzw. gekennzeichnet, so muss der Einsatzleiter – möglichst in Absprache mit geeigneten Fachkundigen (z. B. Ärzten, Gesundheitsamt) bzw. nach Beratung durch eine Analytische Task-Force mit B-Komponente oder

35 Die üblichen A2B2E2K2-P3 Filter sind nur bedingt für den Ersteinsatz in der Wirkzone (»heiße Zone« mit hoher Wirkstoffkonzentration) geeignet, da keine 100 %-Rückhaltung infektiöser Stoffe besteht! Für den weiteren Einsatzverlauf bzw. bekannte – wiederholte – Einsatzlagen sind hier auch andere Lösungen möglich, siehe Fußnote oben.

ein Kompetenzzentrum – eine derartige Einstufung der Einsatzstelle vornehmen. In Zweifelsfällen gilt dabei die höhere/höchste Gefahrengruppe!

Nach der FwDV 500 sind Gefahrgutunfälle der Klasse 6.2 sowie Fälle mit begründetem Anschlagsverdacht mindestens der Gefahrengruppe IIB zuzuordnen. Bei Anschlagsverdacht (»weißes Pulver« = Antrax) ist die Lage zusammen mit der Polizei auf Plausibilität prüfen. Da gesicherte Laborergebnisse aufwendig sind und in den meisten Fällen erst nach längerer Zeit vorliegen werden, ist bei Vorliegen einer ernsten Bedrohungslage konsequent abzusperren und es sind geeignete Folgemaßnahmen z. B. zur Reinigung und Versorgung potenzieller Kontaktpersonen zu ergreifen. Eine Möglichkeit zur Beschleunigung der Aufklärung bzw. Stofferkundung bieten seit einigen Jahren Analyse-Tools auf Basis von PCR-Tests, die z. B. neben den B-ATF auch von wenigen weiteren Feuerwehren vorgehalten werden.

Sind bei einem B-Einsatz keine Personen direkt gefährdet, so kann schon eine Absperrmaßnahme bis zum Eintreffen von Fachpersonal und spezialisierten Einsatzkräften ausreichend sein.

8.4 Einsatzgrundsätze

Auch im B-Einsatz gelten grundsätzlich die speziellen und allgemeinen Maßnahmen der Einsatzstellenhygiene gemäß Feuerwehr-Dienstvorschrift 500.

Einsätze mit biologischen Gefahrstoffen sind gründlich zu dokumentieren. Feuerwehrpläne sind zu beachten. Mindestens der gekennzeichnete Bereich – falls vorhanden – bzw. sonstige räumliche Abgrenzungen sind Absperrbereich der Feuerwehr. Im Freien beträgt dieser Bereich mindestens 50 m und ist bei Emissionen entsprechend anzupassen. Ab Gefahrengruppe IIB sind alle im Absperrbereich eingesetzten Einsatzkräfte namentlich zu erfassen; diese Dokumentation ist mindestens 30 Jahre aufzubewahren. Nicht benötigtes Einsatzpersonal ist aus dem Absperrbereich fernzuhalten, Einsatzkräfte mit Hauterkrankungen dürfen im B-Einsatz nicht im Absperrbereich eingesetzt werden. Außerdem ist bei der Personalauswahl sicherzustellen, dass im inneren Absperrbereich (Einsatz vor Ort im Seuchenausbruchs-/Verdachtsbetrieb) keine Einsatzkräfte eingesetzt werden, die aus landwirtschaftlichen Betrieben stammen oder mit ihnen zu tun haben.

Achtung:

Einsatzstellen mit Schleusen sollen nur über diese betreten und verlassen werden! Damit die Schleusen ihre Wirkung behalten, sind keine Schläuche oder Kabel durch sie zu verlegen.

Damit infektiöse Stoffe nicht verschleppt werden, dürfen ohne Rücksprache mit einer fachkundigen Person, z. B. Betriebsleiter, Projektleiter, Erlaubnisinhaber nach Infektionsschutzgesetz, Beauftragter für biologische Sicherheit, in den Gefahrengruppen IIB und IIIB keine Lüftungsmaßnahmen und in der Gefahrengruppe IIIB keine Maßnahmen im Wirkbereich[36] durchgeführt werden. Bei besonders gefährlichen biologischen Arbeitsstoffen gilt dieses Verbot in IIIB auch für die Menschenrettung!

Löschmittel sind sparsam einzusetzen, möglichst Schaum oder CO_2. Bei der Verwendung von Pulver können sich Abluftfilter zusetzen. Ab Gefahrengruppe IIB ist aus dem Absperrbereich austretendes Löschmittel aufzufangen; wenn dies nicht möglich ist, muss der Absperrbereich entsprechend vergrößert werden.

Auch wenn der Schwerpunkt auf den biologischen Gefahrstoffen liegt, dürfen weitere häufig in Laboren auftretende Gefahren nicht vernachlässigt werden, beispielsweise Autoklaven[37], radioaktive Stoffe, Chemikalien, Gasflaschen; verschlossene Behälter sind nicht zu öffnen.

Da eine Kontamination mit biologischen Gefahrstoffen in der Regel nicht nachgewiesen werden kann, sind die Einsatzkräfte ab Gefahrengruppe IIB grundsätzlich zu dekontaminieren; zu diesem Zweck ist am Rand des Absperrbereiches ein Dekontaminationsplatz aufzubauen, an dem nach dem Prinzip gearbeitet wird: Erst desinfizieren, dann reinigen!

Nach ihrer Dekontamination sind Einsatzkräfte bei Gefahrengruppe IIIB und bei besonderen Vorkommnissen auch bei IIB unverzüglich einem ermächtigten Arzt vorzuführen. In Abstimmung mit dem fachkundigen Personal ist frühzeitig eine Postexpositionsprophylaxe (PEP), also eine nachträglich aber kurzfristig verabreichte Medikation/Impfung, für das eingesetzte Personal und betroffene Personen in Erwägung zu ziehen.

Tiere sind nur nach Abstimmung mit der für die Anlage verantwortlichen Projektleitung oder deren Beauftragten zu retten oder zu bergen. Ihr Entweichen ist zu verhindern, da sie infektiös sein können (▶ Kapitel 8.5).

Nach Abschluss der Einsatzmaßnahmen sind Einsatzstelle und Absperrbereich der zuständigen Behörde (z. B. Gesundheitsamt, Umweltamt) zu übergeben.

---

36 Der Wirkbereich ist ggf. größer als der direkte Gefahrenbereich. Er ist ggf. von den zuständigen Fachbehörden zu definieren.

37 Autoklaven sind Geräte zur Dampfdruck-Sterilisierung.

8.5 Tierseuchen

Einige Tierseuchen sind für bestimmte Tierarten sehr leicht übertragbar, auch durch Menschen und/oder Geräte. Die Übertragungswege sind vielfältig und nicht in allen Fällen endgültig geklärt.

Zwar besteht für die Feuerwehren keine unmittelbare Zuständigkeit für die Bekämpfung von Tierseuchen, diese liegt bei den Veterinärämtern, welchen die Feststellung des Seuchenfalls obliegt. Aufgrund ihrer technischen und organisatorischen Fähigkeiten und weil sie oftmals als Erste von der Bevölkerung gerufen werden, müssen sich die Feuerwehren aber auch mit diesem Einsatzgebiet auseinandersetzen.

Rechtlich handelt es beim Einsatz der Feuerwehr zur Bekämpfung einer Tierseuche um sogenannte Amtshilfe für das originär zuständige Veterinäramt. Dieses ist und bleibt für die Maßnahmen der Gefahrenabwehr zuständig und verantwortlich. Die unterstützende Feuerwehr oder andere Hilfsorganisationen werden nur auf Aufforderung tätig. Sie tragen aber die Verantwortung für die fachgerechte Durchführung der übernommenen Aufgaben, die nach den Grundsätzen des Einsatzes mit biologischen Gefahrstoffen durchzuführen sind.

Das Ziel aller Maßnahmen lautet immer, die Ausbreitung der Seuche auf den Entstehungsort zu beschränken. Wenn es in einem Tierhaltungsbetrieb zum Ausbruch einer Tierseuche gekommen ist, dann ist dieser Seuchenherd so weit wie möglich zu isolieren. Das Veterinäramt wird entsprechende Kontroll- und Überwachungszonen (Sperrbezirke) festlegen, in denen restriktive Maßnahmen gelten: Verbringungsverbote für Tiere, Kontrolle oder Verbot von Fahrten in diese oder aus diesen Zonen, Einrichtung von Desinfektionspunkten aber auch die Tötung eines kompletten Tierbestandes (»Keulung«) in einer festgelegten Zone mit anschließender Tierkörperbeseitigung durch Verbrennung.

Bei Wildtieren ist der Seuchenherd naturgemäß nicht einfach definierbar. Hier gilt es daher, in erster Linie die Bevölkerung aufzuklären und verendete Tiere schnell einzusammeln, den Fundort zu desinfizieren und die Kadaver zur Untersuchung in geeignete Labore zu transportieren. Primäres Ziel ist hierbei, die Übertragung auf den Nutztierbestand zu verhindern.

8.5.1 Taktische Hinweise zur Einsatzdurchführung bei Tierseuchen

Da einige Tierseuchen sehr leicht übertragbar sind, gilt der Grundsatz, dass man eine Kontamination vermeidet, eine Inkorporation ausschließt und eine Kontaminationsverschleppung verhindert. Darüber hinaus ist zu bedenken, dass auch von den verwendeten Desinfektionsmitteln eine Gesundheitsgefährdung ausgehen kann, vor der sich die Einsatzkräfte wirksam schützen müssen. Grundsätzlich sind im Zusammenhang mit Tierseuchen zwei unterschiedliche Einsatzarten zu unterscheiden:

Die Feuerwehr wird in Amtshilfe für das zuständige Veterinäramt tätig
In diesen Fällen arbeitet die Feuerwehr auf Anforderung, Anweisung und unter Aufsicht des Veterinäramtes, welches die Restriktionsgebiete sowie die Notwendigkeit und den Umfang von Dekontaminationsmaßnahmen (hier v. a. Desinfektion) festlegt. Die Einsatzkräfte sind vor Aufnahme der Maßnahmen und während des Einsatzes regelmäßig über mögliche Ansteckungsgefahren, Eigenschutzmaßnahmen und die Bedeutung der Verhinderung einer Kontaminationsverschleppung intensiv zu belehren (Briefing). Die Maßnahmen müssen im Einsatz durch die Veterinärbehörde angemessen überwacht werden.
Es ist damit zu rechnen, dass ein längerer Einsatz und hoher personeller sowie gerätetechnischer Aufwand erforderlich sind. Gleichzeitig ist eine großräumige Planung erforderlich, um z. B. Anfahrten von Einheiten durch Sperrzonen zu verhindern. Daher empfiehlt sich die Einrichtung eines Stabes (Krisenstab oder Stab für außergewöhnliche Ereignisse), um das Behördenhandeln abzustimmen. Mindestens ist aber eine gemeinsame Leitungsebene von Feuerwehr und Veterinärbehörde mit ggf. weiteren Beteiligten notwendig, um den Einsatz zu planen und die Maßnahmen abzustimmen.
Auf dieser Grundlage können von der Feuerwehr dann insbesondere folgende Aufgaben übernommen werden:

- Waschen von Fahrzeugen (vor Einfahrt in das Infektionsgebiet, um die Wirksamkeit der Desinfektion beim Verlassen nicht durch Schmutz zu beeinträchtigen)
- Desinfektion von Flächen, Geräten, Gebäuden
- Vorreinigung von Geräten/Fahrzeugen vor der Desinfektion im Sperrgebiet
- Zwingende Desinfektion/Dekontamination von Personen und Geräten beim Verlassen des Sperrgebietes (Dekon P und G). Hierbei kann der Aufwand durch die Verwendung von Einmal-Schutzkleidung spürbar verringert werden.

Bei den Planungen ist zu bedenken, dass derartige Einsätze langandauernd und logistisch anspruchsvoll sind. Neben speziellem Material für die eigentliche Aufgabenwahrnehmung wie Auffangbehälter, Folienstrecken, Gerüste, Hochdruckreiniger, Waschgeräte, Waschemulsionen, Desinfektionslösungen, Drucksprühgeräte und Schutzkleidung ist auch an Beleuchtungsgerät, Strom- und Wasserversorgung, ggf. mobile Toiletten sowie mobile und beheizte Aufenthaltsräume (Container, Zelte), Verpflegung und die Versorgung mit Verbrauchsgütern (Kraftstoffe, Einwegmaterial etc.) zu denken.

Auch im Bio-Einsatz gelten grundsätzlich die speziellen und allgemeinen Maßnahmen der Einsatzstellenhygiene gemäß Feuerwehr-Dienstvorschrift 500.

Die Feuerwehr nimmt eine originäre Aufgabe (Brandbekämpfung, Technische Hilfeleistung, Rettungsdienst) in einem Tierseuchen-Sperrbezirk wahr

In diesen Fällen kommen zu den lagebedingten »normalen« Gefahren der Einsatzstelle die besonderen Gefahren hinzu, die von den biologischen Gefahrstoffen ausgehen. Wenn die Sperrbezirke bereits vom zuständigen Veterinäramt eingerichtet worden sind, dann sind die festgelegten Zu- und Ausgangsregelungen auch in dringenden Einsatzfällen zu beachten. Im Übrigen gelten die gleichen Einsatzgrundsätze wie bei der Amtshilfe.

Gibt es noch keine Sperrbezirke aber den Verdacht auf das Vorliegen einer Tierseuche, so ist unverzüglich das Veterinäramt zu verständigen, die Einfahrt des Hofes und dessen Umfriedung gelten dann bis auf weiteres als innerer Absperrbereich. In diesen ist nur einzufahren, wenn es für den Einsatzerfolg zwingend erforderlich ist. Ebenso ist die Zahl der vor Ort befindlichen Einsatzkräfte auf das Minimum zu begrenzen. Wenn die Feuerwehr im Gefahrenbereich tätig werden muss, sind unverzüglich weitere Einheiten zum Aufbau einer (Not-)Desinfektion für Personal zu alarmieren. Das Hinzuziehen eines ausgebildeten Desinfektors z. B. aus dem Rettungsdienst kann dabei wertvolle Hinweise zum Eigenschutz geben. Fahrzeuge und Geräte verbleiben im Gefahrenbereich, bis eine mit dem Veterinäramt abgestimmte Desinfektion aufgebaut worden ist.

Auch bei einem Rettungsdiensteinsatz ist zunächst zu klären, ob ein Einfahren in den inneren Absperrbereich für den Einsatzerfolg zwingend erforderlich ist. Wenn dies der Fall ist, ist unverzüglich ein zweites Rettungsmittel zu alarmieren, welches konsequent außerhalb des inneren Absperrbereiches bleibt. Die vorgehenden Einsatzkräfte schützen sich vor Befahren oder Betreten des Gefahrenbereiches analog zu einem Infektionstransport im Rettungsdienst. Nach stabilisierender Erstversorgung ist der Patient an das zweite Rettungsmittel zu übergeben, dessen Besatzung angemessene Infektionsschutzbekleidung trägt. Über die Durchführung von Dekon-Maßnahmen am Patienten muss abhängig von seinem Zustand entschieden werden. Ausziehen der Oberbekleidung und der Schuhe sowie das Abwaschen freier Hautbereiche gelten als Mindestmaßnahmen. Ebenso sind für die eingesetzten Einsatzkräfte (Not-)Desinfektionsmaßnahmen vor Verlassen des Sperrbezirkes erforderlich, die Einsatzmittel bleiben bis zur Abstimmung mit dem Veterinäramt über das weitere Vorgehen zurück.

8.5.2 Desinfektion und Dekontamination

Art und Umfang der Desinfektion legt die zuständige Fachbehörde, in der Regel das Veterinäramt, fest.

Desinfektionsmittel sind grundsätzlich gefährliche Stoffe, so dass der Umgang mit ihnen besondere Schutzmaßnahmen erfordert, deren Umfang vom verwendeten Desinfektionsmittel abhängig ist. Dabei muss nicht nur die Verwendung, sondern auch die ggf. erforderliche Zubereitung (Verdünnung von Konzentraten, Anmischen von Pulvern) bedacht werden. In jedem Fall sind mindestens geeignete Schutzbrillen und Handschuhe zu verwenden. Bei der Anmischung und Verwendung sind die vorgegebenen Konzentrationswerte einzuhalten. Die Sicherheitsdatenblätter der verwendeten Desinfektionsmittel sollten vor Ort und in der jeweiligen Leitstelle verfügbar sein.

Im Einzelnen ist zu beachten:

- Die Desinfektionsmittel sind grundsätzlich nahezu drucklos aufzubringen, also mit Drucksprühgeräten, nicht mit Hochdruckreinigern, um eine Verteilung der Kontamination durch »Wegspritzen« zu vermeiden. Aus dem gleichen Grund sind bei einer Scheuer-Desinfektion weiche Bürsten zu verwenden.
- Das Abwasser im Bereich der Desinfektion ist aufzufangen und in Abstimmung mit den Fachbehörden (Veterinäramt, untere Wasserbehörde) zu entsorgen.
- Werden »Desinfektionsstrecken bzw. -straßen« für Fahrzeuge gebildet, sollten diese in Wannenform (z. B. mit stabiler Teich-/Deponiefolie in Verbindung mit Sandsäcken und Schlauchbrücken für den Ein- und Ausfahrtsbereich) ausgebildet werden. Die Folie ist in geeigneter Weise (z. B. vorher Grundfläche kehren, Einlegen von Teppichen o. ä.) vor Beschädigung, Zerstörung oder Verrutschen (z. B. durch Festschrauben, -nageln im Ein-/Ausfahrts-Bereich) zu schützen. Die verwendeten Einlagen

(z. B. Stroh, Teppiche etc.) dürfen nicht mit dem verwendeten Desinfektionsmittel in unbeabsichtigter Weise reagieren. Die Ein- und Ausfahrtsbereiche der Schleusen o. ä. müssen auch für die dort fahrenden Fahrzeuge ausgelegt sein und dürften nicht über zu steile Rampen verfügen oder eine zu große Bodenfreiheit erfordern.

- Nach der Desinfektion (Einwirkzeit beachten!) ist eine Reinigung von der Desinfektionslösung durchzuführen, um Folgeschäden durch die Desinfektionsmittel zu verhindern. Dies betrifft sowohl die Gesundheit der Einsatzkräfte als auch Schäden an den Einsatzmitteln.

Die folgende Tabelle gibt eine Übersicht über gebräuchliche Desinfektionsmittel, deren Gefahren und notwendige Schutzmaßnahmen:

Tabelle 13: ***Übersicht gebräuchlicher Desinfektionsmittel***

Desinfektionsmittel	Eigenschaften	Atemschutz (Filter)	Körperschutz
Ameisensäure < 10 %	ätzend	E1-P2	Schutzbrille, Schutzhandschuhe, Schutzanzug/Gummischürze
Formaldehyd < 10 %	ätzend, Krebserzeugung vermutet	A2B2-P3 oder B1E1-P3	s. o.
Natronlauge < 40 %	stark ätzend	B2P3	s. o.
Peressigsäure-Produkt 40 % PES	ätzend, brandfördernd (technische PES)	B2, ggf. P2	s. o.
Zitronensäure < 10 %	ätzend	B2P3	s. o.

9 Gefahren Chemischer Stoffe

9.1 Einleitung

Unter einem »gefährlichen chemischen Stoff« versteht man einen Stoff, von dem bei Unfällen oder unsachgemäßem Umgang besondere Gefahren für Menschen, Tiere, Sachwerte und die Umwelt ausgehen können. Häufig sind diese Gefahren der allgemeinen Lebenserfahrung nach ohne besondere Kennzeichnung nicht erkenn- und beurteilbar. Derartige Stoffe können in alphabetischer Reihenfolge die folgenden Eigenschaften haben:

- ätzend,
- brandfördernd,
- entzündlich,
- erbgutverändernd
- explosionsgefährlich,
- fortpflanzungsgefährdend,
- gesundheitsschädlich,
- giftig,
- hochentzündlich,
- krebserzeugend,
- leichtentzündlich,
- reizend,
- sehr giftig,
- sensibilisierend,
- umweltgefährlich.

9.2 Vorkommen chemischer Gefahren

Die Gefahren durch Chemische Stoffe sind schon sehr lange als besondere Gefahren im Einsatz bekannt. Sowohl in der Produktion, im Transport, wie im Handwerk und in Wohnungen findet sich eine Vielzahl an chemischen Stoffen, die allein oder in Reaktion mit anderen Stoffen oder Stoffgemischen eine Fülle an gefährlichen Effekten haben können. So können sich durch den Stoff selbst oder die Reaktionen die weiteren Gefahren z. B. von Atemgiften, Ausbreitung, Explosion ergeben.

9.3 Einsätze mit chemischen Gefahrstoffen

Chemische Gefahrstoffe besitzen eine Vielzahl an verschiedenen

- Aggregatzuständen (flüssig, pastös, fest, staubförmig) und
- gefährlichen Eigenschaften, oft variierend mit anderen Stoffen.

Herstellungs-, Transport- und Umgebungsfaktoren können die Einsatzentwicklung erheblich beeinflussen, das gilt z. B. für die

- Art und Menge des Stoffes,
- Temperaturen z. B. im Transport bzw. im »Freien«,
- Kontakte zu anderen Stoffen (bzw. dem Ausschluss derselben).

Die Stoffidentifikation durch Produktrecherche (Kennzeichnung, Ladepapiere, Befragen von Mitarbeitern, Spediteuren, Herstellern usw.) oder Messungen vor Ort ist wichtig, um die Gefahrenlage richtig einschätzen zu können.

Datenbanken und moderne Messgeräte, zusammen mit dem ausgebildeten Personal von Gefahrgut(mess)zügen, sind dabei eine große Hilfe.

- **IC – ohne Gefährdungspotenzial:** Es ist unwahrscheinlich, dass Chemische Stoffe dieser Gefahrengruppe direkt weitere größere Probleme verursachen. Die Einsatzkräfte dürfen ohne Sonderausrüstung tätig werden, eine Ergänzung der üblichen Feuerschutzkleidung richtet sich nach den sonstigen Anforderungen des Einsatzes. Allgemeine Verhaltensregeln für den sicheren Einsatz z. B. im Verkehrsraum beim Reinigen einer Ölspur o. ä. sind zu beachten. Nach dem Einsatz sind Gesicht und Hände gründlich zu reinigen, verschmutzte Einsatzkleidung ist zu wechseln und qualifiziert zu reinigen.
- **IIC – geringes bis mittleres Gefährdungspotenzial**: Die FwDV 500 definiert hier Bereiche, in denen
  - C-Gefahrstoffe in Mengen über 1 000 kg gelagert werden;
  - mit gefährlichen Gütern, die in die Beförderungskategorie 2 eingestuft oder der Verpackungsgruppe II[38] nach ADR/RID/

38 Die Verpackungsgruppen nach ADR haben umgekehrt der Einstufung bei den Gefahrengruppen folgende Bedeutung:
Verpackungsgruppe I: C-Gefahrstoffe mit hoher Gefahr
Verpackungsgruppe II: C-Gefahrstoffe mit mittlerer Gefahr
Verpackungsgruppe III: C-Gefahrstoffe mit geringer Gefahr

Tabelle 14: ***Einteilung der chemischen Gefahrengruppen für den Feuerwehreinsatz***

Chemische Gefahrengruppen	Risiko für die menschliche Gesundheit und die Umwelt	Atemschutz und besonderer Körperschutz (▶ Bild 36)	Desinfektion
IC	unwahrscheinlich	nicht erforderlich	Gesicht und Hände reinigen, Verletzungen melden
IIC	gering bis mittel	Schutzkleidung Form 1 oder 2: A2B2E2K2-P3-Filter/Isoliergerät, Flammschutzhaube, Gummihandschuhe, Gummistiefel/flüssigkeitsabweisender Kontaminationsschutzanzug	Schutzkleidung und Gerät an der Absperrgrenze ablegen, Hände und exponierte Hautstellen desinfizieren, ggf. duschen, Anweisungen fachkundiger Personen beachten, Verletzungen melden, Bei IIIC ist die Anwesenheit fachkundiger Personen erforderlich.
IIIC	hoch bis sehr hoch	Schutzkleidung Form 2 oder 3: Isoliergerät, flüssigkeitsabweisender Kontaminationsschutzanzug oder gasdichter Chemikalienschutzanzug	

GGVSEB zugeordnet sind, umgegangen wird oder die dort lagern;

- Industriechemikalien in laborüblichen Mengen vorhanden sind

und Anlagen wie

- Lager mit größeren Mengen handelsüblicher Produkten, von denen bekannt ist, dass sie im Brandfall C-Gefahrstoffe freisetzen können,
- Speditionslager mit Mischlagerung verschiedener gefährlicher Stoffe,
- Schwimmbäder mit Chloranlage,
- Kühlanlagen mit Ammoniak als Kühlmittel.

IIIC – hohes bis sehr hohes Gefährdungspotenzial: Die FwDV 500 definiert hier Bereiche, in denen

- sehr große Mengen gefährlicher Chemikalien gelagert werden (z. B. Chemikalien und Pflanzenschutzmittellager),

- in denen Sprengstoffe erzeugt, gelagert, weiterverarbeitet oder eingesetzt werden,
- mit gefährlichen Gütern, die in die Beförderungskategorie 0 und 1 nach ADR/RID/GGVSEB eingestuft oder der Verpackungsgruppe I nach ADR/RID/GGVSEB zugeordnet sind, umgegangen wird oder die dort lagern sowie
- Betriebsbereiche nach der Zwölften Verordnung zur Durchführung des Bundes-Immissionsschutzgesetzes (Störfall-Verordnung – 12. BImSchV),
- militärische Anlagen und Bereiche, in denen Munition und/oder Kampfstoffe vorhanden sind,
- sonstige Bereiche, deren Eigenart im Einsatzfall die Anwesenheit einer sachkundigen Person erforderlich macht.

Ist keine Gefahrengruppe erkennbar bzw. gekennzeichnet, so muss der Einsatzleiter – möglichst in Absprache mit geeigneten Fachkundigen (z. B. Produktionsleiter, Fachberater, Chemiker) bzw. nach Beratung durch TUIS oder eine Analytische Task-Force mit C-Komponente – eine derartige Einstufung der Einsatzstelle vornehmen. In Zweifelsfällen gilt dabei die höhere/höchste Gefahrengruppe!

Sowohl in der Produktion wie auch in den Transporten können die anzutreffenden Mengen der Stoffe oder Produkte sehr groß sein. Dies ist bei der Einschätzung der Lage mit zu berücksichtigen.

9.3.1 Einsatzgrundsätze

Auch im C-Einsatz gelten grundsätzlich die speziellen und allgemeinen Maßnahmen der Dekontamination und Einsatzstellenhygiene gemäß Feuerwehr-Dienstvorschrift 500.

Einsätze mit chemischen Gefahrstoffen sind gründlich zu dokumentieren. Feuerwehrpläne sind zu beachten. Mindestens der gekennzeichnete Bereich – falls vorhanden – bzw. sonstige räumliche Abgrenzungen sind Absperrbereich der Feuerwehr. Im Freien beträgt dieser Bereich mindestens 50 m und ist bei Emissionen entsprechend anzupassen.

Löschmittel sind in der richtigen Auswahl und Menge einzusetzen. Sonderlöschmittel bzw. größere Mengen verunreinigtes Löschwasser sind möglichst über die Löschwasserrückhaltung aufzufangen und zu entsorgen.

9.3.2 Dekontamination und Einsatznachbereitung

Mit dem Einsatzbeginn ist eine geeignete Sofort- bzw. später dann reguläre Dekontamination der Einsatzkräfte vorzubereiten.

Verunreinigte Ausrüstung ist entweder grob zu dekontaminieren, zu verpacken, zu kennzeichnen (▶ Kapitel 17 – Anhang 1 »Kontaminationsanhängekarte«) und am Standort bzw. in einer Fachfirma zu reinigen bzw. wieder instand zu setzen; oder möglichst direkt über die Einsatzstelle und die dort ggf. tätigen Fachfirmen zu entsorgen.

Bei der Entscheidung über eine Entsorgung oder eine Reinigung und Wiederaufbereitung sind sowohl

- Art,
- Menge und Konzentration sowie
- die Einwirkzeiten

von Chemikalien auf PSA und Geräte zu beachten. Ggf. ist auch hier frühzeitig Unterstützung bei Experten zu suchen.

10 Gefahren des Einsturzes

10.1 Einleitung

Unter dem Oberbegriff »Einsturz« sollen alle verwandten Ereignisse im weitesten Sinne zusammengefasst und die von ihnen ausgehenden Gefahren beschrieben werden. Im Einzelnen handelt es sich dabei insbesondere um das Einstürzen von Bauten oder Bauteilen, Umstürzen von Wänden, Kaminen oder Fahrzeugen (z. B. Kräne) bzw. Geräten (z. B. Gerüste), Herabstürzen von Teilen, Umbrechen bzw. -stürzen von Bäumen oder Masten und Verschütten durch Trümmerschutt oder in Höhlen, Silos, Gräben oder an Wällen durch einbrechende Wände, herabfallendes Erdreich bzw. Produkt.

Oft kommt es zu Einstürzen von Gebäuden als Folge von Bränden größeren Ausmaßes oder von Explosionen. Es können aber auch mechanische Einwirkungen Einstürze nach sich ziehen, beispielsweise wenn ein Lkw gegen eine Gebäudewand prallt oder Dachkonstruktionen durch einen Sturm schwer beschädigt werden. Weiterhin kommt es immer wieder zu Einstürzen auf Baustellen, insbesondere zu Verschüttungen im Bereich des Tiefbaus.

10.2 Einführung in die Baukunde

In der Baukunde sind aus Sicht der Feuerwehr die folgenden Fragen von Bedeutung: Woraus ist ein Gebäude aufgebaut? Wie ist es aufgebaut? Wie verhält es sich im Brandfall oder bei außergewöhnlicher Belastung? Kennt der Feuerwehrangehörige die Antworten auf diese Fragen, so können Einsturzgefahren von ihm besser erkannt werden, und er kann sich entsprechend vorsichtig verhalten.

Ein Gebäude setzt sich aus verschiedenen Bauteilen, z. B. Wände, Decken, Türen und Treppen, zusammen. Diese Bauteile werden aus den verschiedensten Baustoffen gefertigt, die bekanntesten sind Steine, Holz, Beton und Stahl. Daneben werden heute aber auch immer mehr Kunststoffe verwendet. Bauteile können aus einem einzigen Baustoff oder aus einer Kombination von mehreren Baustoffen bestehen. Der Zusammenhang zwischen Baustoffen, Bauteilen und dem fertigen Gebäude ist in ▶ Bild 47 dargestellt.

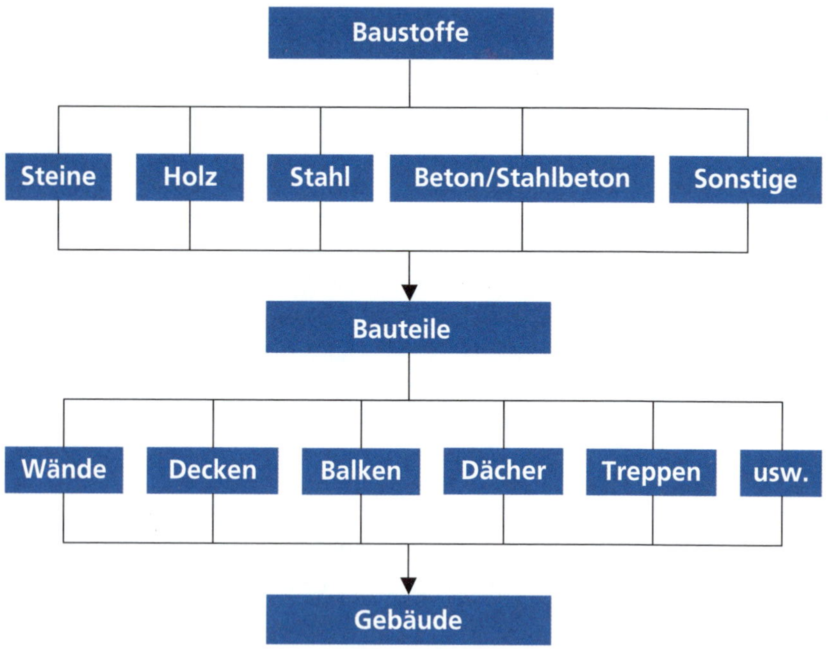

Bild 47: ***Zusammenhang zwischen Baustoffen und Bauteilen (Quelle: W. Kohlhammer GmbH)***

Die Standsicherheit eines Gebäudes ist dann sichergestellt, wenn alle unter normalen Umständen auftretenden Belastungen und Kräfte von der Konstruktion aufgenommen und über das Fundament sicher auf den Baugrund abgeführt werden können. Unter diese Belastungen fallen das Gewicht der Bauteile, die reguläre Nutzung mit dem entsprechenden Inventar sowie die Beaufschlagung mit Wind und Schneelasten im ortsüblichen Umfang, wobei selbstverständlich Sicherheitszuschläge einzurechnen sind. Die von diesen Belastungen herrührenden Kräfte werden von den tragenden Teilen des Gebäudes aufgenommen, wobei es zwei grundsätzlich verschiedene Bauweisen gibt:

- **Die Massivbauweise:** Hierbei werden die auftretenden Kräfte von der gesamten Bausubstanz, insbesondere den Wänden, getragen und auf den Baugrund gleichmäßig abgeführt.
- **Die Fachwerk- bzw. Rahmenbauweise:** Hierbei werden die auftretenden Kräfte von einer Tragekonstruktion aufgenommen und abgeführt. Wände haben bei dieser Bauweise keine tragende Funktion, sondern

dienen nur als Füllungen des Tragegerüstes. Ein großes Problem ist die höchst unterschiedliche Ausführung der Verbindungselemente. Hier ist von stabiler Verzapfung bzw. Verschraubung bis zu Nagelplattenverbindern alles möglich. Nagelplattenverbindungen sind im Feuer oder unter mechanischen Belastungen wenig stabil und können schnell versagen!

In beiden Fällen müssen die tragenden Bauteile so gewählt und bemessen sein, dass sie alle auftretenden Kräfte und die damit verbundenen Spannungen sicher aufnehmen können. Bei diesen Spannungen muss zwischen Druck- und Zugspannungen unterschieden werden. Die Tragfähigkeit eines Bauteils wird durch die Festigkeit und Elastizität der verwendeten Baustoffe und seine Dimensionierung bestimmt. Werden tragende Bauteile beschädigt oder geschwächt, so kann dies zum Einsturz führen, der umso wahrscheinlicher und folgenschwerer ist, je stärker das ausgefallene Bauteil unter normalen Bedingungen belastet war.

10.3 Baustoffe

Die Brennbarkeit der Baustoffe ist zwar für die Brandausbreitung von großer Bedeutung (▶ Kapitel 7), keineswegs darf von ihr aber auf das Festigkeitsverhalten bei Wärmeeinwirkung geschlossen werden. So können im Brandfall Bauteile aus brennbaren Baustoffen ein wesentlich günstigeres Verhalten in Bezug auf eine mögliche Einsturzgefahr zeigen als solche aus nichtbrennbaren Baustoffen. Holz-

Bild 48: ***Holzkonstruktion nach Brandeinwirkung (Quelle: Feuerwehr Filderstadt)***

konstruktionen neigen beispielsweise wesentlich später zum Einsturz als solche aus Stahl (▶ Bild 48).

Die am weitesten verbreiteten Baustoffe sollen im Folgenden unter dem Gesichtspunkt ihres Verhaltens im Brandfall vorgestellt werden. Kennt man das Verhalten der jeweiligen Baustoffe, so kann hieraus auf das Verhalten der aus ihnen hergestellten Bauteile geschlossen werden.

10.3.1 Holz

Holz ist der älteste und am weitesten verbreitete Baustoff überhaupt. Es kann bei verhältnismäßig geringem Eigengewicht sowohl große Druck- als auch Zugspannungen aufnehmen, wobei ein Holzbauteil aufgrund seiner hohen Elastizität auch nach relativ hoher Belastung wieder seine ursprüngliche Form annimmt.

Das Problem des Holzes aus der Sicht des Brandschutzes ist seine Brennbarkeit, wodurch Brandausbreitung und Temperaturzunahme gefördert werden. Dabei hängt die Zündtemperatur sehr stark von der vorausgegangenen Erwärmungsdauer ab, in der das Holz entsprechend »aufbereitet« wurde. Weiterhin spielen die Holzart, der Feuchtigkeitsgehalt, das Verhältnis von Oberfläche zu Volumen sowie die Oberflächenbeschaffenheit beim Zündverhalten eine große Rolle. Durch geeignete Feuerschutzmittel, z. B. dämmschichtbildende Anstriche, kann das Verhalten von Holz im Brandfall wesentlich verbessert werden.

In Bezug auf eine mögliche Einsturzgefahr verhalten sich großdimensionierte tragende Teile aus Holz aber trotz ihrer Brennbarkeit recht günstig. Holz dehnt sich bei Erwärmung so gut wie nicht aus, es kann daher keine anderen Bauteile durch Eigenbewegungen zum Einsturz bringen. Die Tragfähigkeit eines Holzbalkens wird durch Wärmeeinwirkung nur sehr langsam verringert. Gerät ein Balken in Brand, so erleidet er einen durchschnittlichen Abbrandverlust von etwa 0,65 (Konstruktionsvollholz) bis einen Zentimeter (Sperrholz) in zehn Minuten (Abbrandraten 6,5–1 mm/min). Bei der Verbrennung bildet sich an der Außenseite eine poröse Holzkohleschicht, die isolierend wirkt und somit einem weiteren Fortschreiten des Brandes entgegenwirkt. Außerdem hat Holz eine sehr schlechte Wärmeleitfähigkeit, was eine Brandausbreitung durch Wärmeleitung erschwert. Kritische Punkte in Holzkonstruktionen sind die häufig aus Stahl gefertigten Verbindungselemente zwischen den Holzbauteilen, da diese sehr früh ihre Festigkeit verlieren.

10.3.2 Stahl und Gusseisen

Stahl ist aus der modernen Architektur nicht mehr wegzudenken. Ohne Stahl gäbe es beispielsweise keine Hochhäuser, denn Stahlbauteile können bei geringen Eigenabmessungen und damit geringem Eigengewicht sowohl große Druck- als auch Zugspannungen aufnehmen und ableiten. Aus der Sicht des Konstrukteurs ist Stahl also ein sehr guter Baustoff. Anders ist der Sachverhalt aber zu bewerten, wenn Stahl im Brandfall ungeschützt der Wärme ausgesetzt wird. Als positive Eigenschaft aus der Sicht der Feuerwehr kann hier nur angeführt werden, dass Stahl nicht brennt. Ansonsten verhält er sich im Brandfall äußerst schlecht. Dies hat drei Gründe:

- Stahl dehnt sich bei Erwärmung sehr stark aus. Erwärmt man beispielsweise einen zehn Meter langen Stahlträger auf 500 °C, so nimmt seine Länge um rund sechs Zentimeter zu. Diese Ausdehnung kann andere Bauteile umdrücken oder Tragekonstruktionen stark verformen. Da es beim Abkühlen wieder zu einem Zusammenziehen kommt, besteht auch in dieser Phase Einsturzgefahr.
- Stahl verliert mit zunehmender Temperatur sehr rasch seine Festigkeit. Bei Erwärmung auf 500 °C ist nur noch die Hälfte, bei 700 °C nur noch ein Drittel der Tragfähigkeit (verglichen mit dem Normalzustand) vorhanden.
- Stahl leitet Wärme relativ gut, sodass es rasch zu einer vollständigen Durchwärmung von Stahlbauteilen kommt und hohe Temperaturen innerhalb des Gebäudes verteilt werden (▶ Kapitel 7.2.2).

Oben genannte Temperaturen sind im Brandfall schnell erreicht, sodass bei einer ungeschützten Stahlkonstruktion bereits nach zehn bis fünfzehn Minuten Branddauer mit einem Einsturz gerechnet werden muss (▶ Bild 49).

Insbesondere beim Versagen von Nagelplatten-, Schweiß- oder Nietenverbindungen kann es zum schlagartigen Einsturz von Stahlkonstruktionen kommen. Das Verhalten von Stahlbauteilen im Brandfall kann aber durch isoliert wirkende Verkleidungen oder dämmschichtbildende Beschichtungen deutlich verbessert werden.

Bauteile aus Gusseisen können nur Druck-, aber kaum Zugspannungen aufnehmen. Sie verfügen über eine nur geringe Biegefestigkeit und sind spröde. Aufgrund dieser Eigenschaften wird Gusseisen überwiegend zur Herstellung von Stützen verwendet. Gegenüber Stahl zeigt Gusseisen bei Erwärmung zunächst ein etwas stabileres Verhalten, es neigt dann aber zum schlagartigen Versagen ohne vorherige Verformung. Beim Anspritzen erhitzter Bauteile aus Gusseisen besteht die Gefahr eines plötzlichen Zerspringens.

Bild 49: ***Stahlkonstruktion nach Brandeinwirkung (Quelle: Feuerwehr Bremen)***

10.3.3 Steine

Steine sind grundsätzlich nicht brennbar, ihr Wärmeleitvermögen ist schlecht bis sehr schlecht. Da Steine nur Druckspannungen aufnehmen können, werden sie vor allem zur Herstellung von Wänden und Stützen benutzt, aber auch Gewölbekonstruktionen können mit Steinen erstellt werden.

Natürliche Bausteine kommen in ihrer Zusammensetzung in der Natur vor und werden lediglich vor ihrer Verwendung auf die benötigten Maße gebracht. Natürliche Steine können in ihrem Innern Wassereinschlüsse haben, der Aufbau des Steines muss nicht gleichmäßig sein. Risse und Spannungen können vorliegen, ohne dass sie von außen bemerkbar sind. Hierin liegt der Grund für das relativ schlechte Verhalten von natürlichen Bausteinen im Brandfall. Bei Wärmeeinwirkung kann das Verdampfen des eingeschlossenen Wassers (Volumenzunahme!) zum Zerspringen des Steines führen. Auch beim Anspritzen von erwärmten Natursteinen mit Löschwasser besteht die Gefahr des Abplatzens, sodass es zu einer Verringerung des tragenden Querschnitts kommt. Daher ist bei einem Mauerwerk aus Naturstein im Brandfall erhöhte Einsturzgefahr gegeben.

Künstliche Bausteine werden bei ihrer Herstellung gleichmäßig zusammengesetzt, daher gibt es weit weniger Einschlüsse, Risse und innere Spannungen als bei den natürlichen Bausteinen. Künstliche Steine verhalten sich daher im Brandfall wesentlich günstiger als natürliche. Künstliche Bausteine können heute auch mit

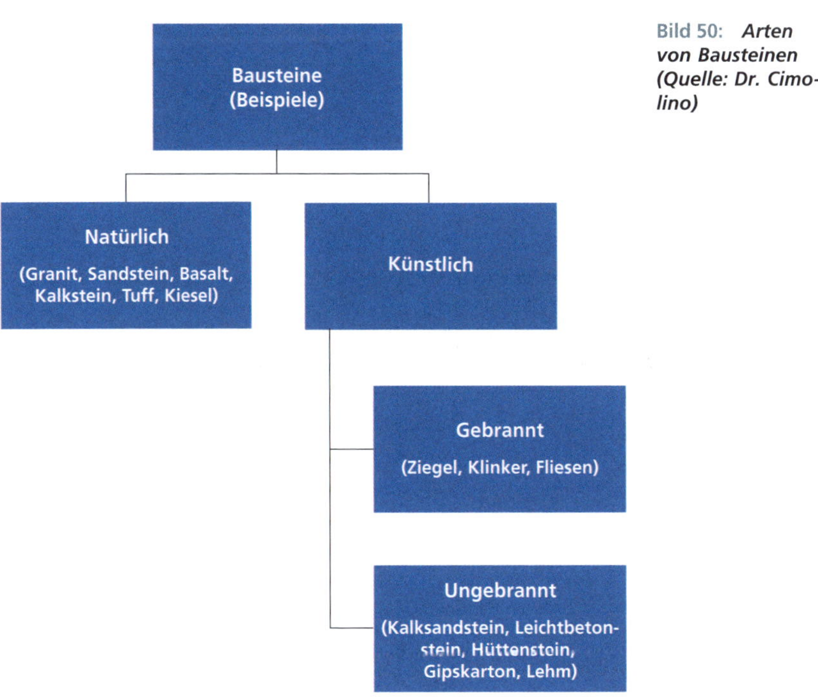

Bild 50: *Arten von Bausteinen (Quelle: Dr. Cimolino)*

brennbaren Dämmmaterialien gefüllt sein (gedämmte Hohllochziegel). Hier kann es je nach Größe und Füllmaterial im Brandfall zu Schwelbränden ähnlich wie in Gebäudefugen kommen, die nur sehr schwer bekämpft werden können. Bei Bränden in Baustoffen ist Löschwasser mit Netzmittel zu versetzen und in der Regel müssen die Bauteile geöffnet werden. Die engmaschige, mehrfache und längere Nachkontrolle mit Wärmebildkameras ist erforderlich.

10.3.4 Beton, Stahlbeton, Spannbeton

Beton ist ein Gemisch aus Zement, Sand, Wasser und weiteren Zuschlagstoffen; er ist nicht brennbar. Wie die Steine kann auch Beton lediglich Druckspannungen aufnehmen, seine Festigkeit hängt dabei stark vom jeweiligen Wassergehalt ab. Um Beton auch bei auftretenden Zugspannungen verwenden zu können, baut man eine Stahleinlage in den Beton ein und erhält so genannten Stahlbeton. Diese Stahleinlage wird als Bewehrung oder Armierung bezeichnet. Stahlbeton vereint die guten

Bild 51: ***Betonabplatzung durch Brandeinwirkung, die Stahlbewehrung liegt komplett frei***

Eigenschaften von Stahl und Beton in einem Bauteil und wird daher sehr häufig verwendet. Der Beton trägt die Druck-, der Stahl die Zugspannungen.

Ist der eingelegte Stahl derart vorgespannt, dass es unter normaler Gebrauchslast im Mittel nur noch zu einer Druckbeanspruchung des gesamten Betonquerschnittes kommt, so spricht man von Spannbeton. Mit Spannbeton lassen sich mit feingliedrigen Querschnitten und damit geringen Gewichten weit ausragende oder überspannende Bauten realisieren, z. B. große Brücken oder Hallen. Außerdem sind Spannbetonkonstruktionen gut geeignet zur Aufnahme schwingender Belastungen. Das Brandverhalten von Betonkonstruktionen ist wie das der künstlichen Steine recht gut, was insbesondere an der relativ geringen Durchwärmungsgeschwindigkeit liegt. Kritisch wird es allerdings dann, wenn es bei Stahlbeton zur Erwärmung der Stahleinlage kommt, denn diese verliert mit zunehmender Temperatur sehr schnell ihre Festigkeit, sodass Zugspannungen nicht mehr aufgenommen werden können. Da Beton aber eine schlechte Wärmeleitfähigkeit besitzt, isoliert und schützt er die Stahleinlage. Allerdings kann bei hohen Temperaturen die äußere Betonschicht zum Teil großflächig abbröckeln (▶ Bild 51) und die Stahlbewehrung ist dann der Wärme ungeschützt ausgesetzt. In diesem Fall ist von erhöhter Einsturzgefahr auszugehen.

Spannbeton zeigt im Brandfall ein deutlich schlechteres Verhalten als Stahlbeton, denn der gespannte hochfeste Spezialstahl verliert seine Festigkeit schon ab 350 °C (im Gegensatz zum üblichen Baustahl, dessen kritische Temperatur bei 500 °C liegt). Aufgrund der meist gering dimensionierten Querschnitte ist die Isolationswirkung des Betons relativ klein, sodass mit einer frühen Erwärmung der Stahleinlage zu rechnen ist. Aus diesen Gründen erfolgt beim Spannbeton ein Einsturz durch Wärmeeinwirkung früher als beim Stahlbeton, wobei es aber vorher in der Regel zum Abplatzen des Betons kommt. Allerdings ist eine noch vorhandene Betonabdeckung kein Garant für eine ausreichend funktionsfähige Spannstahleinlage.

Wird die filigrane Spannbetonkonstruktion durch ein Feuer erwärmt (z. B. brennender LKW oder Zug unter Spannbetonbrücke), dann muss mit dem schlagartigen Versagen der Konstruktion gerechnet werden. Hier muss daher genau überlegt werden, ob und welche Taktik den meisten Schaden verhindern kann. Ggf. muss hier z. B. neben dem Löschen des Feuers auch vorsichtig und aus sicherem Abstand die Konstruktion gekühlt werden.

Größere Bauteile aus Beton oder die Grenze von Bauteilen aus verschiedenen Baustoffen (z. B. Beton und Mauerwerk) müssen mit Trennschichten bzw. Dehnungsfugen versehen werden. Diese Fugen können heute auch mit brennbaren Dämmmaterialien gefüllt sein, oder sich mit brennbarem Material (z. B. Vegetationsreste) füllen. Hier kann es durch Glut oder Funken zu Entstehungsbränden kommen, die verheerende Folgen haben können (vgl. Flughafenbrand Düsseldorf 1996).

Derartige Feuer in den Dehnungs- oder Dämmfugen sind nur sehr schwer zu bekämpfen, weil sie schwer zu orten, tief bzw. lang sein können. Bei diesen Bränden in Baustoffen ist Löschwasser mit Netzmittel zu versetzen und ggf. mit Lanzen oder speziellen Schneidlöschgeräten[39] einzubringen. In der Regel müssen die Bauteile bzw. hier die Grenzen zwischen zwei Bauteilen geöffnet werden. Die engmaschige, mehrfache und längere Nachkontrolle mit Wärmebildkameras ist erforderlich.

10.3.5 Sonstige Baustoffe

Hier sollen noch einige Baustoffe genannt werden, die nur selten zur Herstellung tragender Bauteile verwendet werden, sodass ihr Verhalten im Brandfall nur untergeordnete Bedeutung für die Einsturzgefahr eines Gebäudes hat. Allerdings werden raumabschließende Bauteile größeren Umfangs aus ihnen hergestellt, sodass ihr Verhalten im Brandfall wichtig werden kann.

Außerdem spielen Dämmmaterialien auf, in und zwischen den Bauteilen bzw. Baustoffen heute eine immer größere Rolle – leider auch in der Entstehung und bei Ausbreitung von Bränden.

Aluminium

Das Leichtmetall Aluminium wird für leichte Tragkonstruktionen in Profilbauweise verwendet. Im Brandfall hat es sehr schlechte Eigenschaften. Zum einen ist seine

39 Die Schneidwirkung wird durch einen sehr hohen Wasserdruck (300 bar) und die Beigabe eines Abrasivs, z. B. Eisenoxid, erzielt; in seinem weiteren Verlauf zerfällt der Wasserstrahl zu einer Tröpfchenwolke mit hoher Kühl- und Löschwirkung.

ausgesprochen gute Wärmeleitfähigkeit zu nennen, zum anderen schmilzt es bereits bei ca. 600 °C, tropft ab und kann so den Brand nach unten ausbreiten. Aluminiumkonstruktionen verlieren bei Wärmeeinwirkung schlagartig ihre Festigkeit und stürzen ohne Vorwarnung ein. Großflächige Außenwandkonstruktionen aus Aluminium versagen im Brandfall nach kurzer Zeit völlig und ermöglichen einen ungehinderten Feuerüberschlag von Geschoss zu Geschoss (▶ Bild 52).

Asbestzement

Asbestzement bestand früher aus Zement als Bindemittel, Wasser und Asbestfasern, die aber wegen der von Asbest ausgehenden Gesundheitsgefahr heute durch andere Faserstoffe ersetzt sind. Asbestzement ist ein sehr spröder Stoff, der im Brandfall insbesondere beim raschen Abkühlen zum heftigen Abplatzen neigt. Beim Brand können auch feine Asbestfasern freigesetzt werden. Es gilt das Gleiche wie bei den Verbundwerkstoffen/CFK (siehe unten).

Dämmstoffe

Dämmstoffe gibt es auf natürlicher und künstlicher Basis. Fast allen ist gemein, dass Luft mit eingeschlossen ist (z. B. Bimsstein, Schaumstoffe). Ist der Dämmstoff grundsätzlich brennbar, führt das dazu, dass auch unter Luftabschluss mindestens ein Schwel- oder Glimmbrand möglich ist.

Werden brennbare Dämmstoffe an Gebäuden verwendet, so müssen i. d. R. entweder bestimmte Abstände zu Öffnungen (z. B. Fenster) oder bauliche Trennmaßnahmen (z. B. nicht brennbare Brandriegel, Überdeckungen o. ä.) verbaut werden. Mit zunehmendem Alter von Gebäuden können diese Trenn- bzw. Schutzschichten aber beschädigt werden, weil z. B. Vögel Nester in die Außendämmungen bauen oder Mülltonnen bzw. Fahrradlenker die Deckschichten beschädigen. Hier kann es dann zum Brandeintritt in und – je nach Material – vom tagelang langsam verlaufenden Schwelbrand (▶ Kapitel 7.4) bis zur schnellen Brandausbreitung durch die Dämmschicht kommen. Im Extremfall kann es, je nach Dämmmaterial, sogar zum brennenden Herausfließen der Dämmung nach unten kommen, was dann automatisch auch zur Brandausbreitung nach oben UND unten bzw. zur Seite führen wird!

Glas

Glas ist zwar nicht brennbar, springt aber bei Wärmeeinwirkung sehr schnell. Durch eine Drahteinlage oder die Verwendung von Glasbausteinen kann die Stabilität erhöht werden.

Kunststoffe

Kunststoffe gibt es mit verschiedensten Eigenschaften für eine fast unbegrenzte Verwendungsmöglichkeit. Sie sind in der Regel brennbar, ihre Temperaturbeständigkeit liegt (Teflon ausgenommen) durchweg unter 100 °C. Mit dem Festigkeitsverlust geht oft ein Abtropfen einher. Kunststoffe zeigen also ein sehr schlechtes Verhalten im Brandfall, hinzu kommt die meist sehr hohe Giftigkeit der Brandgase (▶ Kapitel 5).

Verbundwerkstoffe (wie z. B. Carbonfaserverstärkte Kunststoffe [CFK])

Seit Jahrzehnten werden in vielen Bereichen (z. B. Flugzeuge, Autos, Windenergieanlagen u. v. m.) Verbundwerkstoffe aus CFK eingesetzt, die passgenau für die jeweilige Verwendung konstruiert werden. Viele dieser Werkstoffe sind spröde, können unter Last brechen und erzeugen dann Splitter. Werden sie mit Geräten wie Trennschleifern oder Rettungssägen bearbeitet, entstehen kleine Fasern, die auch lungengängig sind. Dies kann auch beim Abbrand geschehen.

Hier ist immer geeigneter Atemschutz bei Arbeiten zu verwenden. Kommt es zu einem Brand bzw. starker Beflammung von CFK können Mikrofasern freigesetzt werden, die lungengängig sind. Nach dem Einsatz ist hier immer, wie bei anderen Kontaminationen auch, die Bekleidung einzusammeln und einer Reinigung zuzuführen (vgl. Cimolino, ELH, 2025).

10.4 Gefährdungseinschätzung für Baustoffe

Natürlich spielen die Dimensionierung der Baustoffe, deren Formgebung, Belastung und detaillierte Konstruktion im Bauteil eine entscheidende Rolle, aber ganz allgemein kann man für ähnlich dimensionierte Baustoffe in Bauteilen formulieren:

Merke:

Ein geringes Einsturzrisiko geht im Brandfall von Bauteilen aus, die aus Holz, künstlichen Steinen, Beton oder Stahlbeton gefertigt sind. Erhöhte Einsturzgefahr besteht bei der Verwendung von natürlichen Steinen oder Spannbeton. Die höchste Einsturzgefahr liegt bei Bauteilen aus blankem Stahl oder Gusseisen vor.

Bild 52: *Das rasche Versagen von raumabschließenden Fassadenelementen in Leichtmetallbauweise führte in kürzester Zeit zu einer Ausbreitung des Brandes durch Feuerüberschlag über mehrere Geschosse. (Quelle: Berufsfeuerwehr München)*

10.5 Bauteile

Bauteile lassen sich ihrer Verwendung nach in fünf Gruppen einteilen. Dabei betrachtet man die Eigenschaften »tragend« und »raumabschließend«. Beispiele sind Tabelle 15 zu entnehmen.

Tabelle 15: ***Funktion von Bauteilen mit Beispielen***

Funktion	Beispiele
tragend, nicht raumabschließend	Stützen, Unter-/Überzüge, Wandscheiben
tragend, raumabschließend	Trennwände, Decken, Außenwände
nichttragend, raumabschließend	Trennwände, Außenwände, obere Raumabschlüsse
nichttragend, nicht raumabschließend	Brüstungen, Raumteiler
Sonderbauteile	Bedachungen

Insbesondere das Versagen von tragenden Bauteilen ist verantwortlich für den Einsturz von Gebäudeteilen oder ganzen Gebäuden. Aber auch von nichttragenden Bauteilen kann für die Einsatzkräfte eine erhebliche Gefahr ausgehen. So ist beispielsweise ein Schornstein ganz gewiss kein tragendes Bauteil, er kann aber mit solcher Wucht umstürzen, dass Decken durchschlagen werden. Besonders gefährlich sind schräg verlaufende (»gezogene«) Schornsteine, wenn deren Stützkonstruktion aufgrund eines Brandes ihre Festigkeit verliert. Auch von herabfallenden Ziegeln, Steinen, Dachrinnen u. s. w. geht eine große Verletzungsgefahr aus, gleiches gilt für herabfallendes Glas aus geplatzten Fensterscheiben.

Das Verhalten eines Bauteils im Brandfall wird bestimmt durch seine Dimensionierung und die Wahl der verwendeten Baustoffe. Keinesfalls darf aus der Brennbarkeit der Baustoffe auf das Einsturzrisiko geschlossen werden.

10.6 Ursachen des Einsturzes

Die Ursachen von Einstürzen können sehr vielgestaltig sein. Beispiele sind im Folgenden aufgeführt

10.6.1 Materialermüdung und Baufehler

Als spektakuläre Beispiele seien hier genannt: der Einsturz der Berliner Kongresshalle am 21. Mai 1980, der Einsturz der Wiener Reichsbrücke am 1. August 1976 und der Einsturz der Dresdener Carola-Brücke am 11. September 2024. Wenn bei solchen Unglücken von Materialermüdung gesprochen wird, so sollte immer daran gedacht werden, dass auch schlechte Qualität der Baustoffe und/oder mangelhafte Bauausführung die wirklichen Ursachen sein können.

Aus ähnlichen Gründen können Bäume umstürzen oder Äste verlieren:

- vorgeschädigte Bäume – wie z. B. Totholz – einfach so, oder mit Zusatzlasten (Wind bzw. Schnee/Eis),
- gesunde Bäume durch zu viel Last durch Wind und/oder Schnee/Eis.

10.6.2 Brandeinwirkung

Als Folge von Bränden meist größeren Ausmaßes und längerer Dauer kann es zu Einstürzen kommen. Als Ursachen sind hier insbesondere zu nennen:

- die Längenausdehnung von Stahl und das damit verbundene Umdrücken anderer Bauteile,
- der Tragfähigkeitsverlust von Stahlbauteilen,
- das Erschlaffen von Spannbeton durch Verlust der Vorspannung der Stahleinlage,
- die Abnahme des tragenden Querschnittes (z. B. durch Abplatzen bei Natursteinen) sowie
- der Abbrand bei Holzkonstruktionen.

Eine besonders große Einsturzgefahr besteht bei Deckenkonstruktionen, bei denen die Holzbalken in ihren Knotenpunkten mit Nagelplatten verbunden worden sind (► Bild 53). Derartige Dachkonstruktionen mit Spannweiten von bis zu 35 Metern werden (üblicherweise als Pult- oder Satteldach) vor allem bei den in Typbauweise errichteten Discounter-Gebäuden, aber auch bei Tennis- und Reithallen, im Fabrikbau, bei Kindergärten, Flüchtlingsheimen u. Ä. verwendet. Grund für diese Konstruktionsform ist die wirtschaftliche Optimierung sowohl des Holzbedarfs als auch der Errichtungszeit. Allerdings sind so gut wie keine zusätzlichen Reserven mehr vorhanden; schon das Versagen eines einzigen Knotenpunkts oder eines einzelnen Balkens, ja sogar von Teilen der Dachlattung, der bei dieser Konstruktion eine statisch wichtige Rolle zukommt, führt zu einem schlagartigen und vollständigen Einsturz des Daches.

Bild 53: ***Weit ausspannende Dachkonstruktionen mit Nagelplatten als Verbindungselemente – ein Garant für schnelles Versagen und Einsturz im Brandfall (Quelle: Jochen Thorns)***

Bild 54: ***Abgebrannter Knotenpunkt eines Nagelplattenbinders. (Quelle: Dr. Cimolino)***

Bedenkt man, dass die Nagelplatten aus (brandschutztechnisch ungeschütztem) verzinktem Stahl bestehen, der rasch seine Festigkeit verliert (▶ Kapitel 10.3.2), dann wird klar, warum die Einsatzpraxis gezeigt hat, dass derartige Einstürze oftmals bereits 8 bis 15 Minuten nach Ausbruch des Brandes auftreten. Für im Innenangriff vorgehende Trupps bedeutet dies akute Lebensgefahr! Die Feuerwehren müssen sich daher mit dieser Konstruktionsweise vertraut machen und ihre Einsatztaktik anpassen. Ein Innenangriff ist bei derartigen Gebäuden nur zur Menschenrettung in den ersten Minuten des Brandes angezeigt.

Neben der Brandwärme kann aber auch vom Brandrauch eine gewisse Einsturzgefahr ausgehen, nämlich dann, wenn dieser stark korrosiv wirkt und damit zu Querschnittsverlusten führt. Dies wird insbesondere dann der Fall sein, wenn größere Mengen an Kunststoffen brennen, die viele Salzsäuredämpfe freisetzen, z. B. weiches PVC. Es sind Fälle bekannt, bei denen nach dem Brand von PVC-Teilen Gebäude abgerissen werden mussten, weil Stahl- und Spannbetonbauteile bereits Roststreifen zeigten, die der Lage der inneren Stahlbewehrung entsprachen.

Zu den brandbedingten Umstürzen zählt auch das folgende Phänomen: Bei Vegetationsbränden kann der oftmals unsichtbare unterirdische Abbrand von Baumwurzeln zum plötzlichen und für die Einsatzkräfte kaum vorhersehbaren Umfallen (»Einsturz«) des gesamten Baumes führen, unabhängig davon, ob weitere Kräfte eingewirkt haben, z. B. Löschwasserabwurf auf einem Luftfahrzeug.

10.6.3 Explosionen

Ursachen und Wirkungen von Explosionen werden in ▶ Kapitel 14 ausführlich behandelt, an dieser Stelle soll nur darauf hingewiesen werden, dass die Folgeschäden einer Explosion meist sehr groß sind und es des Öfteren sogar zur völligen Zerstörung eines Gebäudes kommen kann. Die meisten Explosionen in Gebäuden haben ihre Ursache entweder in defekten Gasanlagen oder im unsachgemäßen Umgang mit diesen.

Bei Explosionen in Gebäuden kann es dazu kommen, dass die Decken angehoben bzw. Wände verschoben werden. Auf den ersten Blick kann das Gebäude sogar relativ unbeschädigt aussehen. Nach einer Explosion in einem Gebäude besteht aber bis zum Nachweis des Gegenteils (z. B. mit einem Statiker oder zumindest Baufachberater) immer die latente Gefahr eines (Teil-)Einsturzes z. B. einer Decke oder dem Herauskippen einer Wandscheibe mit entsprechenden Effekten auf Bauteilen darüber.

10.6.4 Unfälle

Unter dem Begriff »Unfälle« sollen alle Ereignisse verstanden werden, die tragende Teile durch mechanische Einwirkung unmittelbar so sehr zerstören, dass die Standsicherheit des betroffenen Gebäudes nicht mehr garantiert werden kann. Beispiele sind der Absturz eines Flugzeugs, ein gegen ein Haus geprallter Lkw, aber auch ein auf ein Dach gestürzter Baum.

10.6.5 Bauarbeiten

Bei den Bauarbeiten ist vor allem an Tiefbauarbeiten (▶ Kapitel 10.8.1) gedacht, die in der Nähe von Gebäuden durchgeführt werden, z. B. das Ausheben von Baugruben ohne Unterfangung bestehender Gebäude oder Bauarbeiten ohne ausreichende Absteifungen. Auch Unterspülungen nach großen Wasserrohrbrüchen können die Standsicherheit eines Gebäudes beeinträchtigen. Bei diesen Ursachen sind zunächst keine tragenden Teile des Gebäudes direkt betroffen. Stattdessen kommt es zu Veränderungen im Baugrund und damit zu einem Setzen und Senken des Gebäudes. Die Folgen sind Spannungen, die in Form von Rissen im Putz oder im Mauerwerk sichtbar werden.

10.6.6 Bergschäden

Bergschäden sind Einstürze in meist nicht mehr in Betrieb befindlichen Bergwerken oder sonstigen Untertagebauwerken, die zu Veränderungen an der darüber liegenden Oberfläche führen können. Da dies im gewissen Sinne ein Tiefbauunfall ist, sind auch die Folgen ähnlich. Einsturz von Schächten oder Stollenanlagen aus dem sog. »Altbergbau« sind relativ häufig. Dies kann zu Schäden an Straßen oder Gebäuden bis hin zum Einsturz führen.

Ähnliche Probleme können auch beim Einsturz von Stollen (auch unter Wasser!) auftreten. Bei allen Einsätzen in Tunneln bzw. Stollen ist der Wetterlage bzw. den (gebrochenen) Leitungen große Aufmerksamkeit zu schenken – hier besteht sonst die Gefahr des Ertrinkens.

Auch beim unterirdischen Vortrieb von Stollen beispielsweise für den U-Bahn-Bau kann es zu Einstürzen an der Oberfläche kommen. Beim spektakulären »Truderinger Loch« ergoss sich am 20. September 1994 im Münchner Osten eine grundwasserführende Schicht aus Rollkies in den Stollen. In der Folge stürzte ein an einer Haltestelle wartender Linienbus in den sich bildenden Krater. Viele Fahrgäste konnten von der Feuerwehr aus dem sich mit Grundwasser füllenden Loch gerettet werden, drei Menschen gerieten jedoch so unglücklich unter die wegrutschenden Erdmassen, dass sie ihr Leben verloren.

Als am 3. März 2009 in Köln große Mengen Erdreich in die unterste Ebene einer U-Bahn-Baustelle eindrangen, führte dies zum Verlust der Tragfähigkeit des Bodens unter den angrenzenden Gebäuden. In der Folge stürzte das Historische Archiv der Stadt Köln komplett ein und riss zwei angrenzende Wohnhäuser mit sich (▶ Bild 55). Wie durch ein Wunder konnten alle Menschen – gewarnt durch Anzeichen des drohenden Einsturzes – das Archivgebäude verlassen. Dennoch waren zwei Tote zu beklagen, die sich in einem der Nachbargebäude aufgehalten hatten.

Bild 55: ***Am 3. März 2009 stürzte das Historische Archiv der Stadt Köln infolge von Tiefbauarbeiten ein. Zwei angrenzende Wohnhäuser wurden bei dem Einsturz teilweise mitgerissen, dabei kamen zwei Menschen ums Leben. (Quelle: Berufsfeuerwehr Köln)***

10.6.7 Überlastungen und Einsatzfehler

Hier ist als Ursache zu unterscheiden zwischen Naturereignissen, unsachgemäßer Benutzung, erfolgten Teileinstürzen und Überlastungen als Folge des Feuerwehreinsatzes.

Naturereignisse wie Sturm oder Schneefall werden immer dann die Stabilität eines Gebäudes gefährden, wenn sie mit über das normale Maß hinausgehender Heftigkeit auftreten. Bei der Konstruktion eines Gebäudes müssen Wind- und Schneelasten mit eingerechnet werden, allerdings nur in gewissem Umfang. Ist dieser überschritten, können einzelne Bauteile die auf ihnen liegenden Lasten nicht mehr tragen und es kommt zum Einsturz. Diese Gefahr ist vor allem dann gegeben, wenn die über lange Zeit aufliegenden Schneemassen durch abwechselnde Tau- und Gefrierprozesse immer weiter verdichtet werden und die spezifische Dichte des Schnees zunimmt, man spricht vom »Gletschereffekt«. Um den Einsturz des Daches zu verhindern, ist ein manuelles Abräumen des Daches mittels Schaufeln alternativlos. Dass die Einsatzkräfte hierbei gegen Absturz gesichert werden müssen (▶ Kapitel 4) ist selbstverständlich; besonders zu achten ist auf Lichtkuppeln (Absturzgefahr) und Blitzableiter (Stolpergefahr). Um die Dachlast nicht unnötig zu vergrößern, ist die Dachräumung anfangs nur mit wenigen Einsatzkräften zu beginnen, deren Zahl angepasst an die abgeräumten Schneemassen erhöht werden kann. Während des ganzen Einsatzes kommt dem geordneten Vorgehen größte Bedeutung zu, insbesondere ist eine unnötige Ansammlung von Einsatzkräften zu vermeiden.

Beim spektakulären Einsturz der Eislaufhalle in Bad Reichenhall am 2. Januar 2006, bei dem 15 Menschen zu Tode kamen, lag die tatsächliche Schneelast allerdings noch unter dem zulässigen Wert. Wesentliche Ursache waren bautechnische Mängel.

Unsachgemäße Benutzung ist beispielsweise die Belastung von tragenden Teilen mit Gewichten, für die diese nicht ausgelegt sind. Wer als Wohnung konzipierte Räume als Werkstatt nutzt und entsprechend schwere Maschinen dort aufstellt, darf sich nicht wundern, wenn die Decken die Last nicht mehr tragen können. Aber auch wenn die Konstruktion stabil genug bemessen ist, um das statische Gewicht aufzunehmen, können immer noch Einstürze durch Schwingungen von unsachgemäß gelagerten Maschinen auftreten (»dynamische Lasten«).

Bereits erfolgte Teileinstürze stellen oft eine Ursache für weitere Einstürze dar, denn nun können Stellen des Gebäudes belastet werden, die dafür gar nicht ausgelegt sind. Gleiches gilt natürlich auch für die Anhäufung größerer Mengen an Brandschutt nach einem Feuer.

Als letztes sind mögliche Folgen einer Brandbekämpfung zu nennen. Der wichtigste Faktor hierbei ist das aufgebrachte Löschwasser, wobei es um die zusätzliche Belastung durch das Gewicht des Wassers geht. Man denke beispielsweise daran, dass saugfähige Stoffe an Gewicht zunehmen, ohne dass dies äußerlich erkennbar sein muss.

Es gibt weiterhin Stoffe, die die Eigenschaft besitzen, Wasser aufzunehmen und anschließend aufquellen. Hierbei handelt es sich oft um landwirtschaftliche Produkte, die in Silos gelagert werden. Die mit dem Aufquellen einhergehende Volumenzunahme kann die umgebenden Wände aufdrücken, die Gewichtszunahme kann das Silo zum Einsturz bringen.

Ein Sonderfall ist hier das Verletzen einer Gipskeuperschicht durch Bohrungen (z. B. für Geothermieprojekte). Hier zieht die Gipsschicht Wasser, dehnt sich unaufhaltsam aus und führt zu Veränderungen an der Oberfläche. Das erzeugt Risse in Verkehrswegen und Bauwerken. Dies kann bis zum Einsturz führen.

Werden Betondecken oder Felsen plötzlichen Temperaturunterschieden ausgesetzt, indem z. B. erhitzter Fels oder eine Tunneldecke durch Löschwasser plötzlich stark abgekühlt wird, entstehen im Material große Spannungen, dadurch können Stücke abplatzen und es kann zum Teileinsturz kommen.

Werden durch Einsatzmaßnahmen zu große Lasten auf ein Objekt aufgebracht, wenn z. B. ein Einsatzfahrzeug mit zu hoher Achslast oder Gesamtgewicht auf einer alten Feuerwehrzufahrt über einer Garagendecke fährt oder der Vollstrahl eines Wasserwerfers auf eine ohnehin vorgeschädigte Mauer trifft, kann auch dies zum Einsturz führen.

10.6.8 Erdbeben

Erdbeben, die zum Glück in unseren Regionen sehr selten vorkommen, richten je nach ihrer Stärke unterschiedlich in einem Gebiet auch flächig große Schäden an. Sie können sogar den vollständigen Einsturz ganzer Gebäude oder gar Stadtteile zur Folge haben.

In Deutschland sind Erdbeben zwar relativ selten, allerdings kommt es immer wieder zu Erdbeben, oder erdbebenähnlichen Ereignissen z. B. in Folge – auch unerkannter – größerer Bergschäden (s. o.), wenn in tieferen Schichten alte Stollensysteme oder Hohlräume (z. B. nach – auch lange zurückliegender – Rohstoffförderung) einsacken und es in der Folge eine Art Erdbeben gibt.

Im Durchschnitt kommt es ca. alle 50 Jahre zu einem Erdbeben mit einer Magnitude von ca. 5 sowie ca. alle 200 Jahre mit einer von über ca. 6 (komplette »Listen von Erdbeben in Deutschland« finden sich unter ebendiesem Suchbegriff im Internet).

Die größte Erdbebengefahr in Deutschland besteht im Südwesten bis zur Mitte Deutschlands, grob entlang des Rheingrabens.

10.6.9 Schäden durch Starkregen oder Flut

Starkregen- oder Flutereignisse können

- zu Schäden im tragenden Untergrund führen (ähnlich wie Bauarbeiten oder Bergschäden),
- Gebäude oder Bauten der Infrastruktur (Brücken, Straßen, Masten) durch die Strömung bzw. mitgerissene Teile beschädigen bzw. zum Einsturz bringen.

Bild 56: ***Zerstörte, da eingebrochene Straße und abgerissene Infrastrukturleitungen im Umfeld von Simbach/Inn beim Starkregenereignis 2021, eingebrochene Fahrzeuge bei Erfstadt nach Starkregen 2021 sowie nur auf den ersten Blick unbeschädigte Brücke (ein kompletter Pfeiler fehlt) beim Hochwasser 2002 in Flöha (Sachsen). (Fotos: Beißmann, Pfarrkirchen; 2 × Feuerwehr Düsseldorf)***

10.7 Maßnahmen bei Einsturz oder Einsturzgefahr

Personen können durch Einstürze auf zweierlei Art und Weise geschädigt werden: Zum einen können sie sich schwerste oder sogar tödliche Verletzungen zuziehen, wenn sie von herabfallenden Teilen getroffen werden. Zum anderen können sie in den Trümmern eines eingestürzten Gebäudes oder unter nachgerutschten Erdmassen verschüttet sein. Es ist stets daran zu denken, dass auch nach einem erfolgten Einsturz immer noch die Gefahr von weiteren Einstürzen besteht, weil tragende Teile zerstört sind und Schuttlasten die noch intakten Bauteile zusätzlich belasten. Um Trümmergewichte abschätzen zu können, sind die folgenden ungefähren Werte von Materialdichten hilfreich:

- Beton ≈ 2,5 t/m³,
- Holz ≈ 1,0 t/m³ (frisch geschlagenes Holz hat bis zu ca. 1,2 t/m³, Holzpellets haben eine Dichte von ca. 650–700 kg/m³, Holzhackschnitzel dagegen nur 210–250 kg/m³),

- Stahlschrott (ungepresst) ≈ ab 1,0 t/m³,
- Stein ≈ 2,0 t/m³.

Für eine Überschlagsrechnung ist die Kenntnis dieser Werte völlig ausreichend.

Wird die Feuerwehr zu einer Einsatzstelle gerufen, an der bereits ein Einsturz erfolgt ist, so müssen die ersten Maßnahmen darauf abzielen, weitere Folgeeinstürze zu verhindern. Dazu zählen vor allem das Ausschließen von Erschütterungen und das provisorische Abstützen noch stehender Gebäudeteile (▶ Bild 57). Bei der Suche nach Verschütteten ist behutsam und umsichtig vorzugehen, schweres Gerät ist nur in begründeten Einzelfällen einzusetzen und einsturzgefährdete Bauteile sind laufend zu beobachten. Im unmittelbaren Gefahrenbereich sollten sich nicht mehr Einsatzkräfte aufhalten als unbedingt nötig. Allerdings ist trotz aller Vorsichtsmaßnahmen Eile geboten, denn neben den beim Einsturz erlittenen Verletzungen können eingeschlossene Personen auch durch Sauerstoffmangel oder austretendes Gas oder Wasser bedroht sein. Besonders ausgebildete Suchhunde haben sich bei der Suche nach Verschütteten gut bewährt.

Zum Abstützen von Gebäudeteilen werden im Feuerwehreinsatz vor Ort erstellte Konstruktionen aus Holz und Baustützen aus Stahl verwendet. Man achte darauf, dass nur geeignetes Holz und zugelassene Baustützen eingesetzt werden. Allgemein gilt, dass eine Stütze umso mehr Last aufnehmen kann, je kürzer und dicker sie ist. Als Richtwert merke man sich, dass eine üblicherweise verwendete Stütze aus Rundholz mit einem Durchmesser von zehn Zentimetern bei einer Länge von 2,50 Metern (entspricht der normalen Raumhöhe) etwa zwei Tonnen sicher zu tragen vermag. Falls möglich, sollten für Abstützarbeiten Einsatzkräfte herangezogen werden, die von Beruf Bauhandwerker oder Zimmerleute sind. Zur Beurteilung der Einsturzgefahr sollte die Feuerwehr möglichst einen Sachverständigen der zuständigen Baubehörde hinzuziehen.

Das Technische Hilfswerk (THW) verfügt sowohl über entsprechendes Material zum Abstützen (z. B. das Abstützsystem Holz – ASH) als auch über das notwendige Einsatzgerüstsystem (EGS) zum sicheren Arbeiten und über entsprechende Baufachberater.

Bei drohenden Einstürzen sind gefährdete Bereiche als erstes vollständig zu räumen, abzusperren und dann soweit möglich sicher abzustützen. Anschließend sind sie laufend zu überwachen, um die Zeichen eines bevorstehenden Einsturzes erkennen zu können. Solche Zeichen können hörbar sein, wie Knacken, Ächzen oder rieselnde Geräusche, oder sichtbar sein, z. B. Risse, Durchbiegungen, Ausbauchungen. Auch klemmende Fenster und Türen können ein Hinweis auf Veränderungen in der Bausubstanz sein. Mit einem einfachen Hilfsmittel kann man feststellen, ob noch

Veränderungen im Gebäude vorgehen. Dazu legt man eine dünne Glasscherbe quer über einen Mauerriss und gipst sie an ihren Enden fest. Sobald das Mauerwerk zu arbeiten beginnt, wird die Scherbe zerreißen. Mit einem Lot können Mauern auf ihre Neigung untersucht werden.

Das THW ist in der Lage, (beschädigte) Bauwerke mit einer speziellen Messtechnik (Einsatzstellen-Sicherungssystem – ESS) zu überwachen, sodass es Anhaltspunkte für die Bewertung der bestehenden Einsturzgefahr geben kann. Das System überwacht zuvor an das Gebäude angebrachte Messpunkte und erfasst dabei kontinuierlich die mögliche Bewegung der einzelnen Punkte. Da das System bereits kleinste Veränderungen registriert, die mit bloßem Auge nicht erkennbar sind, lassen sich wichtige Hinweise über die Einsturzgefahr des Gebäudes geben und Einsatzkräfte rechtzeitig davor warnen.

Bild 57: ***Erstmaßnahme an einer Gebäudeeinsturzstelle: Verhinderung von Folgeeinstürzen (Quelle: Feuerwehr Filderstadt)***

Im Brandfall ist natürlich in der ersten Phase für solche Messverfahren keine Zeit. Hier kann sich der Feuerwehrangehörige nur auf seine Erfahrung, seine Kenntnisse aus der Baukunde und seine Sinne verlassen. Erhöhte Aufmerksamkeit und ständige Neubeurteilung der Lage können lebensrettend sein. Soweit es irgendwie möglich ist, sollte der so genannte Trümmerschatten gemieden werden. Bemerkt ein Feuerwehrangehöriger eine drohende Einsturzgefahr, so hat er seine Kameraden, die sich im Gefahrenbereich aufhalten, unverzüglich zu warnen und anschließend seinen Gruppenführer zu informieren.

Bei besonderen Lagen kann auch ein Abbau einsturzgefährdeter Bauteile sinnvoll sein, beispielsweise bei einem instabil gewordenen Baugerüst. Allerdings ist bei solchen Arbeiten äußerst vorsichtig und umsichtig vorzugehen, da jederzeit mit einem Umstürzen des Gerüstes gerechnet werden muss.

10.8 Maßnahmen bei Tiefbau- und Silo-Unfällen

Tiefbau- und Silo-Unfälle bedeuten meist besonders schwierige und umfangreiche Einsätze für die Feuerwehr, oftmals müssen sich die Retter sogar selbst in Lebensgefahr begeben, denn wie bei drohender oder erfolgter Einsturzgefahr bei Gebäuden ist auch beim Tiefbau- und Silo-Unfall die Gefahr für die Einsatzkräfte nur schwer abschätzbar.

10.8.1 Tiefbau-Unfälle

Jede Tiefbauarbeit stört das natürliche Kräftegleichgewicht im Boden. Daher zeigen Grabenränder stets ein mehr oder weniger ausgeprägtes Bestreben zum »Nachrutschen«. Diese Einsturzgefahr hängt von der Beschaffenheit des Bodens ab und nimmt mit der Tiefe des Aushubs zu. Dabei ist nichtbindiger Sand- oder Kiesboden wesentlich problematischer als schwerer bindiger Lehmboden oder gar Fels. Durchfeuchtung des Erdreichs (z. B. durch lang anhaltende Niederschläge) oder Wasserführungen im Boden erhöhen das Einsturzrisiko. Wie bei allen Einsätzen in einsturzgefährdeten Bereichen ist auch bei Tiefbau-Unfällen besonderes Augenmerk auf die Sicherheit der Einsatzkräfte zu richten. Die Gefahr eines weiteren Nachrutschens des Bodens und des Einsturzes von noch stehenden Verbauteilen ist stets zu bedenken. Der Einsatzleiter steht vor der schwierigen Aufgabe, angesichts dieser nur sehr schwer abschätzbaren Gefahren die für den Verschütteten wünschenswerte Schnelligkeit gegen den zur Sicherung der eigenen Einsatzkräfte erforderlichen

Zeitaufwand abzuwägen. In vielen Fällen erfolgt zunächst nur die Erstversorgung des Verschütteten unter erhöhtem Risiko bei notdürftigem Abstützen, bevor anschließend die oft sehr zeitaufwendigen Maßnahmen zur sicheren Befreiung eingeleitet werden.

Erstes Ziel muss es immer sein, weiteres Abrutschen von Material bei der Annäherung zu vermeiden, indem z. B. durch Bretter der Druck auf den Boden besser verteilt wird und den Kopf und möglichst große Teile des Oberkörpers des Verschütteten freizulegen, um seine Atmung zu ermöglichen. Je nach Lage kann auch eine medizinische Erstversorgung noch vor bzw. parallel zur weiteren Befreiung sinnvoll sein. Die Gabe von reinem Sauerstoff ist stets zweckmäßig, um auch bei behinderter Atmung eine möglichst hohe Sauerstoffaufnahme im Körper zu erreichen. Sofern der Verschüttete bei Bewusstsein ist, kommt seiner Betreuung durch geeigneten Zuspruch während der ganzen Rettungsaktion große Bedeutung zu.

Freigelegte Körperteile sind gegen erneutes Nachrutschen des Bodens zu sichern, was mit vorgefertigten Stahlringen oder vor Ort erstellten Verbaukonstruktionen erfolgen kann. Problematisch bei vorgefertigten Verbauteilen ist oft der zu ihrem Einbringen benötigte Platz, denn Tiefbau-Unfälle zeichnen sich meist durch ausgesprochen beengte Arbeitsverhältnisse aus.

Maßnahmen zur Sicherung der Rettungsarbeiten nach Tiefbau-Unfällen können insbesondere sein:

- **Reduzierung des Drucks auf die Ränder:** Fahrzeuge nicht direkt an die Grube fahren, vorsichtig annähern, möglichst mit Brettern o. ä. am Rand der Grube die Lasten breiter verteilen.
- **Vermeidung von Erschütterungen:** Unzulässig hohe Erschütterungen können beispielsweise durch Umleiten von Schwerlastverkehr und Sperren von Straßenbahngleisen vermieden werden.
- **Freihalten der Grabenränder:** Um zusätzliche Belastungen der Grabenwände zu vermeiden, ist beidseitig der Ausschachtung ein Abstand von mindestens 60 Zentimeter frei von Lasten zu halten.
- **Einbringen eines Verbaus:** Hierbei wird eine aus Holz oder Stahl erstellte Konstruktion derart in den Graben eingebracht, dass von ihr der auftretende Erddruck der Grabenwände aufgenommen wird. Bereits bestehende, aber beschädigte Verbauteile sind mit geeigneten Geräten, z. B. waagerecht eingebrachten Hydraulikhebern oder Stützspindeln, abzustützen. Hier wird durch auf den Verbau quer aufgelegter Bohlen eine Arbeitsplattform möglich, die die Grabenwände nicht direkt belastet und so ein sicheres Arbeiten nach unten, bzw. die Sicherung von Arbeiten im Graben gestattet.

- **Abböschen der Ränder:** Hierbei wird der Grabenrand durch Verbreiterung derart abgeflacht, dass der Böschungswinkel kleiner ist als der Schüttwinkel des Bodenmaterials. Hierbei ist allerdings zu bedenken, dass ein Abböschen in der Einsatzpraxis kaum möglich ist, da schon bei relativ geringen Grabentiefen die erforderlichen Breiten oft nicht zur Verfügung stehen. Außerdem können die großvolumigen Erdbewegungen meist nur mit schwerem Arbeitsgerät bewältigt werden, wodurch es zu zusätzlichen Randbelastungen und Erschütterungen kommen kann. Dazu besteht die latente Gefahr, dass durch das Abböschen Material in die Baugrube fällt, was die dort verschüttete Person(en) bzw. die dort arbeitenden Einsatzkräfte weiter gefährdet. Muss doch an der Böschung gearbeitet werden, sollte sich im Gefahrenbereich unterhalb der Arbeiten keine Einsatzkraft befinden und die (teil-)verschüttete Person ist ggf. durch einen Schutzverbau zu sichern!

Bei allen Sicherungsmaßnahmen gilt der Grundsatz, dass sich nur so wenig Einsatzkräfte wie unbedingt erforderlich im unmittelbaren Gefahrenbereich aufhalten, damit bei eventuellen Einbrüchen die Fluchtchancen möglichst groß sind. Außerdem ist frühzeitig der Kontakt mit Bauleitern und fachkundigen Vertretern der zuständigen (Tiefbau-)Berufsgenossenschaft zu suchen, mit dem Ziel der fachlichen Beratung.

10.8.2 Silo-Unfälle

Silo-Unfälle sind den oben beschriebenen Tiefbau-Unfällen in vielen Punkten sehr ähnlich. Auch hier gilt es in den meisten Fällen, Verschüttete aus dem Füllgut zu retten, auch hier kommt dem Eigenschutz der Einsatzkräfte große Bedeutung zu. Als zusätzliche Gefahr ist bei Silo-Unfällen in Abhängigkeit vom Lagergut an Atemgifte zu denken, insbesondere an das bei Gär- und Fäulnisprozessen gebildete CO_2 (▶ Kapitel 5.3.3) bzw. CO (z. B. bei Lagerung von Pellets). Aber auch andere giftige oder ätzende Atemgifte können je nach Lagergut in Silos vorhanden sein. Nur umluftunabhängige Atemschutzgeräte bieten hier den erforderlichen Schutz.

Neigt das Füllgut zur Selbstentzündung oder können sich aus ihm brennbare Gase, Dämpfe oder Stäube entwickeln, so müssen zusätzliche Maßnahmen zur Verhinderung einer Entzündung getroffen werden.

Ursache für die Verschüttung in Silos ist fast immer die Missachtung von Sicherheitsvorschriften, insbesondere das Einsteigen ohne entsprechende Sicherung mit dem Ziel der Entfernung von Stauungen. Die Rettung verschütteter Personen kann in der Regel nur von oben erfolgen. Keinesfalls darf versucht werden, durch Entleeren des Silos über eine unterhalb des Verschütteten liegende Entnahmeöffnung diesen zu befreien. Da nicht ausgeschlossen werden kann, dass der Verschüttete mit seinen Beinen fest in das Schüttgut eingepresst ist, besteht nämlich die Gefahr, dass er mit dem abfließenden Füllgut in die Tiefe gezogen wird.

Zu den Maßnahmen bei Silo-Unfällen zählen insbesondere:

- das Freilegen von Kopf und möglichst großen Teilen des Oberkörpers zur Ermöglichung der Atmung,
- die Durchführung der erforderlichen medizinischen Maßnahmen – soweit möglich – zur Wiederherstellung bzw. Aufrechterhaltung der Vitalfunktionen,
- das Heranführen von ausreichend atembarer Luft, ggf. von reinem Sauerstoff,
- das Sichern des Verschütteten mittels Feuerwehrleine gegen weiteres Abgleiten in das Füllgut,
- das Sichern des Verschütteten und des ihn betreuenden Helfers durch Einbringen eines geeigneten Verbaus, der oft aufgrund der beengten Einbringöffnungen erst vor Ort zusammengebaut werden kann,
- Absaugen bzw. Ausfördern des Silogutes. Vorsicht, wenn sich die verschüttete Person in der Nähe der Förderöffnungen befindet!

Die im Silo tätigen Einsatzkräfte sind auf die unbedingt notwendige Zahl zu beschränken, sie dürfen nur angeleint in das Silo einsteigen. Es ist alles zu unterlassen, was die Oberfläche des Schüttgutes unnötig belastet. Ideal ist es, wenn die Rettungskräfte im Sitzgurt hängend ihre Arbeiten verrichten können und erforderliches Gerät, z. B. eine Beatmungseinheit, ebenfalls an der Leine hängend zum Einsatz gebracht werden kann. Hier bieten z. B. die Gerätesätze Auf- und Abseilgerät (DIN 14800-16) sowie Absturzsicherung (DIN 14800-17) eine Basisausstattung. Über mehr entsprechende Ausrüstung verfügen Höhenrettungsgruppen oder die Bergwacht.

Durch dieses gesicherte Arbeiten von oben werden nicht nur gefährliche Veränderungen in der Schüttstruktur des Füllgutes vermieden, sondern die Einsatzkräfte können auch relativ schnell wieder aus dem Silo gezogen werden, wenn die Lageentwicklung dies erfordert. Schließlich kann sich oberhalb der Unfallstelle in größerer Menge an den Silowänden anstehendes oder haftendes Füllgut befinden, das jederzeit auf den Verschütteten und die Retter herabstürzen kann, ohne dass hiergegen Schutzmaßnahmen ergriffen werden können.

10.9 Ergänzendes

Arbeiten im Bereich von einsturzgefährdeten Gebäudeteilen dürfen nur mit ausreichender Eigensicherung und am besten mit mindestens einem dauernden Beobachter bzw. Sicherheitsassistenten für diese Aufgabe durchgeführt werden. Hierfür sind entsprechende Meldeketten und -kommandos bis hin zum Not- bzw. Evakuierungssignal vorher zu vereinbaren.

Gleiches gilt selbstverständlich auch im Bereich des Tiefbaus und der Silo-Anlagen. Genügend Sicherheit bei Einsturzgefahr gewährleisten ausreichend dimensionierte und fachgerecht positionierte Abstützungen. Nach einem erfolgten Teileinsturz ist immer zu bedenken, dass die Einsturzgefahr in den meisten Fällen nicht kleiner, sondern eher noch größer geworden ist, denn tragende Teile sind ausgefallen und der Trümmerschutt wirkt als zusätzliche Last.

11 Gefahren der Elektrizität

11.1 Einleitung

Elektrizität ist aus dem Alltag nicht mehr wegzudenken, in allen Bereichen werden elektronische Geräte verwendet. Der elektrische Strom dient je nach Anwendung als Informations- (Telefon, Computer) oder Energieträger (Maschinen, Beleuchtung usw.). Diese weite Nutzung hat für die Feuerwehr zur Folge, dass elektrische Anlagen an vielen Brand- und Unfallstellen anzutreffen sind. Mobile Nutzungen mit immer größeren und stärkeren Batterie- oder Akkuspeichern werden immer häufiger. Entsprechend nehmen auch Anzahl und Verbreitung der Ladestationen dafür stark zu.

11.2 Einführung in die Elektrizitätslehre

Um die Wirkung des elektrischen Stroms und die von ihm ausgehenden Gefahren besser verstehen zu können, ist es notwendig, einige grundlegende Begriffe der Elektrizitätslehre darzustellen.

Die drei grundlegenden Größen der Elektrizitätslehre sind:

- die elektrische Spannung U gemessen in Volt (V),
- die elektrische Stromstärke I gemessen in Ampere (A),
- der elektrische Widerstand R gemessen in Ohm (Ω).

Verglichen mit fließendem Wasser kann man sich die obigen Größen folgendermaßen vorstellen: Die elektrische Spannung entspricht dem an einer Wasserleitung anstehenden Druck, die elektrische Stromstärke der Menge des in einer bestimmten Zeit durchfließenden Wassers und der elektrische Widerstand der Reibung in der Leitung. Diese drei Größen werden durch das »Ohmsche Gesetz« miteinander verknüpft. In der für die Feuerwehrpraxis aussagekräftigsten Form lautet es:

$$I = \frac{U}{R}$$

bzw. Stromstärke = Spannung/Widerstand. Wie man sieht, ist die Stromstärke I umso größer, je höher die Spannung U und je geringer der Widerstand R sind.

11

In elektrischen Anlagen unterscheidet man zwischen Wechselspannung und Gleichspannung. Der Unterschied zwischen diesen beiden Spannungsformen liegt darin, dass bei Wechselspannung der elektrische Strom periodisch seine Richtung und Stärke ändert, man spricht von der Frequenz f, gemessen in Hertz (Hz). In Hausinstallationen wird beispielsweise Wechselspannung der Frequenz f = 50 Hz verwendet, d. h. dass der Strom in jeder Sekunde 50 Mal in die eine und dazwischen 50 Mal in die andere Richtung fließt, die Stromrichtung kehrt sich also laufend um. Fahranlagen für Vollbahnen auf Schienen (Eisenbahnen mit Oberleitung) werden in Deutschland und Österreich fast alle mit f = 16,7[40] Hz betrieben. Ausnahmen stellen z. B. die Rübelandbahn im Harz (D) mit 25 kV bei 50 Hz sowie die Mariazeller Bahn (A) mit 6,5 kV bei 25 Hz dar.

Dagegen fahren vielerorts die U-Bahnen und die Straßenbahnen mit Gleichspannung. Andere Länder haben teilweise auch (noch) Vollbahnbetriebsstrecken mit Gleichstromspannungen, z. B. Niederlande mit 1 500 V, Italien, Slowenien, Südfrankreich mit 3 000 V (erkennbar ist dies z. T. an den Stromschienen neben dem Gleis).

Weiterhin wird zwischen Nieder- und Hochspannungsanlagen unterschieden. Diese werden nach Festlegungen des VDE (Verband der Elektrotechnik Elektronik Informationstechnik e. V.) wie in Tabelle 16 dargestellt unterteilt.

Tabelle 16: ***Unterteilung elektrischer Anlagen***

	Niederspannungsanlage	**Hochspannungsanlage**
maximale Wechselspannung (Effektivwert)	1 000 V	> 1 000 V
maximale Frequenz	500 Hz	100 Hz
maximale Gleichspannung	1 500 V	> 1 500 V

40 Bis 1995 betrug der Wert $16\ ^2/_3$ = 16,67 Hz.

Bild 58: ***Kennzeichnung von Hochspannungsanlagen bzw. von gefährlicher elektrischer Spannung (Quelle: W. Kohlhammer GmbH)***

Für die Praxis ist die 1 000 Volt-Grenze zwischen Nieder- und Hochspannung von großer Bedeutung, weil oberhalb dieses Wertes einschneidende Änderungen in den Einsatzgrundsätzen gelten. Von Hochspannungsanlagen gehen nämlich besondere Gefahren aus, weil zu einem Stromfluss durch den menschlichen Körper nicht mehr unbedingt ein Berühren von unter Spannung stehenden Teilen nötig ist, sondern es bereits bei Annäherung zu lebensgefährlichen Überschlägen kommen kann.

Zu den Niederspannungsanlagen gehören beispielsweise Hausinstallationen, Fahrleitungen der Straßenbahn, Fernmelde- und Informationsverarbeitungsanlagen.

Zu den Hochspannungsanlagen zählen Schalt- und Umspannanlagen sowie Freileitungen und die Anlagen der Deutschen Eisenbahnen. Das Bahnstromnetz in Deutschland wird mit 16,7 Hz über 110 kV-Leitungen versorgt und die Strecken mit 15 kV betrieben. Hochspannungsanlagen, ausgenommen Frei- und Fahrleitungen, sind in der Regel mit speziellen Warnschildern gemäß ▶ Bild 58 gekennzeichnet. Abweichend hiervon definiert die UN-Regelung 100 »Sicherheit von Fahrzeugen mit elektronischem Antrieb« den Begriff »Hochvolt« für Betriebsspannungen zwischen 60 V und 1 500 V bei Gleichstrom und zwischen 30 V und 1 000 V bei Wechselstrom.

Hinweis:

Ein Sonderfall ist die Schutzkleinspannung, korrekt Sicherheits-Kleinspannung, abgekürzt SELV (= Safety Extra Low Voltage). Bei diesen Anlagen geht man davon aus, dass keine elektrischen Gefahren vorliegen.
Zulässig sind in Deutschland allgemein 50 V Wechselspannung und 120 V Gleichspannung[41]. Bei medizinischen Geräten, z. B. in Krankenhäusern, gelten entsprechend dem Medizinproduktegesetz die Werte 25 V Wechselstrom (AC) und 60 Volt Gleichstrom (DC). Bei der Sicherheits-Kleinspannung müssen metallische Gehäuse nicht geerdet werden.

11.3 Wirkung des elektrischen Stromes auf den Menschen

Zunächst bleibt festzuhalten, dass elektrische Spannung mit den menschlichen Sinnesorganen nicht erkennbar ist. Ob ein blankes Kabelende unter Spannung steht oder nicht, ist ohne Messgeräte nicht gefahrlos feststellbar. Bei elektrischen Anlagen ist deswegen so lange davon auszugehen, dass sie spannungsführend sind, bis das Gegenteil durch entsprechende Maßnahmen (▶ Kapitel 11.4) sicher festgestellt worden ist.

Wird ein unter Spannung stehendes Teil vom Menschen berührt, so fließt durch ihn immer dann Strom, wenn er gleichzeitig Kontakt zum Gegenpol der Spannung hat. In den meisten Fällen wird dieser Gegenpol durch den Fußboden gebildet. Man sagt, der Leiter steht unter Spannung »gegen Erde«. Berührt z. B. ein Feuerwehrangehöriger ein spannungsführendes Kabel der Hausinstallation mit der Hand, so fließt Strom durch seinen Arm und seinen Körper über seine Beine auf den Boden ab (▶ Bild 59). Kommt er dahingegen mit beiden Armen an Pole, die gegeneinander Spannung führen, so wird der Strom überwiegend von einem Arm durch den Brustraum in den anderen Arm fließen. Der Weg des Stromes durch den menschlichen Körper hängt also in hohem Maße von den jeweiligen Kontakten ab, die der Mensch mit der elektrischen Anlage hat.

41 Eine Absenkung auf 90 V wird diskutiert.

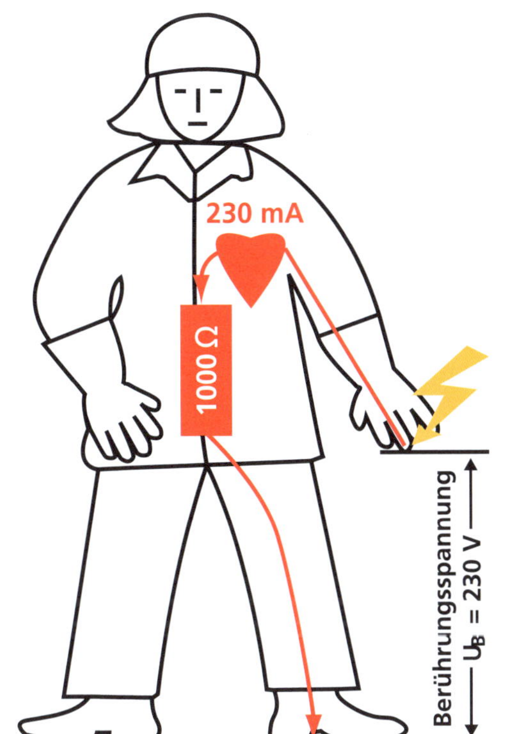

Bild 59: ***Stromfluss durch den menschlichen Körper (Quelle: W. Kohlhammer GmbH)***

Die Größe des Stromflusses durch den Körper wird dabei gemäß des Ohmschen Gesetzes von der herrschenden Spannung und dem elektrischen Widerstand des Körpers bestimmt. Im Durchschnitt liegt der Körperwiderstand bei 1 000 bis 1 500 Ω, er kann jedoch durch Faktoren wie z. B. Schweißbildung, Stand auf feuchtem Fußboden u. Ä. stark herabgesetzt werden.

Die eigentliche schädigende Wirkung der Elektrizität geht von dem fließenden Strom aus, die Spannung treibt diesen Strom lediglich durch den menschlichen Körper. Dort kann der elektrische Strom verschiedene Schädigungen bewirken, von denen das so genannte Herzkammerflimmern (elektrische Wirkung) und unter Umständen schwere Verbrennungen (thermische Wirkung) bis zum Tode führen können. Der Zusammenhang zwischen Stromstärke und Wirkung auf den menschlichen Körper ist in ▶ Tabelle 17 zu sehen, die Werte gelten für Wechselstrom von 50 Hz. Gemäß des Ohmschen Gesetzes genügt bei einem Körperwiderstand von 1 300 Ω bereits eine Spannung von nur 65 V, um gefährliche 50 mA durch den Körper fließen zu lassen. Unter ungünstigen Umständen können aber auch kleinere Spannungen lebensgefährlich wirken.

Tabelle 17: ***Stromstärken und ihre Wirkung auf den Menschen***

Stromstärke (mA)	Wirkung
0–1	Durchweg unmerklich
1–5	Merklich, Muskelkontraktion, willkürliches Loslassen ist meist noch möglich
5–15	Schmerzhaft, Loslassen wesentlich erschwert, Gefahr von Verletzungen durch Sekundärunfälle (z. B. Absturz)
15–25	Loslassen kaum mehr möglich, teilweise Wirkung auf Atmung und Kreislauf
25–50	Loslassen unmöglich, steigende Wirkung auf Atmung und Kreislauf, sehr schmerzhaft
50–80	Steigende Gefahr des Kammerflimmerns, Beeinträchtigung der Atemfunktion, spätestens hier beginnt der Bereich der Lebensgefahr
80–800	Zunehmend tödlicher Ausgang, fast immer Kammerflimmern
800–2 000	Beginn der thermischen Verletzungen wie Verbrennungen und Verkochungen
> 2 000	Schwere Verbrennungen und Zellzerstörungen

11.3.1 Funktionelle Störungen

Hierzu zählen Beschwerden wie Atemnot, Herzrasen und Verkrampfungen der Muskulatur. Letztere können dazu führen, dass der Verunglückte beispielsweise mit der Hand an der Leitung »hängen bleibt«. Diese Störungen treten vor allem bei relativ geringen Stromstärken auf, ihre Symptome bilden sich in der Regel einige Zeit nach dem Unfall von selbst wieder zurück.

11.3.2 Herzkammerflimmern

Das Herz verfügt über ein eigenes Reizbildungs- und Reizleitungssystem, das mit elektrischen Impulsen ein Zusammenziehen des Herzmuskels bewirkt. Wird dieses

System nun durch zusätzliche Ströme gestört, so kann sich das lebensbedrohende Herzkammerflimmern ausbilden. Hierbei sind die Gefahren des Wechselstroms von 50 Hz, wie er bei den Hausinstallationen verwendet wird, etwa fünfmal so groß wie die des Gleichstroms. Unter Herzkammerflimmern versteht man ein unregelmäßiges, viel zu schnelles Zusammenziehen des Herzmuskels, das die effektive Förderleistung zusammenbrechen lässt. Die Folge ist eine völlig unzureichende Durchblutung des Körpers, die in kurzer Zeit zum Tode führt, wenn das Flimmern nicht durch geeignete Maßnahmen (»Defibrillation«) unterbunden wird.

11.3.3 Verbrennungen

Größere Stromstärken führen zu thermischer Schädigung des durchströmten Gewebes, hierbei wird die elektrische Energie direkt in Wärme umgesetzt. Längs des Stromweges kommt es dabei zu Verbrennungen und Verkochungen, die sich auch in tiefer gelegene Körperschichten erstrecken können. Von entscheidender Bedeutung für das Maß der Schädigung sind hierbei die auftretende Temperatur und die Dauer der Temperatureinwirkung. Auch wenn die freigesetzte Wärme nicht ausreicht, um das Gewebe äußerlich sichtbar zu verkohlen, kann es zu lebensbedrohenden Zuständen kommen, weil der Körper mit internen Verbrennungsprodukten überschwemmt wird. Äußerlich sind oft nur die so genannten Strommarken sichtbar; das sind rundliche, von einer zentimeterbreiten weißlichen und harten Zone umgebene Hautverbrennungen.

Von den Verbrennungen durch Stromdurchfluss müssen die Verbrennungen durch Einwirkung eines so genannten Lichtbogens unterschieden werden. Ein Lichtbogen tritt immer dann auf, wenn es bei Annäherung an eine Hochspannungsleitung zu einem kontaktlosen Stromübergang kommt. Die Schlagweite ist von der Spannung und den herrschenden Witterungsbedingungen abhängig. Im Lichtbogen herrschen Temperaturen von 4 000 bis 10 000 °C, die zu schweren äußeren Verbrennungen führen. Die Tiefe dieser Verbrennungen hängt von der Lichtbogentemperatur und der Einwirkzeit ab.

Zusammenfassend kann gesagt werden, dass die akut gefährliche Wirkung des elektrischen Stromes entweder im Auslösen des Herzkammerflimmerns oder im Hervorrufen schwerer Verbrennungen, die äußerlich nicht unbedingt sichtbar sein müssen, besteht. Bereits bei Annäherung an unter Hochspannung stehende Anlagenteile kann es zu einem Stromübergang durch Überschlag kommen. Der diesen Vorgang begleitende Lichtbogen ruft wegen seiner hohen Temperatur stets schwere äußere Verbrennungen hervor.

Achtung:

Verunfallte müssen nach einem Elektrounfall immer zur weiteren Behandlung in ein Krankenhaus verbracht werden, weil Folgeschäden noch mehrere Stunden nach der Stromeinwirkung auftreten können.

11.4 Einsätze in elektrischen Anlagen

Grundsätzlich gelten elektrische Anlagen so lange als spannungsführend, bis die folgenden fünf Sicherheitsregeln in der angegebenen Reihenfolge durchgeführt worden sind:

1. Freischalten,
2. gegen Wiedereinschalten sichern,
3. Spannungsfreiheit feststellen,
4. erden und kurzschließen,
5. benachbarte, unter Spannung stehende Teile abdecken oder abschranken.

In Niederspannungsanlagen kann dabei auf Erden und Kurzschließen verzichtet werden, ausgenommen bei Freileitungen, Fahrdrähten und Stromschienen.

Die erforderlichen Maßnahmen können von der Feuerwehr nur in wenigen Fällen allein ausgeführt werden und sind in der Regel Elektrofachpersonal vorbehalten. Dabei gilt der Grundsatz, dass in Erzeugungs- und Verteilungsanlagen so wenig wie möglich und nur im Einvernehmen mit dem Betreiber ausgeschaltet wird, da die Nachteile eines Stromausfalls für die Allgemeinheit und die sich daraus ergebende Gefährdung der öffentlichen Sicherheit und Ordnung zu berücksichtigen sind.

Weiterhin ist zu bedenken, dass einige Energieversorgungsanlagen bedingt durch ihre Bauart nicht vollständig spannungsfrei geschaltet werden können, z. B. Photovoltaik-Anlagen (▶ Kapitel 11.5.2).

Die im Folgenden dargestellten Grundsätze für Einsätze in elektrischen Anlagen sind der Norm DIN VDE 0132 »Brandbekämpfung und Hilfeleistung im Bereich elektrischer Anlagen« entnommen. Sie sind so lange zu beachten, bis obige fünf Maßnahmen durchgeführt sind und die elektrische Anlage damit als spannungsfrei betrachtet werden kann. Auf Beteuerungen, es wäre abgeschaltet, darf sich keineswegs verlassen werden, denn hier sind von den Feuerwehren einschlägig negative Erfahrungen gemacht worden. Diese Aussage gilt in Hochspannungsanlagen auch bei einer eventuell durchzuführenden Menschenrettung, weil die sonst einzugehenden Risiken nicht mehr abschätzbar sind.

11.4.1 Einsatzgrundsätze bei Rettung und Hilfeleistung

Bei Einsätzen in Niederspannungsanlagen ist zum Erkunden und Retten ein Mindestabstand von einem Meter einzuhalten. Schalthandlungen sollen nur durch Elektrofachkräfte oder elektrotechnisch unterwiesene Personen vorgenommen werden (ausgenommen von dieser Vorschrift sind Hausinstallationen). Zur Hausinstallation gehören in diesem Sinne auch elektromedizinische Geräte (Röntgenanlagen) und Leuchtröhrenanlagen (Reklame), die zwar mit Hochspannung betrieben werden, jedoch an die Hausinstallation angeschlossen sind und dort geschaltet werden können.

Übliche Anlagen für die hauseigene Energieerzeugung mit Photovoltaik bzw. zur Speicherung von Strom (Akku-Speicher) sowie KFZ mit elektrischen Antrieben zählen ebenfalls zu Niederspannungsanlagen.

Achtung:

Photovoltaikanlagen kann man nicht einfach abschalten! Solange sie mit Licht beaufschlagt werden, erzeugen sie Strom.

Verunfallte Personen dürfen in Niederspannungsanlagen, wenn ein Abschalten nicht möglich ist, aus dem Gefahrenbereich gezogen werden. Hierbei ist auf den gut isolierten Stand des Retters zu achten, der Verunglückte sollte nicht mit bloßen Händen berührt werden.

Bei Einsätzen in Hochspannungsanlagen gelten wesentlich strengere Grundsätze. So dürfen Anlagen in abgeschlossenen elektrischen Betriebsstätten, wie z. B. Schalt- oder Umspannanlagen, nur in Begleitung von Elektrofachkräften betreten werden. Die Weisungen dieses Fachpersonals sind zu befolgen. Zum Erkunden oder Retten in nicht abgeschlossenen Betriebsstätten, wie z. B. Freileitungen, sind die Abstände nach ▶ Tabelle 18 einzuhalten.

Bei Rettungsarbeiten in der Nähe von Eisenbahn-Oberleitungen (15 kV) ist ausnahmsweise eine Annäherung auf 1,5 Meter zulässig. Auch von einer abgeschalteten Oberleitung geht noch Lebensgefahr aus, die Restspannung kann bis 7 000 V betragen. Außerdem kann durch einen in einen abgeschalteten Bereich einfahrenden Zug sowie durch einen fahrenden Zug auf einem nicht abgeschalteten Nachbargleis auch trotz Abschaltung im betroffenen Teil Spannung induziert werden. Sicherheit ist hier erst nach durchgeführter Erdung der Stromleitung im betroffenen Bereich hergestellt. Beim Besteigen von Fahrzeugen oder Waggons, die unter Oberleitungen abgestellt oder verunfallt sind, ist die Einhaltung des erforderlichen Mindestabstands laufend zu beachten, solange die Erdung nicht fachgerecht durchgeführt worden ist. Gleiches gilt beim Aufrichten tragbarer Leitern oder beim Ausfahren eines Lichtmastes (▶ Bild 60).

Tabelle 18: ***Zulässige Annäherung in Hochspannungsanlagen***

Nennspannung (kV)	Maximal zulässige Annäherung (m)
über 1 bis 110	3
über 110 bis 220	4
über 220 bis 380	5

Bei der Einhaltung der Mindestabstände ist weiter zu beachten, dass Freileitungen oder freistehende Drehleitern durch Wind in Schwingungen versetzt werden und sich dabei einander annähern können. Bei der Verwendung von freistehenden Drehleitern kann sich der beim Aufstellen der Leiter eingehaltene Abstand beim Besteigen durch die zusätzliche Last ebenfalls verringern. Da in der Praxis oft nicht feststellbar ist, wie hoch die vorliegende Spannung wirklich ist, empfiehlt es sich, stets einen Sicherheitsabstand von fünf Metern einzuhalten.

Selbstverständlich dürfen Schalthandlungen in Hochspannungsanlagen ausschließlich von Fachkräften vorgenommen werden. Keinesfalls dürfen Maßnahmen wie behelfsmäßiges Erden, Kurzschließen oder Durchtrennen durchgeführt werden, denn die damit verbundenen Gefahren sind nicht mehr abschätzbar. Lichtbögen können im Allgemeinen nur durch Ausschalten unterbrochen werden.

Auch eine Menschenrettung darf im Bereich elektrischer Hochspannungsanlagen nicht mehr durchgeführt werden, wenn die Abstände nach ▶ Tabelle 18 dazu unterschritten werden müssen. In diesem Fall darf die Feuerwehr erst tätig werden, wenn die oben genannten fünf Sicherheitsregeln nachweislich durchgeführt worden sind. Dies mag hart klingen, aber die Feuerwehr findet eben auch bei Rettungsmaßnahmen ihre Einsatzgrenzen dort, wo das Risiko für sie nicht mehr überschaubar ist. Bittere Einsatzerfahrungen mit in Hochspannungsanlagen getöteten Einsatzkräften zeugen von der Richtigkeit dieser Aussage.

Berührt eine herabhängende, unter Spannung stehende Leitung das Erdreich, so kann sich in ihrer Umgebung ein sogenannter Spannungstrichter ausbilden

Bild 60: ***Bei Berührung der Hochspannungsleitung mit dem Ausleger geriet dieser Bagger in Brand. (Quelle: Oliver Meyer)***

(▶ Bild 61). Das Betreten der Umgebung kann lebensgefährlich sein, da bei gleicher Schrittlänge die Spannung zwischen den Füßen bei Annäherung an die Leitung stark ansteigt. Herabhängende Freileitungen oder Fahrleitungen sind daher im Abstand von mindestens 20 Metern zu meiden. Wenn die herabhängende Leitung Kontakt zu weiteren Metallteilen wie z. B. Geländern oder Schienen hat, ist selbstverständlich auch von diesen ein Abstand von 20 Metern einzuhalten (▶ Bild 62).

Überflutungen von elektrischen Anlagen können sowohl andere Gebäudeteile aus Metall unter Spannung setzen als auch bei leitfähigem (schmutzigem) Wasser in diesem eine Stromschlaggefahr bedeuten. Spannungsprüfer können hier eine erste Abschätzung der Gefahren v. a. zur Menschenrettung ermöglichen. Sie ersetzen aber nicht die korrekte Arbeit von Elektrikern zum sicheren Erstellen der Spannungsfreiheit. Wichtige Einsatzhinweise liefern hier die Unfallkassen (DGUV, 2021).

Allerdings hat dieses Vorgehen Grenzen und Einschränkungen:

- Es funktioniert nur bei Wechselspannung!
- Die »elektrische Lage« kann sich durch den Einsatzverlauf (z. B. weiter steigendes Wasser) immer wieder ändern.

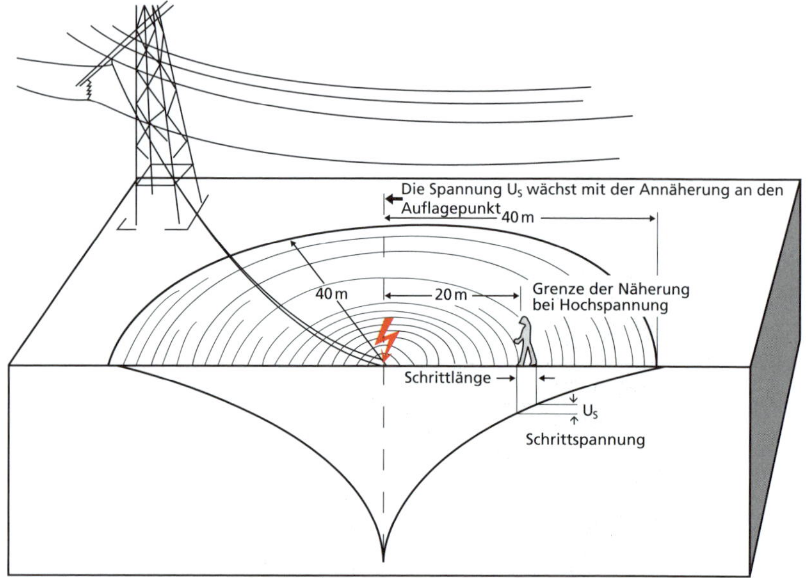

Bild 61: ***Spannungstrichter (Quelle: W. Kohlhammer GmbH)***

- Die Bedienung muss richtig erfolgen (z. B. in Bezug auf die maximalen Abstände), so dass eine Ausbildung vorausgesetzt ist.

11.4.2 Einsatzgrundsätze bei der Brandbekämpfung

Bei der Brandbekämpfung in elektrischen Anlagen geht von dem verwendeten Löschmittel ein zusätzliches Risiko für die Einsatzkräfte aus, denn es besteht die Gefahr, dass es über das Löschmittel zu einem Stromfluss auf die Löschmannschaft kommt, beispielsweise beim Anspritzen von Freileitungen. Schutz vor dieser Gefahr bietet nur ein ausreichender Abstand, der je nach verwendetem Löschmittel und herrschender Spannung eingehalten werden muss. Die im Folgenden angegebenen Werte und Einsatzgrundsätze sind der Norm DIN VDE 0132 »Brandbekämpfung und Hilfeleistung im Bereich elektrischer Anlagen« entnommen.

Bei allen Löschmaßnahmen mit leitfähigen Löschmitteln ist zu beachten, dass – auch wenn der Löschende aufgrund des eingehaltenen Mindestabstands nicht gefährdet ist – stets die Gefahr eines Kurzschlusses in der elektrischen Anlage besteht. Daher dürfen Löschmaßnahmen in abgeschlossenen elektrischen Betriebs-

Bild 62: ***Der durch einen ausgedehnten Böschungsbrand herabgeschmolzene Fahrdraht erzeugte beim Berühren des Bodens bzw. der Schiene einen intensiven Lichtbogen. Da sich infolge der »tanzenden« Bewegung des herunterhängenden Drahtendes kein ausreichend hoher Kurzschlussstrom ausbilden konnte, erfolgte minutenlang keine automatische Abschaltung der Fahrdrahtspannung. (Quelle: René Schubert)***

stätten, wie z. B. Schalt- und Umspannanlagen, nur im Einvernehmen mit dem zuständigen Betriebspersonal durchgeführt werden. Grundsätzlich sollte versucht werden, den Einsatz von leitfähigen Löschmitteln zu vermeiden oder die elektrische Anlage vor dem Löschen spannungsfrei zu machen. Nicht vom Brand betroffene elektrische Maschinen, Schalttafeln, Geräte, Fernmeldeanlagen usw. sind nach Möglichkeit vor Löschmitteln zu schützen.

Verwendung von Wasser

Wasser ist ein Stoff, der den elektrischen Strom leitet, wobei die Leitfähigkeit durch enthaltene Zusätze, z. B. gelöste Salze, stark variiert. Wenn man also ein unter Spannung stehendes Teil mit Wasser anspritzt, so müsste demnach der Strom über den Wasserstrahl und den Strahlrohrführer zur Erde abfließen. Besonders stark müsste dieser Effekt bei der Verwendung von Meerwasser (salzig!) sein. Wasser würde somit aus Sicherheitsgründen für die Brandbekämpfung in elektrischen Anlagen nicht in Frage kommen.

Dies ist aber nicht der Fall! Wasser ist unter Einhaltung bestimmter Abstände sehr wohl zum Einsatz in elektrischen Anlagen als Löschmittel zugelassen, sogar in Hochspannungsanlagen. Dabei hängen die einzuhaltenden Mindestabstände weitestgehend nicht von der Beschaffenheit des Wassers ab, gelten also für salziges Meerwasser ebenso wie für reines Regenwasser. Wichtig ist vielmehr, in welcher Form das Wasser vom Strahlrohr abgegeben wird. Wenngleich ein Vollstrahl dem Betrachter auch noch in einigen Metern Entfernung als zusammenhängender Wasserstrahl, quasi als »Wasserstab«, erscheint, so beginnt der Strahl in Wirklichkeit bei den meisten Strahlrohren kurz hinter der Düse – für das bloße Auge nicht sichtbar – sich in Tröpfchen aufzulösen. Zuletzt fliegen nur noch einzelne Tröpfchen ohne Kontakt untereinander in Strahlrichtung nebeneinander, man spricht von der »Sprühzone« des Vollstrahls. Bei Wasserabgabe in Form des Sprühstrahls ist dieser Effekt noch ausgeprägter. Wenn ein spannungsführendes Teil vom Vollstrahl im Bereich von dessen Sprühzone oder vom Sprühstrahl getroffen wird, kann daher kein Strom über die einzeln dahinfliegenden Wassertröpfchen auf den Strahlrohrführer abgeleitet werden. Dies ist auch der Grund, warum die Leitfähigkeit des verwendeten Wassers keinen Einfluss auf die einzuhaltenden Abstände hat, denn Salzwasser teilt sich genauso in Tröpfchen auf wie destilliertes Wasser. Vorsicht ist jedoch geboten, wenn im verwendeten Löschwasser mit Zusätzen gerechnet werden muss, die die Oberflächenspannung des Wassers verändern, wie z. B. Netzmittel, da diese Einfluss auf die Tröpfchenbildung haben können.

Die in ▶ Tabelle 19[42] aufgeführten Werte gelten nur für CM- und BM-Strahlrohre, die nach der 2007 zurückgezogenen DIN 14 365 genormt wurden. Für die Einsatzpraxis ist eine Vielzahl der angegebenen Werte aber nicht verwendbar. Hinzu kommt der Umstand, dass wohl nur in den seltensten Fällen bekannt ist, wie hoch die vorliegende Spannung exakt ist und im Innenangriff ist z. B. schon bei einem Wohnungsbrand mangels Sichtweite ein gesichertes Abstandhalten zur üblichen elektrischen Hausinstallation völlig unrealistisch (vgl. De Vries, 2000–2021). Praktikabel sind einfach zu merkende Richtwerte:

- Bei Verwendung eines Hohlstrahlrohres: bis 1 000 Volt Mindestabstand von einem Meter bei einem Sprühstrahlwinkel von mindestens 30°.
- Bei Verwendung eines CM-Rohres: die in ▶ Tabelle 19 dargestellten Richtwerte, bei deren Einhaltung man sich auch bei höherem Fließdruck

42 Hinweis zu den Tabellen 17 bis 20:
Auszüge aus DIN VDE 0132 (VDE 0132):2018-07 sind für die angemeldete limitierte Auflage wiedergegeben mit Genehmigung 262.024 des DIN Deutsches Institut für Normung e. V. und des VDE Verband der Elektrotechnik Elektronik Informationstechnik e. V. Für weitere Wiedergaben oder Auflagen ist eine gesonderte Genehmigung erforderlich. Maßgebend für das Anwenden der Normen sind deren Fassungen mit dem neuesten Ausgabedatum, die bei der VDE Verlag GmbH, Bismarckstraße 33, 10625 Berlin (www.vde-verlag.de) und der Beuth Verlag GmbH, 10772 Berlin erhältlich sind.

auf der sicheren Seite befindet. Einprägsam ist auch die Kurzformel »N-1-5, H-5-10«.

- Beim Einsatz eines BM-Rohres erhöhen sich diese Werte jeweils um zehn Meter.

Über Wasserwerfer liegen keine einheitlichen Prüfergebnisse vor und die Ableitung hängt sehr stark von der jeweiligen Konstruktion ab. Versuche ergaben erhebliche Unterschiede zwischen den einzelnen Bautypen in ihrer Ableitfähigkeit. Grundsätzlich ist bei der Brandbekämpfung in elektrischen Anlagen zu empfehlen, die Energiezufuhr so schnell wie möglich abzuschalten.

Tabelle 19: ***Mindestabstände beim Einsatz von Wasser in elektrischen Anlagen (siehe DIN VDE 0132:2018-07)***

Gerät/Anwendungsform	Eignung für Brandklasse	Mindestabstand (m) zwischen Löschmittelaustrittsöffnung und unter Spannung stehenden Anlagenteilen				
		Niederspannung bis	Hochspannung bis			
		AC 1 000 V oder DC 1 500 V	30 kV	110 kV	220 kV	380 kV
Strahlrohre DIN 14 365-CM Sprühstrahl	A	1	3	3	4	5
Strahlrohre DIN 14 365-CM Vollstrahl	A	5	5	6	7	8
Tragbare Wasserlöscher	A	Die Verwendungshinweise auf den Löschern sind zu beachten.				

- Die Angaben für CM-Strahlrohre gelten bei 5 bar Fließdruck. Wird dieser überschritten, so sind die angegebenen Mindestabstände bei Einsatz in Hochspannungsanlagen um zusätzlich 2 m zu vergrößern.
- Brände im Bereich elektrischer Anlagen sollen möglichst mit Sprühstrahl bekämpft werden.
- Ist im Sonderfall (der zwischen Betreiber und Feuerwehr abzusprechen ist) die Verwendung von BM-Strahlrohren gem. DIN 14 365 nicht zu vermeiden, erhöhen sich die Mindestabstände

  - bei Verwendung mit Mundstück um 5 m,
  - bei Verwendung ohne Mundstück um 10 m.

  Die angegebenen bzw. errechneten Sicherheitsabstände gelten auch für nicht genormte Strahlrohre, für die mindestens eine gleich hohe elektrische Sicherheit wie nach DIN 14 365-2 nachgewiesen wurde. Liegt dieser Nachweis nicht vor, dürfen diese Strahlrohre nur in spannungsfreien elektrischen Anlagen eingesetzt werden.
- Für Hohlstrahlrohre empfiehlt die DIN EN 15 182-1 bis 1 000 V einen Mindestabstand von 1 m bei einem Sprühstrahl von mindestens 30°.
- Bei Wasser mit Bestandteilen, welche die Leitfähigkeit erhöhen (wie Seewasser und dergleichen) ergeben sich keine Veränderungen der Mindestabstände, jedoch sind leitfähige Überzüge auf Isolatoren möglich.
- Wasser mit Bestandteilen, welche die Strahleigenschaft verändern, z. B. Netzmittel, darf im Bereich unter Spannung stehender elektrischer Anlagen nur eingesetzt werden, wenn die einzuhaltenden Mindestabstände in Anlehnung an DIN 14 365-2 als vorbereitende Maßnahme für diese Anlagen ermittelt worden sind.
- Sonstige Geräte wie z. B. Wasserwerfer und Sonderlöscher dürfen im Bereich unter Spannung stehender elektrischer Anlagen nur eingesetzt werden, wenn die einzuhaltenden Mindestabstände in Anlehnung an DIN 14 365-2 als vorbereitende Maßnahme für diese Anlagen ermittelt worden sind.

Verwendung von Schaum

Wasser ist als Löschmittel in elektrischen Anlagen nur deshalb verwendbar, weil der aus genormten Strahlrohren abgegebene Wasserstrahl bereits kurz hinter der Austrittsöffnung in eine Ansammlung parallel dahinfliegender Tröpfchen zerfällt, die miteinander nicht mehr in Kontakt stehen. Dies ist bei Schaum, egal ob Schwer- oder Mittelschaum, jedoch nicht der Fall. Für den Einsatz von Schaum in elektrischen Anlagen gelten daher die in Tabelle 20 dargestellten Regeln.

Tabelle 20: ***Mindestabstände beim Einsatz von Schaum in elektrischen Anlagen (siehe DIN VDE 0132:2018-07)***

Gerät/Anwendungsform	Eignung für Brandklasse	Mindestabstand (m) zwischen Löschmittelaustrittsöffnung und unter Spannung stehenden Anlagenteilen				
		Niederspannung bis AC 1 000 V oder DC 1 500 V	Hochspannung bis			
			30 kV	110 kV	220 kV	380 kV
Schaumrohre DIN 14 366-1 S2/S4/S8	A, B	Einsatz nur in spannungsfreien Anlagenteilen				
Schaumwerfer	A, B					
Tragbare/fahrbare Schaumlöscher	A, B	Die Verwendungshinweise auf den Löschern sind zu beachten.	Einsatz nur in spannungsfreien Anlagenteilen			

- In Niederspannungsanlagen darf Schaum grundsätzlich nur bei spannungsfreien Anlagen eingesetzt werden. Falls erforderlich sind auch benachbarte Anlagen spannungsfrei zu schalten. Ausgenommen von dieser Beschränkung ist der Einsatz typgeprüfter und für die Verwendung in elektrischen Anlagen zugelassener Löschgeräte.
- In Hochspannungsanlagen darf Schaum ohne Ausnahme nur bei spannungsfreien Anlagenteilen eingesetzt werden. Falls erforderlich sind auch benachbarte Anlagen spannungsfrei zu schalten.

Verwendung von Pulver

Beim Einsatz von Pulver in elektrischen Anlagen ist zwischen verschiedenen Pulverarten, wie in Tabelle 21 dargestellt, zu unterscheiden. Glutbrand- und Metallbrandpulver bilden nämlich beim Aufbringen leitfähige Schmelzbeläge.

Tabelle 21: ***Mindestabstände beim Einsatz von Pulver in elektrischen Anlagen (siehe DIN VDE 0132:2018-07)***

Gerät/Anwendungsform	Eignung für Brandklasse	Mindestabstand (m) zwischen Löschmittelaustrittsöffnung und unter Spannung stehenden Anlagenteilen				
		Niederspannung bis 1 000 V	Hochspannung bis			
			30 kV	110 kV	220 kV	380 kV
Pulverlöscher »P«	B, C	1	3	3	4	5
Pulverlöscher (Glutbrand »PG«)	A, B, C	1	Einsatz nur in spannungsfreien Anlagenteilen			
Pulverlöscher (Metallbrand »PM«)	D	1	Einsatz nur in spannungsfreien Anlagenteilen			

- Der Einsatz von Löschpulver in elektrischen Anlagen und in deren Nähe darf nur mit Zustimmung des Betreibers erfolgen.
- Beim Einsatz von Löschpulver ist zu beachten, dass unter Einfluss von Temperatur, Nässe und Luftfeuchte Löschpulverbeläge auf Isolatoren in einem Maße leitfähig werden können, dass unter Einfluss höherer elektrischer Feldstärken, d. h. im Allgemeinen bei Hochspannung (Spannung über 1 kV) kurzschlussartige Ströme zum Fließen kommen. Die dadurch entstehenden Störlichtbögen stellen eine Lebensgefahr für sich in der Nähe aufhaltende Personen und eine Gefährdung der Anlage dar. Aus diesem Grund dürfen Löschpulver in Hochspannung führenden Freiluft- und Innenraumanlagen nur angewendet werden, wenn diese Anlagen trocken sind.
- Leitfähige Belege können in Hochspannungsanlagen Personen und die Anlagen selbst gefährden. Sie sind deshalb nach Möglichkeit zu vermeiden.
- Es sollten nur Löschpulver verwendet werden, die keine schwer zu reinigenden Beläge (z. B. Schmelzbelag bei ABC-Pulver) auf den Anlagenteilen bilden. Der Einsatz von Löschpulver ist im Bereich staubempfindlicher Anlagen (wie Fernmeldeanlagen, Informationsverarbeitungsanlagen, Mess- und Regelanlagen, Verteilerschränken mit Schützen und Relais usw.) zu vermeiden.

Verwendung von Kohlendioxid

Kohlendioxid ist elektrisch nichtleitend. Aus diesem Grund darf es als Löschmittel in elektrischen Anlagen unbedenklich verwendet werden. Die einzuhaltenden Sicherheitsabstände sind in Tabelle 22 dargestellt.

Tabelle 22: ***Mindestabstände beim Einsatz von Kohlendioxid in elektrischen Anlagen (siehe DIN VDE 0132:2018-07)***

Gerät/Anwendungsform	Eignung für Brandklasse	Mindestabstand (m) zwischen Löschmittelaustrittsöffnung und unter Spannung stehenden Anlagenteilen				
		Niederspannung bis 1 000 V	Hochspannung bis			
			30 kV	110 kV	220 kV	380 kV
Kohlendioxidlöscher	B oder C	1	3	3	4	5

- Die Eignung für die Brandklasse wird durch die Düse bestimmt:
  - Brandklasse B: Schnee und Nebel,
  - Brandklasse C: scharfer Gasstrahl. Vorsicht beim Einsatz, starker Rückstoß.
- Kohlendioxid ist schwerer als Luft,
- ab 5 Vol % gesundheitsgefährdend und wirkt ab 8 Vol % lebensbedrohlich. Bei Verwendung in engen, schlecht belüfteten Räumen besteht Lebensgefahr, wenn kein umluftunabhängiger Atemschutz getragen wird.
- Kohlendioxid ist elektrisch nichtleitend und hinterlässt keine Rückstände. Die Anwendung ist bei unter Spannung stehenden Anlagen unbedenklich.
- In Außenanlagen ist die Wirkung begrenzt, weil sich Kohlendioxid verflüchtigt.
- Gefahrenhinweise auf den Löschgeräten beachten.

11.5 Dezentrale Energieerzeugungsanlagen

Aus ökologischen und energiewirtschaftlichen Gründen nimmt die Zahl der dezentralen Energieerzeugungsanlagen stark zu. Somit werden auch die Feuerwehren bei ihren Einsätzen vermehrt mit den besonderen Gefahren derartiger Anlagen konfrontiert.

Unter dezentralen Energieerzeugungsanlagen versteht man im Einzelnen:

- Brennstoffzellen-Energieerzeugungsanlagen,
- Windenergieanlagen (WEA),
- Stromerzeugungsaggregate inkl. Blockheizkraftwerken,
- Batterieanlagen zur Energieversorgung/-pufferung,
- Batterieanlagen für die unterbrechungsfreien Spannungsversorgung (USV),
- Photovoltaik-Anlagen (PV-Anlagen),
- (Klein-)Wasserkraftwerke.

Ist es notwendig, an derartigen Anlagen Spannungsfreiheit herzustellen, so sind einige Besonderheiten zu beachten. Grundsätzlich gilt auch in diesen elektrischen Anlagen, dass Schaltvorgänge immer mit Risiken für den Schaltenden verbunden sind und deshalb nur von fachkundigem Personal durchgeführt werden dürfen. Insbesondere ist aber zu berücksichtigen, dass abhängig von der Anlagenart eine Spannungsfreiheit nur mit Verzögerung und/oder nur in Teilbereichen hergestellt werden kann. Unproblematisch sind Stromerzeugungsaggregate, wenn sie abgeschaltet werden können, da die Spannungserzeugung mit Stillstand des Generators aufhört.

Brennstoffzellen-Energieerzeugungsanlagen stellen ihre Wirkung ein, sobald kein Brennstoff (meist Wasserstoff oder Erdgas) mehr zur Verfügung steht. Nach Schließen der Brennstoffzufuhr kann aber elektrische Spannung noch so lange anstehen, wie der Anlage noch Restbrennstoff zur Verfügung steht.

Batterie- und USV-Anlagen basieren auf in Batterien bzw. Akkumulatoren gespeicherter elektrischer Energie und liefern daher zunächst Gleichspannung. Diese Spannung kann nicht beseitigt, sondern nur durch Schaltvorgänge von den übrigen Anlagenteilen getrennt werden. Dabei ist zu berücksichtigen, dass im Bereich der Gleichspannung unter Last weder Sicherungen gezogen noch Kabel oder Leitungen gelöst oder getrennt werden dürfen, weil sonst die Gefahr eines Lichtbogens besteht. Sofern derartige Handlungen notwendig sind, müssen diese durch entsprechend ausgebildete Elektrofachkräfte durchgeführt werden. Üblicherweise halten die Energieversorger dafür (auch für den Einsatz unter Atemschutz!) ausgebildetes Personal bereit.

Weil Windenergie-, Photovoltaik-Anlagen sowie Akkuspeicher mittlerweile am weitesten verbreitet sind, sollen die von ihnen ausgehenden Gefahren näher dargestellt werden.

11.5.1 Windenergie-Anlagen (WEA)

Im Jahr 2022 waren in Deutschland »onshore« (d. h. an Land) mehr als 28 000 WEA in Betrieb. Der bisherige Peak war 2020 mit knapp 30 000 Anlagen, aktuell werden ältere, unrentable Anlagen stillgelegt oder mehrere kleinere durch deutlich Größere ersetzt. Der Turm, der die bis zu mehr als hundert Tonnen schwere Maschinengondel mit Rotor, Getriebe und Generator trägt, kann aus Stahl, (Spann-)Beton oder als Gittermast ausgeführt sein. Die Masthöhe liegt zwischen 40 und 175 Metern, die Länge der Rotorblätter zwischen 20 und 90 Metern. 2023 hat der Bau von Höhenwindanlagen mit einer Nabenhöhe von 300 m und einer Gesamthöhe von dann ca. 380 m begonnen.

Da die WEA in der Regel außerhalb von besiedeltem Gebiet errichtet werden, haben sie keine postalische Adresse und die Anfahrt kann schwierig sein. Daher müssen sich die Feuerwehren mit den Anfahrtswegen und Örtlichkeiten der WEA in ihrem Ausrückebereich bereits im Vorfeld befassen. Internetdatenbanken (z. B. https://www.wea-nis.de/) können hierbei hilfreich sein, ersetzen aber nicht die empfohlene Kontaktaufnahme mit den Anlagenbetreibern.

Soweit möglich, ist bei Technischen Hilfeleistungen und Bränden als erste Maßnahme der in der Regel im Eingangsbereich der Anlage befindliche »Not-Stopp-Taster« zu betätigen. Erst bei vollständigem Stillstand der Rotorblätter ist die Spannungserzeugung der WEA beendet. Bis dahin gelten die in den ▶ Tabellen 19 bis 21 für Spannungen von 1 bis 110 kV angegebenen Mindestabstände zu offenen, spannungsführenden Teilen.

Bei Bränden im oberen Teil einer WEA sind Löschversuche in der Regel aussichtslos, hier sollte von der Option des kontrollierten Abbrennen-lassens Gebrauch gemacht werden. Da wegen der Anlagenhöhe mit weiträumig herabfallenden Teilen gerechnet werden muss, ist nach Auswertung bisheriger Erkenntnisse mit Stand von 2025 ein Radius von 3 H (Höhe der Anlage bis zur Spitze des hochstehenden Rotorblattes) abzusperren, bei markantem Wind in Windrichtung das Doppelte. Bei Bränden von WEA im Wald hat man damit ähnliche Probleme wie mit Bränden in Munitionsverdachtsflächen, denn sie können nicht direkt bekämpft werden!

11.5.2 Photovoltaik-Anlagen

Die Nutzung des Sonnenlichts zur Energiegewinnung mittels Solar-Anlagen auf Gebäudedächern oder an Fassaden erfolgt prinzipiell auf zwei unterschiedliche Arten: erstens zur Warmwassererzeugung (solarthermische Anlagen), zweitens zur Erzeugung von elektrischer Energie (Photovoltaik-Anlagen). Nur von letzteren, die auch als Freiflächenanlagen ausgeführt sein können, gehen im Einsatzfall für die Feuerwehr besondere elektrische[43] Gefahren aus.

In PV-Anlagen wird die Strahlungsenergie des einfallenden Lichts direkt in elektrische Energie umgewandelt. Je nach Größe der PV-Anlage und Schaltung der einzelnen Module kann bis zu 1 000 V Gleichspannung erzeugt werden. Diese wird zunächst in einem Wechselrichter in Wechselspannung umgewandelt und dann einem elektrischen Verbraucher zugeführt oder in das (öffentliche) Stromnetz eingespeist. Während die Solarzellen naturgemäß auf der Dachfläche oder der Außenfassade des jeweiligen Gebäudes befestigt sind, kann sich der Wechselrichter an beliebiger Stelle befinden, oft ist er in unmittelbarer Nähe zum Hauptsicherungskasten des Stromnetzes angeordnet. Bei Freiflächenanlagen befinden sich die elektrotechnischen Anlagenteile in gesondert errichteten Betriebsgebäuden, die als solche gekennzeichnet sind.

Solange ausreichend Licht auf die Solarzellen der PV-Anlage fällt, kann die erzeugte Spannung nicht beseitigt, sondern nur durch Schaltvorgänge von den übrigen Anlagenteilen getrennt werden. Ein Trennschalter befindet sich immer zwischen Wechselrichter und (öffentlichem) Stromnetz, dieser ist stets als erster zu betätigen. Nicht in allen Fällen gibt es aber einen weiteren Trennschalter zwischen den Solarzellen und dem Wechselrichter. Das unkontrollierte Öffnen von Steckverbindungen auf der Gleichspannungsseite kann zur Bildung eines gefährlichen Lichtbogens führen. Damit ist bei Schadenfällen an einer PV-Anlage die Gefahr eines elektrischen Schlages bei Berührung der Gleichspannungsseite gegeben, solange Licht auf die Solarzellen fällt. Nur durch eine komplette Verdunkelung, lichtundurchlässige und feste Abdeckung, kann diese Gefahr vollständig verhindert werden. Bei großflächigen oder schlecht zugänglichen Anlagen sowie bei Bränden im Bereich der PV-Anlage stößt diese Möglichkeit aber schnell an ihre Grenzen.

In der Praxis ist zu bedenken, dass bei Einsätzen in der Nacht zwar das Mondlicht oder eine »übliche« Einsatzstellenbeleuchtung für den Aufbau einer elektrischen Spannung in den heutzutage verwendeten Solarzellen nicht ausreichen, die Verwendung von Scheinwerfern oder ähnlichen Lichtquellen mit großer Leistung oder großer Anzahl in der Nähe der PV-Anlage aber sehr wohl gefährlich hohe Span-

---

43 Solarthermieanlagen fallen hier nicht darunter. Bei diesen besteht mit Ausnahme der Elektrik für Pumpen und Steuerung keine elektrische Gefahr, allerdings können die Anlagen bei Sonnenschein sehr heiße Flüssigkeit enthalten. Hierdurch können nicht nur Brände entstehen, sondern es besteht im Versagensfall oder bei einsatzbedingten Schäden erhebliche Verbrühungs-/Verbrennungsgefahr!

nungen bewirken kann. Daher sind bei PV-Anlagen die in den ▶ Tabellen 17 bis 20 für Spannungen bis 1 000 V angegebenen Mindestabstände zu offenen, spannungsführenden Teilen grundsätzlich einzuhalten.

Es gibt Bestrebungen für die verbindliche Einführung einer Kennzeichnungspflicht für PV-Anlagen im Bereich der Stromkreisverteiler, damit die Einsatzkräfte auf die besonderen Gefahren hingewiesen werden. In der Entwicklung befinden sich Sicherheitstrennelemente, die sowohl beim Überschreiten einer bestimmten Temperatur automatisch als auch durch gezielte Schläge mit einer Feuerwehraxt o. Ä. lichtbogenfreie und deutlich sichtbare Unterbrechungen auf der Gleichspannungsseite einer PV-Anlage bewirken und damit einen deutlichen Sicherheitsgewinn für die Einsatzkräfte darstellen können. Zu bedenken ist aber, dass eine Vielzahl von PV-Anlagen ohne Kennzeichnung und Sicherheitstrennelemente bereits installiert ist und eine Nachrüstung – wenn überhaupt realistisch – viele Jahre in Anspruch nehmen wird.

Sowohl bei solarthermischen als auch bei PV-Anlagen ist im Brandfall des Daches die Gefahr des Abrutschens bzw. Herabstürzens oder Durchbrechen der Anlage bzw. von Anlagenteilen zu beachten (vgl. Gefahren durch Einsturz, ▶ Kapitel 10). Bei ungesicherten Arbeiten auf dem Dach besteht die Gefahr des Absturzes (▶ Kapitel 3.2) für die Einsatzkräfte.

11.6 Statische Elektrizität

Statische Elektrizität kann an Materialien auftreten, die den Strom selbst nicht leiten (Isolator), oder die isoliert so angeordnet sind, dass elektrische Ladungen nicht abfließen können. Ursachen für elektrostatische Aufladung können sein:

- Kontakt-Reibung,
- Kontakt-Trennung,
- Influenz.

In den Praxisfällen des Feuerwehralltags wird elektrostatische Aufladung meist durch Reibung zweier Stoffe untereinander erzeugt. Das häufigste Beispiel hierfür sind in gummierten Schläuchen strömende Mineralölprodukte.

Von statischer Elektrizität geht in der Regel keine unmittelbare Gesundheitsgefahr aus, weil die vorhandenen Ladungsmengen sehr gering sind und somit keine hohen Ströme fließen können. Wegen der erreichbaren hohen Spannungen kann es aber zu Entladungen mit Funkenüberschlag kommen, die insbesondere bei brennbaren Flüssigkeiten Zündquellen darstellen und damit eine Explosionsgefahr bewirken können, wenn ihr Energiegehalt für eine Zündung ausreichend groß ist. Eine einfache und ebenso wirksame Maßnahme zum Unterbinden statischer Aufladungen ist das so genannte Erden, wobei alle verwendeten Teile auf das gleiche elektrische Potenzial (Erdpotenzial) gelegt werden. Diese Maßnahme ist aus den vorgenannten Gründen vor dem Fördern brennbarer Flüssigkeiten unbedingt sorgfältig durchzuführen.

11.7 Magnetische und elektromagnetische Felder

Mit der Elektrizität untrennbar verbunden ist der Magnetismus. Jeder stromdurchflossene elektrische Leiter ist von einem Magnetfeld umgeben und jedes sich ändernde Magnetfeld induziert in einem Leiter eine elektrische Spannung. Alle Generatoren und Elektromotoren arbeiten unter Nutzung dieses physikalischen Naturgesetzes.

Elektrische und magnetische Felder können aber auch derart miteinander gekoppelt werden, dass sie sich gegenseitig aufrechterhalten und sich eine so genannte elektromagnetische Welle mit Lichtgeschwindigkeit in den Raum ausbreitet. Sowohl von magnetischen als auch von elektromagnetischen Feldern können besondere Gefahren für die Einsatzkräfte der Feuerwehr ausgehen.

11.7.1 Magnetische Felder

Konstante magnetische Felder haben nach derzeitigem Wissensstand keine unmittelbare Wirkung auf Menschen. Wechselnde magnetische Felder können dahingegen Ströme im Gewebe auslösen, die eine in der Regel harmlose Wirkung auf das Nervensystem haben können. Problematisch kann es aber werden, wenn Menschen mit implantiertem Herzschrittmacher einem starken Magnetfeld ausgesetzt werden, denn dieses kann den Herzschrittmacher in seiner korrekten Funktion stören.

Eine Gefährdung von Einsatzkräften der Feuerwehr durch starke Magnetfelder entsteht in der Praxis indirekt durch das magnetische Verhalten von Teilen der Persönlichen Schutzausrüstung. In vielen Krankenhäusern stehen so genannte Magnetresonanz-Tomografen (MRT), in denen für diagnostische Zwecke detaillierte Schnittbilder des menschlichen Körpers erstellt werden (▶ Bild 63). MRT müssen von den in vielen Krankenhäusern und Facharztpraxen vorhandenen Computer-Tomografen (CT) unterschieden werden, welche auch Schnittbilder des menschlichen Körpers generieren, hierfür aber nicht mit Magnetfelder, sondern mit Röntgenstrahlung arbeiten.

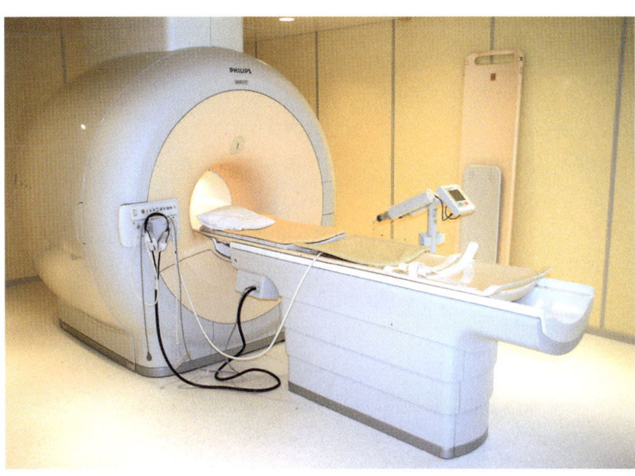

Bild 63: ***Magnetresonanz-Tomograf – MRT (Quelle: Jochen Thorns)***

Bild 64: ***Warnung vor gefährlichem magnetischem Feld***

Für eine gute Bildqualität eines MRT werden sehr starke Magnetfelder (Warnzeichen, ▶ Bild 64) benötigt, die das 10 000- bis 100 000-Fache des natürlichen Erdmagnetfeldes betragen können. Während ältere MRT ihr (schwächeres) Magnetfeld mittels Permanentmagneten erzeugen, nutzt man in modernen MRT zur Herstellung von sehr starken Magnetfeldern den physikalischen Effekt der Supraleitung, bei dem bestimmte elektrische Leiter bei sehr tiefen Temperaturen (nahe dem absoluten Nullpunkt von -273 °C) ihren elektrischen Widerstand verlieren und die hohen elektrischen Ströme, die für das gewünschte starke Magnetfeld erforderlich sind, in ihnen widerstandsfrei und damit mit niedrigem Energieaufwand fließen können. Zum Erreichen der für die Supraleitung notwendigen tiefen Temperaturen verwendet man als Kühlmittel in der Regel verflüssigtes Helium (rund 2 000 Liter, bei ca. -270 °C). Solange die Spulen eines MRT auf diesen tiefen Temperaturen im Zustand der Supraleitung gehalten werden, bleiben der in ihnen einmal angeregte Stromfluss und damit das von diesem Stromfluss verursachte Magnetfeld unverändert bestehen. Da verflüssigtes Helium aufwendig und kostspielig herzustellen ist und die Inbetriebnahme eines MRT aus dem Ruhezustand bis zu zwei Monate Zeit in Anspruch nehmen kann, ohne dass mit ihm in diesem Zeitraum Messungen durchgeführt werden können, werden MRT schon aus wirtschaftlichen Gründen möglichst lange im supraleitenden Zustand gehalten. Damit besteht das starke Magnetfeld auch dann, wenn sich keine Patienten im MRT befinden. Auch ein Abschalten der gesamten Elektrik schaltet zwar die Anlage spannungsfrei, lässt aber das Magnetfeld noch nicht zusammenbrechen – ein wesentlicher Unterschied zum CT, dessen Röntgenstrahlung nur für die jeweilige Untersuchungszeit elektrisch eingeschaltet wird.

Daher gibt es an einem MRT zwei Not-Aus-Schalter: einen für die Elektrik und einen weiteren für das Magnetfeld. Der erste stellt die Spannungsfreiheit in der Anlage her, trennt sie vom Netz, aber erst der zweite Not-Aus-Schalter beendet die Supraleitfähigkeit der Spule und lässt damit das Magnetfeld zusammenbrechen. Technisch wird dies durch das kontrollierte Verdampfen des flüssigen Heliums ins Freie erreicht, wodurch es zur Erwärmung der Spulen, damit zur Beendigung ihrer Supraleitung und in Folge zum Zusammenbruch von Stromfluss und Magnetfeld kommt. Diesen Vorgang, der je nach Anlagentyp 30 Sekunden bis einige Minuten dauern kann, bezeichnet man als »Quenchen« (engl. to quench = löschen, abfangen, dämpfen). Aber Achtung: Ältere MRT mit Permanentmagnet können natürlich nicht magnetisch abgeschaltet werden, haben aber ein schwächeres Magnetfeld und damit eine geringere, wenn auch nicht ungefährliche Anziehungskraft.

Gerät eine Einsatzkraft in den Nahbereich (einige Meter) eines MRT mit aktivem Magnetfeld, dann wirken so große Kräfte auf die magnetisierbaren Teile der Persönlichen Schutzausrüstung – in erster Linie auf die Stahlflasche(n) des Pressluftatmers, dass sie mit diesen völlig wehrlos in die Öffnung des MRT hineingezogen wird. Schwere Verletzungen beim Aufprall, Quetschungen sowie eine lebensbedrohliche Behinderung der Atmung infolge der zwangsweise eingenommenen »Klappmesser-Position« können die Folge sein.

Magnetisierbare Metalle können im Nahbereich eines MRT zu lebensgefährlichen Geschossen werden, Funkgeräte, Feuerlöscher, Schlüsselbunde, Äxte, Brechstangen u. Ä. sind daher unbedingt abzulegen, wenn sich einem MRT mit aktivem Magnetfeld genähert wird.

Die wichtigste Schutzmaßnahme bei Einsätzen im Bereich eines MRT heißt daher: Abstand halten! MRT befinden sich immer in elektromagnetisch besonders abgeschirmten und gekennzeichneten Räumen, die nur in Absprache mit dem fachkundigen Betreiber betreten werden sollten. Alle Gegenstände aus Stahl sind vorher abzulegen, insbesondere sind ausschließlich Pressluftatmer mit Atemluftflaschen aus

Composite-Material (CFK) zu verwenden. Einsatzkräfte mit Herzschrittmachern oder mit Metallimplantaten im Knochenskelett – soweit überhaupt einsatzdiensttauglich – dürfen in diesem Bereich keinesfalls eingesetzt werden.

Ob ein Quenchen des MRT durchgeführt wird, muss der Einsatzleiter möglichst im Einvernehmen mit dem Anlagenbetreiber und unter Beachtung des Grundsatzes der Verhältnismäßigkeit entscheiden. Immerhin verdampfen etwa drei Tonnen tiefkalt verflüssigtes Helium und es entstehen Kosten im fünfstelligen Euro-Bereich. Zur Rettung eines Menschen aus akuter Gefahr im Bereich eines MRT ist das Quenchen sicher alternativlos, für die Bekämpfung eines Schwelbrandes in der Elektrik oder eine Hilfeleistung im Bereich des MRT sollten alle Maßnahmen eng mit dem fachkundigen Betreiber abgestimmt werden. So können von diesem unter Umständen Feuerlöscher aus nichtmagnetischem Aluminium bereitgestellt werden und es besteht hinreichend Zeit, um die Stahlflaschen der Pressluftatmer gegen solche aus CFK zu tauschen.

Das beim Quenchen gasförmig ins Freie entweichende Helium bildet größere Wolken von Helium-Nebel. Dieser steigt rasch auf und ist im Freien ungefährlich, kann aber bei Dritten zu Irritationen und ggf. Angstreaktionen führen und ist daher zu berücksichtigen. Sollte es beim Betrieb des MRT oder beim Quenchen zum Austritt von flüssigem Helium kommen, so gelten die Verhaltensregeln für Einsätze mit tiefkalt verflüssigten Gasen, ▶ Kapitel 2.4.2, Maßnahmengruppe 2. Aus Gründen des Arbeitsschutzes wird empfohlen, Einsätze in der Nähe eines MRT gesondert zu dokumentieren, insbesondere die Namen der eingesetzten Kräfte festzuhalten.

Supraleitende Magnete werden auch in Forschungseinrichtungen mit teilweise deutlich höheren magnetischen Feldstärken verwendet, hier gelten die Einsatzgrundsätze für MRT-Apparaturen analog.

11.7.2 Elektromagnetische Felder

Elektromagnetische Felder sind allgegenwärtig, weil es sich bei zahlreichen natürlichen wie technischen Phänomenen des Alltags um elektromagnetische Wellen handelt, die sich alle mit Lichtgeschwindigkeit ausbreiten und sich nur in ihrer Wellenlänge unterscheiden. Das Spektrum reicht dabei von der extrem kurzwelligen kosmischen Höhenstrahlung, über Gammastrahlung, Röntgenstrahlung, ultraviolette Strahlung, sichtbares Licht, Infrarotstrahlung, Radarstrahlung und Mikrowellenstrahlung bis zur (langwelligen) Rundfunkstrahlung, vgl. Gefahren durch atomare (Strahlungs-)Gefahren, ▶ Kapitel 6. Alle diese Strahlungsarten zwischen Röntgen- und Rundfunkstrahlung werden technisch genutzt, ihre Wellenlängen unterscheiden sich dabei erheblich: Die Wellenlänge der für den BOS-Funk verwendeten Frequenzen ist mehr als eine Milliarde Mal größer als die Wellenlänge von Röntgenstrahlung.

Allen elektromagnetischen Wellen ist gemeinsam, dass sie sich abhängig von ihrer Intensität (»Strahlungsleistung«) schädigend auf den menschlichen Organismus auswirken können. Höhen-, Gamma- und Röntgenstrahlung zählen zu den ionisierenden Strahlenarten, bei ihnen sind die in ▶ Kapitel 6.3 beschriebenen besonderen Gefahren zu beachten. Ultraviolette Strahlung kann zu Hautschäden und Krebs führen, sichtbares Licht von hoher Intensität, z. B. aus einem Laser, kann schwere Augenverletzungen bis zur Erblindung und – wie auch infrarotes Licht – Verbrennungen bewirken. Radar-, Mikrowellen- und Rundfunkstrahlung können sich negativ auf den Stoffwechsel auswirken, Wärmeschäden verursachen und stehen im Verdacht, Krebs auslösen zu können – die Wechselwirkungen von elektromagnetischen Wellen mit dem menschlichen Körper sind noch nicht abschließend und gesichert bewertet. Fest steht aber, dass die unnötige Aufnahme jeglicher Strahlung vermieden werden soll und dass die Intensität der Strahlung mit dem Quadrat des Abstandes von der Strahlenquelle abnimmt: doppelter Abstand = ¼ Intensität!

Müssen Einsatzkräfte in Bereichen, in denen sie einer erhöhten elektromagnetischen Strahlung ausgesetzt sein können, tätig werden, z. B.

- Höhenrettung in der Nähe von Antennen- und Sendeanlagen auf Dächern, Masten, Türmen,
- Einsätze in bestimmten medizinischen Untersuchungs- oder technischen Forschungsbereichen oder
- Einsätze unter Bahnfahrzeugen mit dem europäischen Zugsicherungssystem ETCS,

dann ist die Anlage schnellstmöglich durch den Betreiber abschalten und gegen unbeabsichtigtes Wiedereinschalten sichern zu lassen.

Wenn dies nicht möglich ist und der Einsatz keinen Aufschub zulässt, sind

- besonders gekennzeichnete Räume nicht ohne Abstimmung mit dem Betreiber zu betreten,
- von Antennen- und Sendeanlagen Mindestabstände einzuhalten, die je nach Art und Leistung der Anlage zwischen fünf Metern (bei Mobilfunk-Anlagen) und 50 Metern (bei TV-Sendern) betragen können. Im Zweifelsfall ist der größtmögliche Abstand zu wählen,
- so wenig Einsatzkräfte wie möglich einzusetzen,
- Möglichkeiten zur Abschirmung konsequent zu nutzen und
- die Aufenthaltszeit im eigentlichen Gefahrenbereich so kurz wie möglich zu halten.

Aus Gründen des Arbeitsschutzes wird empfohlen, derartige Einsätze gesondert zu dokumentieren, insbesondere die Namen der eingesetzten Kräfte festzuhalten.

11.8 Speicherung elektrischer Energie

Die Speicherung von elektrischer Energie spielt primär dort eine große Rolle, wo elektrische Energie ortsungebunden verfügbar sein soll. Aber mit zunehmender dezentraler Stromerzeugung, die abhängig vom Wetter schwankt, besteht auch zunehmend der Bedarf an Puffer-Speichern. Das angestrebte Ziel ist es dabei, möglichst viel elektrische Energie in einem möglichst kleinen und leichten Speicher zusammenzufassen, also eine hohe Energiedichte zu erzielen. Gleichzeitig soll die Entnahme einfach und bei Bedarf auch in großen Mengen stabil und sicher erfolgen. Insbesondere bei mobilen Anwendungen soll eine Wiederaufladung möglichst schnell durchführbar sein.

Technisch erfolgt die kurzfristige Speicherung elektrischer Energie in sogenannten Kondensatoren, die langfristige Speicherung sowohl in nicht-wiederaufladbaren Primärzellen (»Batterien«) als auch in wiederaufladbaren Sekundärzellen (»Akkumulatoren«), wobei die Begrifflichkeiten in der Praxis nicht immer sauber unterschieden werden, denn häufig wird »Batterie« umgangssprachlich für beide Formen als Oberbegriff verwendet.

Wiederaufladbar oder nicht, das Grundprinzip ist stets das Gleiche: Elektrische Energie liegt umgewandelt in chemischer Energie vor und wird zur Entnahme zurückgewandelt. Physikalisch-chemisch nutzt man die unterschiedliche Elektronegativität verschiedener Metalle (oder ihrer Konfigurationen) aus, die bei geeigneter Anordnung in bestimmter Umgebung (häufig »elektrolytische Flüssigkeiten« genannt) elektrische Spannung ausbilden, welche beim Anschließen eines Verbrauchers zum Stromfluss führt. Die jeweils maximal anliegende Spannung der einzelnen Zelle hängt dabei allein von den verwendeten Chemikalien ab, Kapazität (Speichermenge) und maximaler Stromfluss werden dahingegen durch die Baugröße bestimmt. Durch Reihenschaltung einzelner Zellen kann die insgesamt anliegende Spannung, durch Parallelschaltung die Höhe des möglichen Stromflusses erhöht werden.

Die ersten technisch anwendbaren Speicher für elektrische Energie standen im ausgehenden 19. Jahrhundert zur Verfügung. Sie basierten zunächst auf der Verwendung von Bleiplatten in einem Säurebad – eine Technik, die sich in Starterbatterien für Kraftfahrzeuge bis ins ausgehende 20. Jahrhundert gehalten hat. Nachteilig ist hier vor allem das hohe Gewicht im Verhältnis zur speicherbaren Menge elektrischer Energie.

Daher wurden kontinuierlich kompakte und leichte Zellen basierend auf unterschiedlicher chemischer Zusammensetzung entwickelt. Zu nennen sind hier beispielsweise Alkali-Mangan-, Zink-Kohle-, Nickel-Cadmium- und Nickel-Metallhydrid-Zellen, wobei die Leistungsfähigkeit aus Sicht der Anwender laufend gesteigert werden konnte. An der Spitze der Entwicklung stehen derzeit die besonders leistungsfähigen Lithium-Ionen-Zellen. Diese wurden Ende des 20. Jahrhunderts entwickelt und haben sehr schnell weite Verbreitung gefunden, weil sie eine besonders hohe spezifische Energie bezogen auf ihre Größe und ihr Gewicht besitzen.

Aufbau, Funktion und Verwendung von Lithium-Ionen-Zellen

In Zellen zur Speicherung von elektrischer Energie bestehen die beiden Pole (Kathode und Anode) aus unterschiedlichem Material. Dies ist auch bei Lithium-Ionen-Zellen der Fall. Bemerkenswert im Aufbau ist hier aber der Umstand, dass das Lithium sowohl in beiden elektrischen Polen als auch im Elektrolyten vorliegt – und zwar als Ion, d. h. als (positiv) elektrisch geladenes Atom. Der grundsätzliche Aufbau ist in

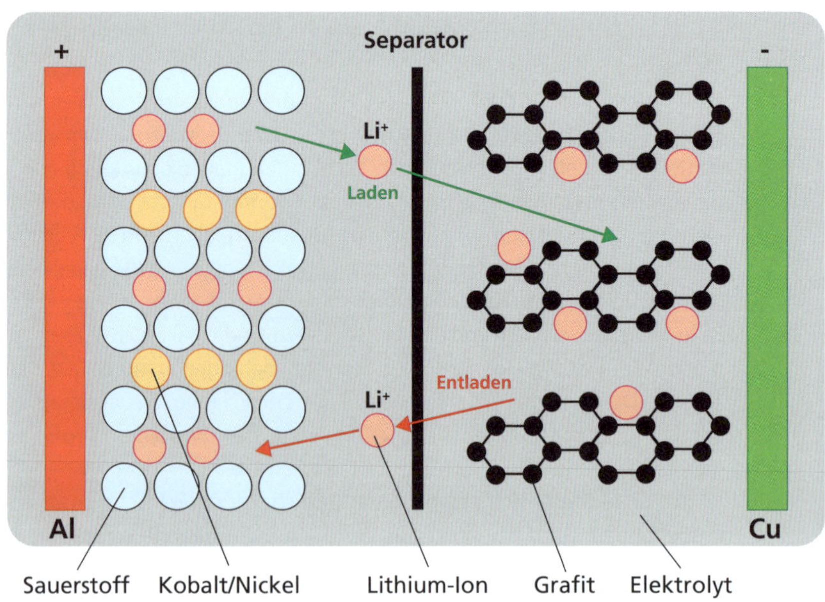

Bild 65: ***Aufbau einer Lithium-Ionen-Zelle (Quelle: W. Kohlhammer GmbH)***

▶ Bild 65 zu sehen, wobei es insbesondere hinsichtlich des Aufbaus bzw. der Zusammensetzung von Kathodenmaterial und Elektrolyt erhebliche Unterschiede gibt.

Bei Entladung wandern die Lithium-Ionen in der Zelle von der negativen Anode zur positiven Kathode, beim Aufladen kehrt sich der Vorgang um. Verwendet werden Lithium-Ionen-Zellen in kleinen wie in großen elektrischen Geräten bzw. Fahrzeugen: Laptops, Powerbanks, Kameras, Garten- und Haushaltsgeräte, Arbeitsmaschinen, E-Bikes und Kraftfahrzeuge, aber auch stationär als lokale Speicher von Photovoltaik-Anlagen (▶ Kapitel 11.4.1).

11.9 Gefahren von Lithium-Ionen-Zellen

Da Lithium-Ionen-Zellen im Verhältnis zu ihrer Größe und ihrem Gewicht eine sehr hohe Energiedichte besitzen, kann im Störfall aus ihnen auch eine relativ große Gefahr entstehen. Sie reagieren auf Beschädigungen, technische Defekte oder nicht sachgemäße Handhabung sehr empfindlich, teilweise sogar gefährlich, sodass elektronische Schutzschaltungen (»Batteriemanagementsystem«) eingebaut und weitere spezifische Sicherheitsvorkehrungen beachtet werden müssen. Probleme mit Lithium-Ionen-Zellen entstehen beispielsweise nach

- mechanischen Beschädigungen,
- thermischer Belastung oder
- Überladung.

Dabei kann es zu inneren Kurzschlüssen oder chemischen Prozessen kommen, die so viel Wärme freisetzen, dass die eigentliche Zelle ggf. explosionsartig zerstört wird und ihr giftiger und/oder brennbarer Inhalt, meist zischend als weiß-graue Gase (»Venting«), austritt. In der Folge kann sich ein Brand der Zelle und/oder der Umgebung entwickeln, der auf weitere Zellen übergreift. Bei Temperaturen oberhalb von 80 °C kann die Zelle Sauerstoff freisetzen, was zu einem Weiterbrennen auch bei äußerem Sauerstoffmangel führt.

Das beste Löschmittel ist Wasser – und zwar in großer Menge, um die Batterie bzw. deren Umgebung zu kühlen. Große Wassermengen sind nur dann nicht erforderlich, wenn es gelingt, das Wasser gezielt auf bzw. in die brennenden oder zu kühlenden Batteriezellen zu richten (vgl. Neske, 2022). Dies ist aber je nach Zugänglichkeit zur Batterie im Schadensfall (z. B. Batteriespeicher in einem Gebäude bei einem Brand oder nach einem schweren Verkehrsunfall) nicht immer (einfach) möglich.

Maßgeblich für die im Störfall ausgehende Gefahr ist die in der Summe der einzelnen Zellen gespeicherte Energiemenge. Einzelne Zellen oder kompakte Verbünde (z. B. in E-Bikes) sind mit einem Strahlrohr sicher beherrschbar, hier ist die größte Gefahr das Übergreifen des Brandes auf die Umgebung. Es gibt Berichte von ausgebrannten Pkw, weil ein defektes Handy auf dem Beifahrersitz in Brand geraten war, oder von ausgebrannten Häusern, weil der Akku eines im angebauten Carport abgestellten E-Bikes Feuer gefangen hatte. Der Umfang des Schadens wird in solchen Fällen regelmäßig von der Entdeckungszeit beeinflusst und von der Frage, ob es zum Entstehen großer Menge brennbarer Gase kommt, die zusammen mit der freigesetzten Energie eine erhebliche Explosionsgefahr darstellen und ganze Gebäude zerstören können, wie z. B. im August 2023 in Neuss (NRW). Die Gefahren der Einsatzstelle werden dann nicht mehr nur von den Lithium-Ionen-Zellen, sondern von den in Brand gesetzten Fahrzeugen oder Gebäuden bestimmt.

Kritisch für die Feuerwehr und vom Verhalten der Lithium-Ionen-Zellen geprägt wird die Lage jedoch dann, wenn größere Mengen von ihnen betroffen sind (z. B. in Lagern oder bei der Produktion). Nur wenn es in den ersten Minuten gelingt, einen Entstehungsbrand wirksam zu bekämpfen, besteht noch eine reelle Chance, das Ereignis zu beherrschen. Kann der Brand jedoch erst einmal auf eine große Menge von Lithium-Ionen-Zellen übergreifen, dann besteht eine konkrete Gefahr heftiger Explosionen und unkontrollierter Brandausbreitung. Auch in diesen Fällen ist der Einsatz von großen Wassermengen als Lösch- bzw. Kühlmittel angezeigt. Zudem ist beim Vorgehen die Explosionsgefahr zu berücksichtigen. Insgesamt können die folgenden Gefahren bestehen: Atemgifte, Ausbreitung, Chemie, Einsturz, Elektrizität und Explosion.

Bei gelöschten Lithium-Ionen-Zellen besteht grundsätzlich über einen längeren Zeitraum die Gefahr einer Rückzündung, weil infolge einer äußeren Beschädigung entstandenen inneren Kurzschlüsse auch nach Löschen des sichtbaren Brandes weiter bestehen bleiben. Zwar kann in der Regel die Wärmeentwicklung mit einer Wärmebildkamera überwacht werden, aber auch eine konstante Temperatur ist kein sicherer Indikator für den Ausschluss einer Rückzündung. Lithium-Ionen-Zellen sollen daher soweit möglich – die Feuerwehr führt grundsätzlich keinen Ausbau oder das Freilegen einzelner Zellen aus einer Einhausung durch – an einen sicheren Ort/ins Freie verbracht und idealerweise unter Wasser gelagert werden, wenn es keine andere sichere Lagerungs-/Transportmöglichkeit gibt.

Sofern das Brandgut an Dritte übergeben wird, z. B. das gelöschte Fahrzeug mit Elektroantrieb an den Abschleppdienst, ist dieser auf den besonderen Energiespeicher und die Möglichkeit einer Rückzündung hinzuweisen. Dafür gibt es mitt-

Bild 66: ***Brand eines Akkuspeichers für eine PV-Anlage in einem Gewerbebetrieb in Degernbach bei Pfarrkirchen. Das Löschen bzw. Kühlen aus mehreren Strahlrohren verhinderte nur die Brandausbreitung auf weitere Gebäudeteile. Obwohl der Speicher nicht so weit weg von einer relativ großen Türe ins Freie lag, dauerte es Stunden, bis er letztlich mit roher Gewalt herausgerissen werden konnte, um im Freien in ein Wasserbecken zum Löschen und Abkühlen gelegt werden zu können. (Quelle: Dr. Cimolino)***

lerweile entsprechende Übergabeformulare (vgl. ▶ Kapitel 17 – Anhang 4 »Übergabeprotokoll Fahrzeuge« und Hellmann/Cimolino, ELH, 2025).

11.10 Fahrzeuge mit Elektroantrieb

Vor allem aus Gründen des Umweltschutzes werden Kraftfahrzeuge vermehrt mit alternativen Antriebstechniken ausgestattet. Neben den in ▶ Kapitel 14.7 beschriebenen alternativen Kraftstoffen Flüssiggas, Erdgas und Wasserstoff, die anstelle von Benzin oder Diesel einen Verbrennungsmotor antreiben, kommen Elektroantriebe in drei Varianten zum Einsatz:

- Umsetzung von Wasserstoff in elektrische Energie in einer Brennstoffzelle.
- Als Hybrid-Antriebe, d. h. eine Batterie wird ergänzend zum Verbrennungsmotor mitgeführt und das Fahrzeug wird zum Teil elektrisch, zum Teil mit Kraftstoffen angetrieben. Das Laden der Batterie erfolgt über den Verbrennungsmotor oder ein Ladekabel (»Plug-in-Hybrid«).

- Als reiner Elektroantrieb, d. h. die Energie ist ausnahmslos in einer Batterie gespeichert.

Die folgende Tabelle gibt eine Übersicht über die Kombinationsmöglichkeiten, dabei sind diejenigen Antriebsarten, von denen eine elektrische Gefahr ausgehen kann, rot gekennzeichnet:

Tabelle 23: ***Antriebsarten von Kraftfahrzeugen***

Energieträger/-speicher	Energiewandler	Antriebskonzept
Benzin/Diesel	Verbrennungsmotor	Konventioneller Antrieb
Erdgas (CNG), Flüssiggas (LPG), Wasserstoff (H_2)	Verbrennungsmotor	Gasbetriebener Antrieb
Benzin/Diesel + Batterie	Verbrennungsmotor/ Elektromotor	Hybrid-Antrieb
Batterie	Elektromotor	Elektrischer Antrieb
Wasserstoff (H_2)	Brennstoffzelle/ Elektromotor	Elektrischer Antrieb

Es leuchtet ein, dass für den Antrieb von Kraftfahrzeugen über die gewünschten Reichweiten große Energiemengen benötigt werden, sodass mit erhöhten Spannungen und großen Stromflüssen zu rechnen ist. Bei elektrisch betriebenen Kraftfahrzeugen spricht man dabei von sogenannten »Hochvolt-Systemen«, wenn die Betriebsspannung bei Gleichstrom zwischen 60 V und 1 500 V und bei Wechselstrom zwischen 30 V und 1 000 V liegt. Die elektrische Spannung in den üblicherweise in Kraftfahrzeugen verbauten Systemen liegt heute zwischen 100 V und 800 V. Insbesondere für Nutzfahrzeuge werden auch schon höhere Spannungen diskutiert.

Für die Einsatzkräfte sind daher sowohl das Batterie- als auch das Leitungssystem von besonderer Bedeutung, denn es ist klar, dass von den Hochvolt-Systemen für die Einsatzkräfte die Gefahr eines elektrischen Schlages und eines Lichtbogens ausgehen kann. Die Hersteller haben daher ihre Fahrzeuge mit einer Reihe von Sicherheitsmaßnahmen und Schutzmechanismen ausgestattet:

- Die Hochvolt-Leitungssysteme sind orangefarben gekennzeichnet und besonders gegen mechanische Beschädigungen geschützt.
- Die Hochvolt-Systeme sind berührgeschützt ausgeführt und elektrisch vollständig von der Karosserie getrennt.
- In vielen Fahrzeugen erfolgt nach einem schweren Unfall, z. B. gekoppelt an das Auslösen eines Airbags, eine Abschaltung des Hochvolt-Systems.

- Eine manuelle Deaktivierung des Hochvolt-Systems ist prinzipiell möglich, allerdings bei praktisch allen Herstellern unterschiedlich.

Allerdings können unfall- oder brandbedingt diese Schutzmechanismen ganz oder teilweise unwirksam geworden sein und der elektrische Energiespeicher (die Hochvolt-Batterie) behält auch bei abgeschaltetem System seine Spannung und damit seinen Energiegehalt. Die hiervon ausgehenden Gefahren sind in ▶ Kapitel 11.9 beschrieben.

Um den spezifischen Gefahren von Hochvolt-Systemen in Kraftfahrzeugen wirksam begegnen zu können, kommt dem raschen Erkennen eines Kraftfahrzeugs mit elektrischer Antriebstechnik eine große Bedeutung zu. Wie bei den alternativen Kraftstoffen gibt es allerdings auch hier keine einheitliche äußere Kennzeichnungspflicht, sondern die Schriftzüge und Symbole sind herstellerspezifische Designelemente, somit der Mode unterworfen und nicht verpflichtend. Auffällig ist das Fehlen jeglicher Abgasanlage bei reinen Elektroantrieben, unter Umständen fällt ein elektrischer Ladeanschluss auf. Zwar sind die sogenannten »E-Kennzeichen« ein amtlicher Hinweis darauf, dass ein elektrisch betriebenes Fahrzeug vorliegt, es besteht aber keine Verpflichtung des Halters, ein solches Kennzeichen zu führen. Lediglich die orange Farbe der elektrischen Leitungssysteme und Warnaufkleber an Hochvolt-Bauteilen (»Blitz-Piktogramme«) sind ein eindeutiger Hinweis auf das Vorliegen eines Hochvolt-Systems, aber für diese Überprüfung muss zuvor die Motorhaube geöffnet werden. Gesicherte Informationen kann die Feuerwehr nur über fahrzeugmodellspezifische Rettungsdatenblätter gewinnen, von denen die Kraftfahrzeug-Hersteller mehr als 1 200 Stück zur Verfügung stellen. Der Bestand wird laufend weiter ausgebaut. Diese Datenblätter enthalten zahlreiche Informationen über den Aufbau des jeweiligen Fahrzeugmodells und die sich hieraus ergebenden Gefahren aber auch Hinweise und Empfehlungen zum sicheren Vorgehen für die Einsatzkräfte. Hierzuzählen Angaben über Beschaffenheit und Lage von

- Kraftstofftank(s) und Kraftstoffart(en),
- Batterie(n),
- Airbags,
- Gurtstraffern,
- Strukturversteifungen,
- Hochvolt-Bauteilen und -Leitungen

sowie wichtige Hinweise zum sicheren Vorgehen, z. B. zum Deaktivieren bestimmter Systeme.

Alle vorhandenen Rettungsdatenblätter stehen mindestens den Leitstellen, z. T. auch bereits über Tablets o. ä. den Einsatzkräften vor Ort in einer Datenbank zur

Verfügung. Eine schnelle Identifizierung des Fahrzeugs und damit eine eindeutige Zuordnung des passenden Datenblattes bzw. einer aus einer entsprechenden Datenbank zum Fahrzeug kann mittels Kennzeichenabfrage beim Kraftfahrbundesamt erfolgen.

Mercedes-Benz EQS 500 4MATIC Typ V297 Limousine, ab 2021

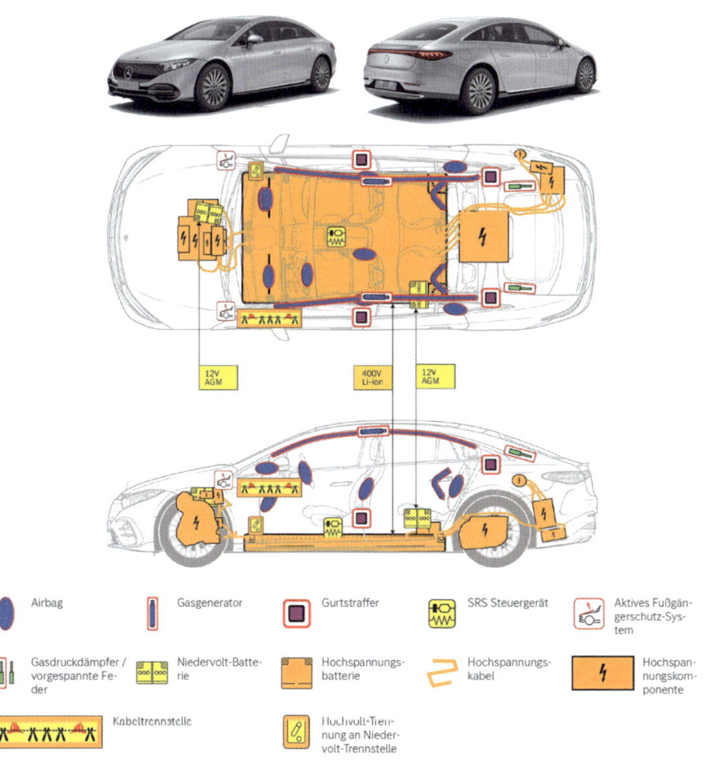

Hinweis: Weiterführende Informationen entnehmen Sie bitte unserem Rettungsleitfaden.

ID-Nr.: rk.mb-qr.com/de/297134 01.4 1/5

Bild 67: ***Auszug eines Rettungsdatenblatts (Quelle: Mercedes Benz AG)***

11.11 Sicherheit beim Einsatz elektrischer Betriebsmittel

Die Feuerwehr muss ihre elektrischen Betriebsmittel oft in Bereichen einsetzen, in denen von diesen Geräten zusätzliche Gefahren ausgehen können, z. B. in zündfähigen Atmosphären oder unter Wasserbeaufschlagung. Die Gefahr von elektrischen Betriebsmitteln als Zündquelle wird in ▶ Kapitel 14.5 vorgestellt. Im Folgenden soll auf Gefahren hingewiesen werden, die sich aus dem Einsatz elektrischer Betriebsmittel mit einer Nennspannung von 230 bzw. 400 V für den Betreiber ergeben können.

Gemäß ihrem Verwendungszweck müssen elektrische Betriebsmittel gegen Berührung sowie gegen Fremdkörper- und Wassereinwirkung geschützt sein. Die Kennzeichnung der Schutzart erfolgt durch die Buchstaben »IP« und eine ein- oder zweistellige Zahl (bei Maschinen können weitere Buchstaben hinzukommen). Die erste Ziffer steht für den Schutzgrad für Berührungs- und Fremdkörperschutz, die zweite Ziffer für den Schutzgrad für Wasserschutz. Liegt keine Angabe vor, ist die jeweilige Ziffer durch ein »X« zu ersetzen, ▶ Tabelle 24. So bedeutet beispielsweise die Schutzart IP2X an einem Trennschleifer im Einzelnen:

- Schutz gegen Berühren mit den Fingern unter Spannung stehender oder innerer, sich bewegender Teile.
- Schutz gegen Eindringen von festen Fremdkörpern mit einem Durchmesser größer als zwölf Millimeter.
- Kein besonderer Schutz gegen Wasser.

Tabelle 24: ***IP-Schutzarten elektrischer Betriebsmittel gem. DIN EN 60 529***

1. Ziffer	Schutz gegen Berührung	Schutz gegen Fremdkörper
0	kein Schutz	kein Schutz
1	größere Körperteile (z. B. Handrücken)	Fremdkörper mit einem Durchmesser > 50 mm
2	Finger	Fremdkörper mit einem Durchmesser > 12 mm
3	Werkzeuge und Drähte (Durchmesser > 2,5 mm)	kleine Fremdkörper mit einem Durchmesser > 2,5 mm
4	Werkzeuge und Drähte (Durchmesser > 1,0 mm)	kornförmige Fremdkörper mit einem Durchmesser > 1,0 mm
5	vollständiger Berührungsschutz	Staubablagerung

Tabelle 24: ***IP-Schutzarten elektrischer Betriebsmittel gem. DIN EN 60 529 – Fortsetzung***

6	vollständiger Berührungsschutz	Staubeintritt
2. Ziffer	**Schutz gegen Wasser**	
0	kein Schutz	
1	Schutz gegen senkrecht fallendes Tropfwasser	
2	Schutz gegen schräg (max. 15°) fallendes Tropfwasser	
3	Schutz gegen Sprühwasser (max. 60°)	
4	Schutz gegen Spritzwasser von allen Seiten	
5	Schutz gegen Strahlwasser	
6	Schutz gegen starkes Strahlwasser	
7	Schutz gegen kurzzeitiges Untertauchen	
8	Schutz gegen andauerndes Untertauchen	

Wenn eine der beiden Ziffern nicht angegeben werden muss, wird sie durch den Buchstaben X ersetzt.

Tauchmotorpumpen sind ihrem Verwendungszweck nach in der Schutzart IP68 gebaut, was im Einzelnen bedeutet:

- Vollständiger Schutz gegen Berühren unter Spannung stehender oder innerer sich bewegender Teile.
- Schutz gegen Eindringen von Staub.
- Wasser darf nicht in schädlichen Mengen eindringen, wenn das Betriebsmittel unter einem festgelegten Druck und für unbestimmte Zeit unter Wasser getaucht wird.

Diese Beispiele zeigen, dass es für die Sicherheit der Einsatzkräfte beim Vornehmen elektrischer Betriebsmittel von großer Bedeutung ist, dass diese immer nur ihrem zugelassenen Verwendungszweck entsprechend eingesetzt werden. Aber auch bei sachgemäßer Verwendung kann nie ausgeschlossen werden, dass es aufgrund eines Defektes oder einer Beschädigung zu einer Spannungsbeaufschlagung des Gehäuses und damit zu einer Gefährdung der Einsatzkräfte kommt. Dank eines durchdachten

Schutzsystems können solche Fehler aber nahezu folgenlos bleiben, wenn bestimmte Sicherheitsregeln eingehalten werden.

Genormte Stromerzeuger der Feuerwehr verfügen über eine so genannte Schutztrennung, d. h. der Gerätestromkreis ist nicht geerdet, sodass zwischen einem Gerätegehäuse und dem auf Erdpotenzial befindlichen Bediener keine Spannung auftreten kann. Erst wenn ein zweiter Fehler gleichzeitig auftritt – beispielsweise ein weiteres Gerät ebenfalls defekt ist – kann eine gefährliche Situation entstehen. Um auch in solchen Situationen ausreichenden Schutz zu bieten, wird der Schutzleiter als erdfreier örtlicher Potenzialausgleich verwendet. Beim gleichzeitigen Defekt mehrerer Geräte schließt dieser Potenzialausgleichsleiter den Stromkreis und der dadurch auftretende Überstrom führt innerhalb von 0,2 Sekunden zum Auslösen des Generatorschutzschalters. Allerdings funktioniert das System der »Schutztrennung mit Potenzialausgleich« nur dann zuverlässig, wenn

- ausschließlich für den Feuerwehreinsatz zugelassene Generatoren und Kabeltrommeln verwendet werden,
- die Funktionsfähigkeit des Potenzialausgleichsleiters regelmäßig überprüft wird,
- die verwendeten elektrischen Betriebsmittel regelmäßig überprüft werden und
- maximale Leitungslängen von 100 Meter zwischen Generator und einzelnem Verbraucher und zwischen jeweils zwei Verbrauchern nicht überschritten werden. Geräteanschlussleitungen von maximal zehn Metern Länge können hierbei vernachlässigt werden.

Mitunter zu sehende Erdungsspieße haben keine Bedeutung für die elektrische Sicherheit. Sie dienen allein dem Potenzialausgleich zur Verhinderung statischer Aufladungen, z. B. beim Umfüllen brennbarer Flüssigkeiten (▶ Kapitel 11.6).

Gefährlich kann es beim Einsatz elektrischer Betriebsmittel werden, wenn an Einsatzstellen vorhandene Hausinstallationen beispielsweise zum Betrieb elektrischer Tauchmotorpumpen oder Wassersauger verwendet werden. Hier beruht die vorhandene Sicherheit allein auf den Schutzeinrichtungen der Hausinstallation, die oft weit unter dem Niveau der Schutztrennung mit Potenzialausgleich liegen. So haben insbesondere ältere Gebäude oftmals keinen Fehlerstrom-Schutzschalter und die einzige Absicherung ist eine bei einer tödlichen Stromstärke von 10 bis 15 Ampere wirkende Lastsicherung. Außerdem sieht man auch einer modernen Hausinstallation eventuell vorhandene Fehler nicht an.

Merke:

Der einsatztaktische Grundsatz lautet daher: Elektrische Betriebsmittel möglichst immer an zugelassenen und geprüften Feuerwehr-Stromerzeugern betreiben!

Ist die Nutzung vorhandener Hausinstallationen aufgrund der Einsatzsituation unumgänglich, so ist aus Sicherheitsgründen stets ein eigener Fehlerstrom-Schutzschalter (»Personenschutzschalter«), ausgeführt in Schutzart IP 54, zwischen die Haussteckdose und das elektrische Betriebsmittel zu schalten. Geräte, die häufig an Hausinstallationen angeschlossen werden, z. B. Tauchmotorpumpen und Wassersauger, sollten solch eine Schutzeinrichtung bereits im Stecker integriert haben. Ist das nicht der Fall, muss eine geeignete Personenschutzleitung (z. B. PRCD-S+ nach DIN SPEC 14660 – Achtung, kann nur mit bloßer Hand, also ohne Handschuhe, geschaltet werden!) zwischengekuppelt werden. Die Tauchmotorpumpe ist dann ohne ein Betreten des überfluteten Bereiches mittels Feuerwehrleine und mit isolierenden Handschuhen nach DIN EN IEC 60903, Klasse 0, einzubringen. (Diese Handschuhe befinden sich im Verkehrsunfallkasten nach DIN 14800-13:2020-11.)

Werden von betroffenen Bürgern eigene elektrische Geräte im Wasser verwendet, so hat sich die Feuerwehr davon fernzuhalten, weil der betriebssichere Zustand sowohl dieser Geräte als auch der Hausinstallation vollkommen unbekannt ist. Weiterhin sind folgende Sicherheitshinweise zu beachten:

- Elektrische Leitungen, Stecker und Steckdosen sind gegen mechanische Einwirkungen (scharfe Kanten, spitze Gegenstände) zu schützen.
- Elektrische Anschlussleitungen sind keine Halte- oder Zugeinrichtungen; Tauchmotorpumpen dürfen nicht an ihnen zu Wasser gelassen werden.
- Miteinander verbundene Steckdosen sind nur dann spritzwassergeschützt, wenn sie arretiert sind. Steckverbindungen sind nicht wasserdicht, sodass sie dort, wo mit stehendem oder fließendem Wasser zu rechnen ist, nicht direkt auf dem Boden liegen dürfen.
- Das Führen von elektrischen Leitungen über befahrene Straßen ist zu vermeiden. Ist es nicht zu umgehen, so müssen die Leitungen gesichert und gegen Überfahren geschützt werden, z. B. mittels Schlauchbrücken.
- Elektrische Leitungen dürfen nicht in die Nähe von offenem Feuer oder heißen Gegenständen und nicht in Kontakt mit Säuren oder Laugen gebracht werden.

11.12 Ergänzendes

Die von elektrischen Anlagen ausgehenden Gefahren können unmittelbar das Leben der Einsatzkräfte bedrohen, denn ein über den menschlichen Körper abfließender Strom kann Herzkammerflimmern und schwere Verbrennungen hervorrufen. Da elektrische Spannung mit den menschlichen Sinnen nicht wahrnehmbar ist, muss bei Einsätzen in elektrischen Anlagen mit äußerster Vorsicht gearbeitet werden, wobei bei der Bewertung der Gefahr zwischen Nieder- und Hochspannungsanlagen unterschieden werden muss. Die einzig wirksame Schutzmaßnahme heißt jedoch in allen Fällen: »ausreichend Abstand halten«. Dies gilt für Hilfeleistung und Rettung wie auch für die Brandbekämpfung. Wenn die spannungsabhängig vorgegebenen Sicherheitsabstände unterschritten werden müssten, ist ein Einsatz nicht mehr durchführbar. Ein Vorgehen ist in diesem Fall erst möglich, nachdem die fünf Sicherheitsregeln durchgeführt worden sind.

Insbesondere in Hochspannungsanlagen, z. B. in Umspannwerken, können die erforderlichen Arbeiten nur in wenigen Fällen von der Feuerwehr selbst durchgeführt werden. Daher ist eine abgestimmte Zusammenarbeit zwischen den Betreibern elektrischer Anlagen und der Feuerwehr bereits im Vorfeld erforderlich. Hierzu zählen insbesondere:

- Absprachen über die im Einsatzfall erforderlichen Maßnahmen,
- Aufklärung seitens des Betreibers über besondere Gefahren und Schwierigkeiten sowie
- Benennung von Dienststellen bzw. Personen, die im Einsatzfall zu verständigen sind.

Die Feuerwehren müssen solche Absprachen und Festlegungen als wichtigen Teil ihrer Einsatzplanung verstehen.

12 Gefahren der Erkrankung/Verletzung

12.1 Einleitung

Die wichtigste Aufgabe der Feuerwehr ist das Retten von Menschen. Unter Retten versteht man aber nicht nur das Befreien aus einer lebensbedrohenden Zwangslage durch technische Rettungsmaßnahmen, sondern auch das Durchführen von medizinischen Maßnahmen zur Erhaltung oder Wiederherstellung der Vitalfunktionen.

Wenn hier der Begriff »medizinisch« gebraucht wird, dann ist zu bedenken, dass auch lebensrettende Maßnahmen weit unterhalb einer ärztlichen Tätigkeit medizinischer Natur sind. Obwohl heute weiten Bevölkerungsteilen Grundkenntnisse auf dem Gebiet der Ersten Hilfe vermittelt werden (Schulabgänger, Fahrschüler), geschieht es trotzdem immer wieder, dass bei Unfällen niemand aus der Mauer der Schaulustigen hervortritt und hilft.

Von der Feuerwehr wird aber zu Recht qualifiziertes Helfen in allen Notlagen erwartet, sie muss sich daher auch in Ausrüstung und Ausbildung der qualifizierten Versorgung und gegebenenfalls Wiederbelebung (»Reanimation«) eines Unfallopfers oder akut Erkrankten stellen. Dies gilt nicht nur für im Rettungsdienst tätige Feuerwehren, sondern für alle Einsatzkräfte im Rahmen ihrer Möglichkeiten. Wenn auch nicht jeder Feuerwehrangehörige ausgebildeter Rettungssanitäter oder -assistent sein kann, so sollte er doch zumindest über fundierte Kenntnisse auf dem Gebiet der Ersten Hilfe verfügen, die deutlich über dem Durchschnitt der Bevölkerung liegen. Vor allem sollte jede Einsatzkraft in ihrem Wissen so sicher sein, dass sie diese qualifizierte Erste Hilfe auch unter erschwerten Bedingungen und Stress jederzeit sicher anwenden kann.

12.2 Gefahren für den Erkrankten/Verletzten

Die Erhaltung oder Wiederherstellung der Vitalfunktionen ist oberstes Ziel jeder Maßnahme der Ersten Hilfe. In dem Begriff »Vitalfunktion« steckt das lateinische Wort »Vita«, das übersetzt »Leben« bedeutet. Vitalfunktionen sind also diejenigen Vorgänge und Mechanismen in unserem Körper, die das Leben ermöglichen. Vor allem sind dies Atmung und Kreislauf.

Die Vitalfunktionen stellen die Versorgung der Körperzellen mit dem lebensnotwendigen Sauerstoff sicher. Störungen der Vitalfunktionen führen daher in wenigen Minuten zu einer akuten Lebensgefahr. Solche Störungen können durch

Erkrankungen, Verletzungen oder Vergiftungen hervorgerufen werden. Im Folgenden werden einige Störungen von Atmung und Kreislauf beispielhaft vorgestellt.

12.2.1 Störungen der Atmung

Hier ist zuerst an Störungen im Bereich der Atemwege zu denken. So kann bei bewusstlosen Personen der erschlafft zurückgefallene Zungengrund die Atemwege blockieren. Blut, Erbrochenes und Fremdkörper können das Gleiche bewirken. In diesen Fällen werden zwar zunächst noch Atembewegungen durchgeführt, die Luft gelangt aber nicht mehr in die Lunge.

Auch in der Lunge selbst kann der Gasaustausch behindert werden, beispielsweise durch ein ausgebildetes Lungenödem (▶ Kapitel 5.3.2). Durch den Bruch mehrerer Rippen oder durch Verletzungen des Brustraumes kann der reguläre Atemmechanismus erschwert oder gar unmöglich gemacht werden.

Weiterhin ist die Störung des Atemzentrums zu nennen, das seinen Sitz im verlängerten Rückenmark hat und die Atembewegungen auslöst. Möglich ist hier eine direkte Verletzung oder aber auch eine Beeinträchtigung durch Blutungen im Hirnbereich. Eingeatmetes Kohlendioxid (CO_2) wirkt ebenfalls direkt auf das Atemzentrum (▶ Kapitel 5.3.3), eingeatmetes Kohlenmonoxid (CO) beeinträchtigt vereinfacht die Atmung über die Blockade des Sauerstofftransports. Bei Beeinträchtigung der Atmung kommt es in einfachen Fällen zur Störung des Atemrhythmus, in schwereren Fällen zum Atemstillstand bzw. Ersticken.

12.2.2 Störungen des Kreislaufes

Der menschliche Kreislauf besteht aus dem Herzen, den Blutgefäßen und dem darin enthaltenen Blut. Das Herz ist der Motor des Kreislaufsystems, es pumpt das Blut zur Lunge, damit es dort mit Sauerstoff angereichert werden kann. Anschließend strömt das Blut wieder zurück zum Herzen, um von dort im ganzen Körper verteilt zu werden (▶ Bild 26). Je nachdem, ob ein Gefäß das Blut vom Herzen weg oder zum Herzen hin transportiert, bezeichnet man es als Arterie oder als Vene. Das Herz verbringt bemerkenswerte Leistungen. Bedenkt man, dass es bei normaler Tätigkeit des Menschen zirka 70 bis 80 mal pro Minute schlägt und bei jedem Schlag etwa 70 ml Blut auswirft, so pumpt es jede Minute rund fünf Liter Blut, das sind gut 75 Prozent der gesamten Blutmenge eines durchschnittlichen Erwachsenen (sechs bis sieben Liter). Dieser hohe Durchsatz ist der Grund, warum sich in die Blutbahn gespritzte

Medikamente so schnell im Körper verteilen. Bei hoher körperlicher Anstrengung kann sich die Auswurfleistung bis auf 15 Liter je Minute und mehr steigern, d. h. die gesamte dem Körper zur Verfügung stehende Blutmenge wird zweimal pro Minute vollständig durch den Körper gepumpt. Dem Blut kommt die Aufgabe zu, die Körperzellen mit Sauerstoff und Nährstoffen zu versorgen und die bei der Umsetzung in den Zellen entstehenden Abfallprodukte (u. a. Kohlendioxid) wieder abzutransportieren. Bedenkt man die Wichtigkeit der eben beschriebenen Vorgänge, dann wird klar, dass jede Störung des Kreislaufsystems innerhalb kürzester Zeit zu akuter Lebensgefahr führen muss.

Die häufigste Störung im Bereich des Herzens ist die Zivilisationskrankheit Herzinfarkt. Durch Verschluss eines Herzkranzgefäßes kommt es zum Sauerstoffmangel am Herzmuskel, die Folge ist ein Absterben des Herzmuskelgewebes. Daraus ergibt sich eine verringerte Förderleistung des Herzens und damit eine verminderte Sauerstoffversorgung des Körpers. Im schlimmsten Fall kommt es als Folge des Herzinfarktes zu einem Kreislaufstillstand und damit zum Tode, wenn nicht unverzüglich Maßnahmen zur Wiederbelebung ergriffen werden. Auch Herzrhythmusstörungen können die Funktion des Kreislaufsystems beeinträchtigen. Möglich sind hier unregelmäßiger, zu langsamer oder zu schneller Herzschlag. Die extreme Form eines zu schnellen Herzschlages ist das so genannte Herzkammerflimmern, ausgelöst beispielsweise durch einen Unfall mit elektrischem Strom (▶ Kapitel 11.3.2).

Störungen im Bereich des Gefäßsystems sind Verschlüsse, so genannte Embolien, die je nach Ort des Verschlusses akute Lebensgefahr bedeuten können, z. B. Lungenembolie. Insbesondere bei Unfällen kann es zu Störungen der vorhandenen Blutmenge kommen. Ursache für einen nennenswerten Blutverlust können sichtbare Blutungen nach außen durch große Wunden oder durch Abtrennungen von Gliedmaßen[44], aber auch Blutungen in Körperhöhlen und Gewebe hinein sein. So kann der Blutverlust bei Verletzungen von Niere oder Leber bis zu vier Liter betragen, ohne dass äußerlich ein Tropfen Blut zu sehen wäre. Gleiches gilt für bestimmte Knochenbrüche: Oberarm bis 0,8 Liter, Oberschenkel bis zwei Liter und beim Beckenbruch sogar bis zu fünf Liter. So hohe Blutverluste haben erhebliche Auswirkungen auf den Kreislauf. Als Folge kommt es zum so genannten Schock (genauer »Volumenmangelschock«). Der Körper stellt die Durchblutung der Glied-

44 Insbesondere nach Unfällen oder Anschlägen kann es hier zu großen Blutverlusten kommen, diese müssen umgehend gestoppt werden. Hier bietet sich die Ergänzung der Verbandskästen bzw. -taschen auf den Einsatzfahrzeugen um Tourniquets (vorbereitete Aderpressen in Form eines textilen Gurts mit geringen Staumaßen) als schnellerer Ersatz zum Druckverband an, wenn die Ausbildung damit gewährleistet werden kann.

maßen mehr und mehr ein und versucht so, mit der noch vorhandenen Blutmenge die Versorgung von Herz, Lunge und Gehirn aufrecht zu erhalten, man spricht von Zentralisation. Erkennbare Zeichen des Schocks sind eine blasse Haut, kalter Schweiß, schneller, aber flacher Herzschlag sowie bei nicht bewusstlosen Personen ein ungewöhnliches psychisches Verhalten wie Angstgefühle, allgemeine Unruhe, aber auch Starre bis hin zur Teilnahmslosigkeit.

Eine besondere Form des Schocks ist oft bei unbeteiligten Zuschauern eines Unfalls oder bei nur leicht Verletzten zu beobachten. Ohne tatsächlichen Blutverlust zeigen sie die oben beschriebenen Symptome, lediglich der Herzschlag ist nicht wesentlich schneller als normal. In diesem Fall wurde durch das Erleben von Angst, Schreck oder Schmerz eine Überreaktion des Nervensystems hervorgerufen, durch die es zu einer Weitstellung der Gefäße in den Gliedmaßen kommt. Die vorhandene Blutmenge verliert sich in diesen geweiteten Gefäßen, es entsteht ein relativer Volumenmangel, daher die ähnlichen Anzeichen wie beim tatsächlichen Volumenmangelschock. Hierbei kann eine kurzfristige Bewusstlosigkeit auftreten, in deren Folge (z. B. beim Umstürzen) weitere schwere Verletzungen entstehen können.

12.2.3 Verbrennungen

Unter einer Verbrennung versteht man eine durch Wärmeeinwirkung ausgelöste schwere Schädigung der Haut und gegebenenfalls auch tiefer liegender Gewebe. Wenngleich bei Bränden die meisten Menschen primär durch die Giftigkeit des Brandrauches geschädigt werden, so kommt es doch insbesondere in Folge von Explosionen oder Stichflammen zu mitunter schweren Verbrennungen. Verbrühungen, beispielsweise durch das Übergießen mit heißem Wasser, Kontakt mit Wasserdampf oder mit heißem Teer sind in ihrer Folge den Verbrennungen analog zu sehen. Bei der Bewertung einer Verbrennung sind zwei Faktoren von entscheidender Bedeutung:

1. die Größe der geschädigten Körperoberfläche (angegeben in Prozent),
2. die Intensität der Schädigung
3. den Ort der Schädigung, denn verbrannte Oberhaut ist meist weniger schlimm als verbrannte Atemwege.

Bei der Intensität der Schädigung unterscheidet man zwischen

- Verbrennungen 1. Grades: Hautrötung, geringe Schwellung,
- Verbrennungen 2. Grades: Blasenbildung, oberflächliche Zerstörung der Haut, starke Schwellung,

- Verbrennungen 3. Grades: vollkommene Zerstörung des Deckgewebes und gegebenenfalls tieferer Gewebsschichten bis hin zur Verkohlung.

Als Folge von Verbrennungen kann es abhängig von der geschädigten Fläche und dem Verbrennungsgrad zu schweren und oft lebensbedrohlichen gesundheitlichen Störungen kommen. Das Leben des Verletzten wird insbesondere durch drei Faktoren bedroht:

- Schock durch Flüssigkeitsverlust und Schmerzen,
- Schädigung des Organismus, insbesondere der Nieren, durch die bei der Gewebezerstörung entstehenden Zerfallsprodukte des Körpereiweißes,
- Infektionen aufgrund der nicht mehr oder nur noch eingeschränkt wirksamen Schutzfunktion der Haut.

Weiterhin ist bei Verbrennungen infolge von Explosionen oder Stichflammen zu bedenken, dass der Verletzte im Moment der Wärmeeinwirkung eingeatmet haben kann und sich damit Verbrennungen im Bereich der Atemwege zugezogen hat (»Inhalationstrauma«).

Die Schwere der den ganzen Organismus erfassenden Verbrennungskrankheit wird entscheidend vom Zeitpunkt und der Qualität der Erstversorgung beeinflusst. Selbstverständlich sind Kleiderbrände durch Übergießen mit Wasser, Einhüllen in Decken, Einsatz von geeigneten Feuerlöschern oder Wälzen auf dem Boden so rasch wie möglich zu löschen.

Wenn sich die Verbrennung auf einen Teil der Körperoberfläche beschränkt (ca. zehn Prozent), dann ist es eine sinnvolle Maßnahme, den verbrannten Körperstellen in den ersten Minuten möglichst schnell Wärme zu entziehen, damit die Verbrennung nicht tiefer im Gewebe voranschreitet und die Eiweißzersetzung unterbunden wird. Hierzu werden die geschädigten Hautbereiche mit 10 bis 20 °C warmem Wasser für ca. 10 bis 15 Minuten bzw. bis zum Nachlassen der Schmerzen gekühlt.

Dabei ist die Schnelligkeit der Maßnahmen von entscheidender Bedeutung. Überlegungen beispielsweise zur Reinheit des zur Verfügung stehenden Wassers sind nebensächlich. Eispackungen oder Ähnliches sind aber keinesfalls zu verwenden, da sie nur zu Erfrierungen führen und somit das Gewebe zusätzlich zerstören. Insbesondere bei (Klein-)Kindern, aber auch bei Erwachsenen ist beim Eintauchen des gesamten Körpers in kaltes Wasser die Gefahr einer Unterkühlung gegeben. Eine übertriebene Kühlung gefährdet den Patienten durch den Wärmeverlust mehr als die eigentliche Verbrennung! Die betroffenen Bereiche sind nach Abschluss der Erstmaßnahmen möglichst keimfrei abzudecken, beispielsweise mit Brandwundenverbandpäckchen. Keinesfalls dürfen Salben o. Ä. aufgebracht werden.

Alle Verbrennungen, die nicht mehr als reine Bagatellen anzusehen sind, bedürfen unbedingt der ärztlichen Versorgung, da die Verbrennungskrankheit noch lange nach dem Verbrennungsereignis lebensbedrohliche Komplikationen auslösen kann.

12.2.4 Dehydrierung und Hyperthermie

Bei langen Einsätze bzw. schwerer körperlicher Arbeit mit ungeeigneter Schutzkleidung oder zu seltener Ablösung, kann es zu gesundheitlichen Problemen mit direkten Einflüssen auf die Sicherheit im Einsatz kommen.

Sowohl bei der Deyhdrierung (Wasser- und Mineralienverlust durch starkes Schwitzen) sowie der oft begleitenden Hyperthermie (Aufheizung der Körperkerntemperatur auf fieberähnliche Grade) kann es relativ schnell zu

- Leistungsverlust,
- Ermüdung,
- Bewusstseinseinschränkungen und Unkonzentriertheit bis
    - zu Kreislaufproblemen bzw.
    - zur Bewusstlosigkeit

kommen. Die Führungskräfte müssen daher die Gefahren im Einsatz ebenso im Auge behalten und bewerten wie die durch die Arbeit bzw. Belastung mit der jeweils notwendigen bzw. vorhandenen PSA. Steht z. B. für die Vegetationsbrandbekämpfung keine geeignete leichte PSA (= Feuerwehrschutzanzug nach § 14 UVV Feuerwehren) zur Verfügung, sondern nur die Überbekleidung für den Innenangriff (EN 469 bzw. HuPF 1 und 4), dann ist das bei den Einsatzaufträgen und der notwendigen schnellen Ablösung der Einsatzkräfte bzw. dem Tausch der PSA zu beachten (vgl. DFV, 2020).

12.3 Möglichkeiten der Notfallhilfe

Im Folgenden soll das richtige Verhalten beim Antreffen eines Notfallpatienten geschildert werden. Es ist in diesem Rahmen allerdings nicht möglich, die genannten Vorgehensweisen detailliert zu beschreiben. Wer die erforderlichen Praktiken lernen und bis zum sicheren Beherrschen üben möchte, der sei zur Teilnahme an einem Lehrgang über Erste Hilfe aufgefordert. Mitunter bieten die Hilfsorganisationen sogar speziell auf die Belange der Feuerwehr abgestimmte Kurse an. Zur weiteren Vertiefung des dort erworbenen Wissens eignen sich Lehrbücher sowie laufende

Fortbildungsmaßnahmen. Das Schema für richtiges Vorgehen bei einer verunfallten oder erkrankten Person ist in ▶ Bild 68 zu sehen.

Vor allen umfangreichen bzw. längeren Maßnahmen an der Person ist sie als erstes aus dem unmittelbaren Gefahrenbereich zu retten. Während dieser Rettung können i. d. R. allenfalls rudimentäre Maßnahmen der Ersten Hilfe bzw. aus dem Rettungsdienst erfolgen, wie z. B.

- Beatmung mit manuellen Beatmungshilfen, wenn die Person auf einer Trage o. ä. gerettet wird und das Rettungsteam über mindestens drei Einsatzkräfte und entsprechende Ausrüstung verfügt. (In in einer giftigen Atmosphäre ist so etwas natürlich nicht sinnvoll!)
- Blutstillung bei starken Blutungen durch schnelles Abbinden (auch mit Tourniquet) oder Druck(verband) auf die starke Blutung.

Ausnahme hiervon ist eine Zwangslage (z. B. Verschüttung, Einklemmung), die eine längere Betreuung im Gefahrenbereich notwendig machen kann. Hier muss im Einzelfall mit dem behandelnden Rettungsdienstpersonal besprochen werden, wie und in welcher Reihenfolge, welche Befreiungsmaßnahmen bzw. Behandlungen durchgeführt werden müssen bzw. können.

Als erstes gilt es immer, eine rasche Einschätzung von Bewusstsein, Atmung und Kreislauf vorzunehmen. Ansprechen des Patienten, Berühren an der Schulter, Wahrnehmung des Atemverhaltens, sichtbare Verletzungen/Blutungen, Auffälligkeiten – all dies kann für einen ersten Eindruck innerhalb von 15 Sekunden durchgeführt werden und kategorisiert den Patienten als kritisch oder eher nicht. Ob der Patient bei Bewusstsein ist, ist deshalb so wichtig, weil viele lebensbedrohende Komplikationen, wie z. B. das Ersticken an Erbrochenem, nur bei Bewusstlosen auftreten können, da bei diesen viele Schutzreflexe ausgefallen sind.

Es muss immer damit gerechnet werden, dass ein sich bei Bewusstsein befindender Patient plötzlich in den Schockzustand verfällt. Dazu besteht insbesondere bei auftretenden Angstzuständen die Gefahr des Abnormalen Verhaltens, ▶ Kapitel 3. Ursachen dafür können die bereits beschriebene psychische Überforderung oder aber auch äußerlich nicht feststellbare innere Blutungen sein. Der Patient ist deswegen bis zu seinem Abtransport mit einem NAW/RTW laufend zu überwachen. Es ist ein Grundsatz, dass keine an einem Unfall irgendwie beteiligte Person unversorgt allein gelassen wird. Gegebenenfalls sind mehrere Leichtverletzte von einem Feuerwehrangehörigen oder auch einem geeigneten Passanten zu betreuen. Beruhigender Zuspruch kann wesentlich zur Stabilisierung beitragen.

Wird Bewusstlosigkeit festgestellt und ist die betroffene Person aus dem unmittelbaren Bereich der Einwirkung möglicher Gefahren gerettet, orientiert man sich am besten am sogenannten »ABCDE-Schema«, das einfach zu merken ist und den

Ersthelfer auch in Stresssituationen durch die zu ergreifenden Maßnahmen führt. Es folgt dem Prinzip, den Patienten strukturiert zu beurteilen und gleichzeitig – je nach erkanntem Problem – zu behandeln. Im Einzelnen stehen die fünf Buchstaben für

- **A**irway (Atemwege): Sind diese frei? Kann eine Verlegung der Atemwege durch vorsichtiges(!) Überstrecken des Kopfes kompensiert werden? Können Mund und Rachenraum von Blut, Erbrochenem oder Fremdkörpern befreit werden?
- **B**reathing (Atmung): Setzt die Spontanatmung nach Kontrolle und ggf. Befreiung der Atemwege nicht ein, so muss mit der Mund-zu-Mund- bzw. der Mund-zu-Nase-Beatmung begonnen werden.
- **C**irculation (Kreislauf): Bei nicht vorhandener Atmung ist die Gefahr eines Kreislaufstillstands groß, dieser kann aber auch bei regulär atmenden Patienten jederzeit auftreten. Wird ein Kreislaufstillstand durch Tasten des Pulses an den Handgelenken oder an der Halsschlagader festgestellt, so muss unverzüglich mit der sogenannten Herz-Lungen-Wiederbelebung (HLW) begonnen werden. Sie ist eine Kombination von Atemspende und Herzdruckmassage und soll den Aufbau eines Notkreislaufs und die Belüftung der Lunge bewirken. Sie kann von einem oder zwei Helfern durchgeführt werden. Wenn möglich, sollte die Zwei-Helfer-Methode gewählt werden, um die Helfer zu entlasten, denn eine länger dauernde manuelle Wiederbelebung ist extrem anstrengend. Praktisch wird die HLW durchgeführt, indem zweimal Mund-zu-Mund bzw. Mund-zu-Nase beatmet wird, woran sich 30 Kompressionen des Brustkorbs anschließen. Setzen Kreislauf und Atmung wieder ein, so ist der Patient in die stabile Seitenlage zu bringen. Er ist weiterhin laufend zu überwachen und darf auf keinen Fall allein gelassen werden, denn sein Zustand kann sich schlagartig und unvorhersehbar wieder verschlechtern. Bleibt der Erfolg der HLW aus, so sind die begonnenen Maßnahmen trotzdem so lange fortzusetzen, bis ein Arzt den Abbruch anordnet. Der Sinn dieser Regel liegt im Aufrechterhalten eines Notkreislaufes, bis der (Not-)Arzt eintrifft und mit den ihm zur Verfügung stehenden Mitteln (Medikamente!) die Chancen für eine erfolgreiche Wiederbelebung noch einmal wesentlich steigern kann. Ohne die HLW in der Zeit bis zu seinem Eintreffen kämen die Medikamente sonst sicher zu spät.
- **D**isability (Defizite des Bewusstseins): Wenn Atmung und Kreislauf stabil funktionieren, können weitergehende Untersuchungen der Wachsamkeit und der Orientierung durchgeführt werden.

- **E**nvironment (Umfeld, Lage): Schließlich ist der Patient auf Wunden und Brüche zu untersuchen. Die Gefahr von Wunden besteht zum einen durch den mögliche Blutverlust mit nachfolgendem Schock, zum anderen durch die Infektionsgefahr über die offene Wunde. Soweit möglich sind Blutungen zu stillen. Zur Anwendung kommen hier Verbände, Druckverbände und als allerletzte Möglichkeit das Abbinden. Innere Blutungen können nur wirksam im Krankenhaus behandelt werden, weil hierfür eine Operation erforderlich ist. Bei Blutungen im Bereich von Armen und Beinen führt dagegen oft schon ein Hochlagern zum Nachlassen der Blutung. Eine ungewöhnliche Körperhaltung kann auf Brüche hinweisen. Besondere Vorsicht ist bei möglichen Wirbelsäulenverletzungen geboten, weil hier die Gefahr einer Querschnittslähmung gegeben ist. Bei der Lagerung gelten folgende Grundsätze: Patienten, die bei Bewusstsein sind, werden in der von ihnen gewünschten Stellung gelagert. Sie wissen selbst am besten, in welcher Lage sie die geringsten Schmerzen empfinden. Hilfen in Form von Kissen und Decken werden meist gerne angenommen. Personen, die unter Schock stehen, werden in der Regel mit erhöhten Beinen gelagert, um Herz, Lunge und Gehirn möglichst viel Blut zuzuführen. Bewusstlose Patienten mit Eigenatmung sind in die stabile Seitenlage zu bringen, damit die Atemwege nicht durch Blut oder Erbrochenes verschlossen werden können. Personen, bei denen der Verdacht auf einen Herzinfarkt besteht, werden mit leicht erhöhtem Oberkörper gelagert. Gleiches gilt bei Schädel-Hirn-Verletzungen. Ziel ist hier eine Druckentlastung der betroffenen Körperteile. Bei der Lagerung des Patienten ist unbedingt darauf zu achten, dass einer Auskühlung vorgebeugt wird. Denn diese bewirkt nicht nur eine schlechtere Blutgerinnung an Wunden, sondern verringert insgesamt die Überlebenschancen.

Wie der Führungsvorgang stellt auch die Notfallhilfe einen Regelkreis dar, mit dem Ziel, die Vitalfunktionen des Patienten so lange aufrecht zu erhalten, bis er einer intensiv-medizinischen Betreuung (z. B. einer Klinik) zugeführt werden kann. Daher wird das in ▶ Bild 68 dargestellte Schema auch beim erstversorgten Patienten immer wieder durchlaufen, um auf Verschlechterungen in dessen Befinden sofort angemessen reagieren zu können. Bei einem Verkehrsunfall oder einer anderen Technischen Hilfeleistung mit eingeklemmten Personen ist die aufeinander abgestimmte medizinische und technische Rettung entscheidend für den Einsatzerfolg (▶ Bild 69).

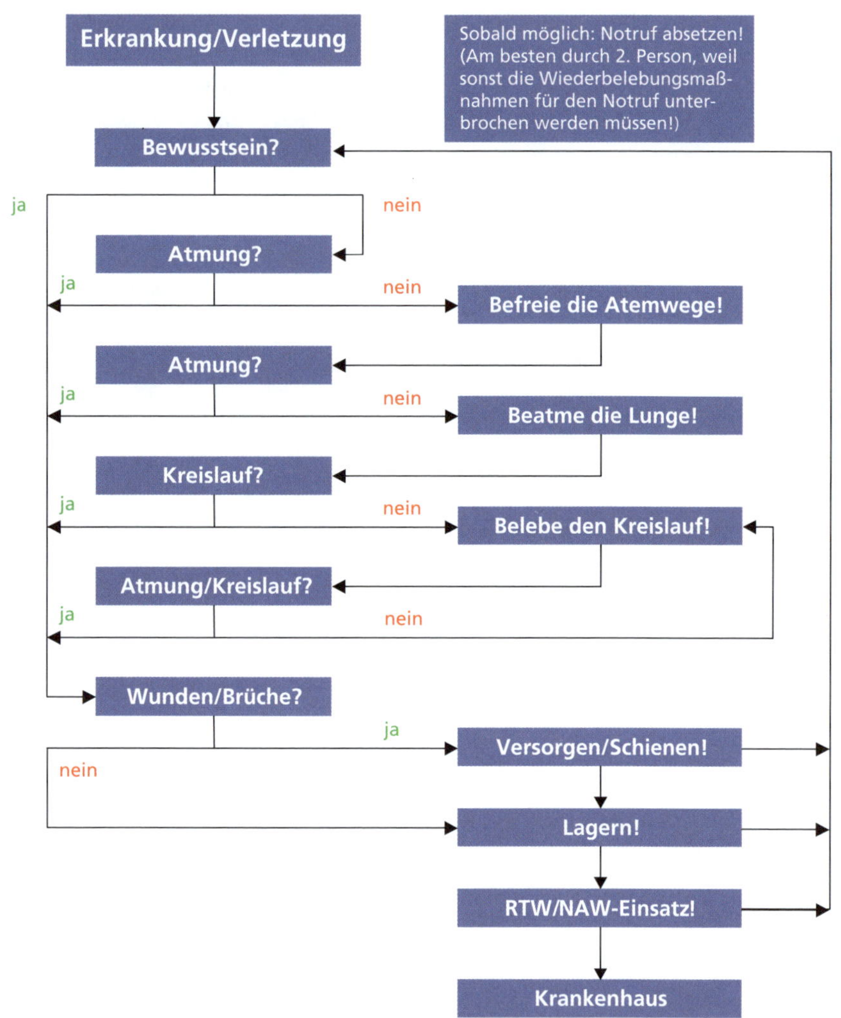

Bild 68: *Qualifizierte Erste Hilfe (Quelle: W. Kohlhammer GmbH)*

Bild 69: ***Aufeinander abgestimmte medizinische und technische Rettung sind der Schlüssel zum Einsatzerfolg. (Quelle: Jochen Thorns)***

12.4 Gefahren für den Helfer

Wegen der an jeder Einsatzstelle bestehenden Gefahren, z. B. auch bei Tätigkeiten im Verkehrsraum, sind auch hier Verletzungen der Einsatzkräfte nie völlig auszuschließen. Eine Minimierung der Risiken ist aber durch Beachtung der einschlägigen Unfallverhütungsvorschriften (UVV) und die Verwendung geeigneter Schutzkleidung sowie von zugelassenem und geprüftem Gerät sowie dem abgestimmten Arbeiten im Team mit anderen Einsatzkräften erreichbar.

Neben den möglichen mechanischen und thermischen Verletzungen bei technischen Einsätzen und Bränden besteht bei der Patientenversorgung auch die Gefahr von Infektionen. Auf diese Problematik soll im folgenden Kapitel näher eingegangen werden.

12.4.1 Infektionen

Vom Rettungsdienst sind immer wieder Patienten zu versorgen und zu transportieren, die an übertragbaren Krankheiten leiden. In der Regel sind in solchen Fällen das Vorliegen und die Art der Erkrankung (und damit der B-Gefahr, ▶ Kapitel 8) vor dem Transport bekannt, sodass eine Infektion gezielt verhindert werden kann. Problematischer ist der Fall eines Unfallopfers, das zusätzlich eine übertragbare Krankheit hat, denn hier wird die Feuerwehr technisch und gegebenenfalls medizinisch tätig, ohne von der Infektionsgefahr zu wissen. Bestimmte grundsätzliche Maßnahmen zum Eigenschutz sind daher in allen Fällen unerlässlich.

Bevor auf mögliche Schutzmaßnahmen eingegangen wird, werden nachfolgend erst einige Ausführungen zu übertragbaren Krankheiten gemacht. Die so genannten Infektionskrankheiten werden durch Krankheitserreger hervorgerufen. Zu diesen zählen Bakterien, Viren, Pilze sowie weitere meist einzellige Kleinstlebewesen. Beispiele für Infektionskrankheiten sind Cholera, Tollwut, Tuberkulose, Pocken, Malaria, Hirnhautentzündung (»Meningitis«), Hepatitis B und C sowie AIDS. Viele ansteckende Krankheiten kommen in unseren Regionen nicht mehr vor (z. B. Pest), andere sind nach anfänglicher Ausbreitung mittlerweile medizinisch beherrschbar (z. B. AIDS). Eine Infektion kann über die Atemwege, den Verdauungstrakt und die Harn- oder Geschlechtsorgane, aber auch über kleinste Verletzungen der Haut oder der Schleimhäute erfolgen. Schutz vor Infektionen stellen (in einigen Fällen) Impfungen sowie (stets) das gründliche und sorgfältige Durchführen von Hygienemaßnahmen und das Verwenden geeigneter Persönlicher Schutzausrüstung dar.

Für Einsatzkräfte der Feuerwehr besteht (außerhalb des Rettungsdienstes) ein gegenüber anderen Berufsgruppen erhöhtes Infektionsrisiko hinsichtlich Hepatitis B, Hepatitis C und AIDS. Daher soll auf diese Krankheiten – und mögliche Gegenmaßnahmen – im Folgenden näher eingegangen werden.

Hepatitis B

Der Zeitraum zwischen der Infektion mit dem Hepatitis B-Virus (HBV) und dem Ausbruch der Krankheit (Inkubationszeit) beträgt etwa 30 bis 180 Tage. Etwa 2/3 aller HBV-Infektionen verlaufen ohne Symptome, das übrige 1/3 der Infizierten zeigt eine Gelbfärbung der Haut und der Augen und leidet unter Gliederschmerzen, Schmerzen im Oberbauch, Übelkeit, Erbrechen und Durchfall. Die meisten Infektionsfälle mit HBV heilen von selbst aus, aber in etwa 5–10 Prozent verläuft die Erkrankung chronisch und kann zu erheblichen Folgeschäden an der Leber führen.

Weltweit sind etwa 300 Millionen Menschen HBV-infiziert und rund 1 Million Menschen sterben jährlich an Hepatitis B. Die Zahl der Virus-Träger in Deutschland wird auf 400 000 geschätzt. Die Infektionsgefahr ist sehr hoch. Das durchschnittliche Risiko, sich bei einer Stichverletzung mit einer HBV-infizierten Nadel zu infizieren, beträgt bis zu 30 Prozent. Gegen Hepatitis B gibt es aber eine sichere und wirksame Schutzimpfung, die für (mindestens die im Rettungsdienst tätigen) Einsatzkräfte empfohlen wird. In den ersten Stunden einer akuten Infektion mit HBV gibt es wirksame Maßnahmen zur Bekämpfung der Krankheit.

Hepatitis C

Bei einer Infektion mit dem Hepatitis C-Virus (HCV) beträgt die Inkubationszeit 20 bis 60 Tage. Rund 85 Prozent der Fälle verlaufen symptomarm oder einer stärkeren Erkältung ähnlich, werden also von den Betroffenen meist nicht besonders ernst genommen. Dies ist auch der Grund, warum rund 70 Prozent der Infektionen chronisch werden und dann in vielen Fällen zu schweren Leberschäden führen. Weltweit sind etwa 170 Millionen Menschen HCV-infiziert, in Deutschland etwa 400 000 Menschen.

Die Infektionsgefahr mit HCV ist geringer als mit HBV, das Nadelstich-Risiko beträgt 3–5 Prozent. Allerdings gibt es keinen Impfschutz gegen Hepatitis C und keine wirksamen Maßnahmen zur Bekämpfung der Krankheit unmittelbar nach einer Infektion mit HCV.

AIDS

AIDS ist die Abkürzung von Acquired Immune Deficiency Syndrom, was übersetzt »Erworbene Abwehrschwäche« bedeutet. An AIDS erkrankte Personen leiden unter Schwächung oder Ausfall des körpereigenen Immunsystems, sodass bei ihnen ansonsten harmlos verlaufende Krankheiten zu lebensbedrohlichen Komplikationen führen können. AIDS wird durch das so genannte Humane Immundefiziens-Virus (HIV) übertragen, in den meisten Fällen durch Sexual- oder Blutkontakte. Eine Ansteckung mit dem HI-Virus durch Kontakt mit Speichel, Schweiß, Tränen, Urin und anderen Körperausscheidungen ist dahingegen unwahrscheinlich; das Infektionsrisiko bei Nadelstich beträgt 0,3 Prozent.

Die Zeitspanne zwischen einer Infektion mit dem HI-Virus und dem Ausbruch der AIDS-Krankheit (Inkubationszeit) ist nicht exakt vorhersagbar. Zwar kommt es vor allem in den ersten Wochen nach der Ansteckung zu Symptomen, es ist aber auch möglich, dass HIV-infizierte Personen jahrelang leben, ohne von ihrer Infektion zu wissen, weil es bei ihnen noch nicht zum Ausbruch der AIDS-Krankheit gekommen ist. Als Träger des HI-Virus können sie aber in dieser Zeit sehr wohl andere Personen infizieren. Die Zahl der HIV-infizierten Menschen wird weltweit auf mehr als 38 Millionen geschätzt, in Deutschland auf rund 90 000.

Zwar gibt es zurzeit noch keinen Impfstoff, wohl aber wirksame medikamentöse Therapien zur Senkung der Viruslast. Insbesondere in den ersten Stunden nach einer akuten Infektion mit HIV gibt es wirksame Maßnahmen zur erfolgreichen Bekämpfung der Krankheit.

Für Feuerwehreinsatzkräfte besteht die Gefahr, sich mit übertragbaren Krankheiten zu infizieren, vor allem im Rettungsdienst und bei Technischen Hilfeleistungen nach Unfällen jeglicher Art. Bei diesen Arbeiten kommt es immer wieder zum Kontakt mit Körperflüssigkeiten, insbesondere Blut, von anderen Personen. Für den Rettungsdienst und die Technische Hilfeleistung sollte die Persönliche Schutzausrüstung daher unbedingt durch Einweg-Untersuchungshandschuhe ergänzt werden, die bei Technischen Hilfeleistungen unter den Feuerwehr-Schutzhandschuhen zu tragen sind (► Bild 70). So kann der Kontakt fremder Körperflüssigkeit mit den eigenen Händen, die ja oft kleine Verletzungen (z. B. im Bereich des Nagelbettes) aufweisen, bestmöglich verhindert werden. Allerdings ist unbedingt auf die Verwendung hochwertiger Handschuhe zu achten, weil auch mangelhafte Ausführungen angeboten werden. Für eine eventuell notwendige Atemspende sind möglichst Hilfsmittel (Notfall-Beatmungstuch, Beatmungsmaske) zu verwenden, um auch hier den direkten Kontakt mit dem Patienten zu vermeiden.

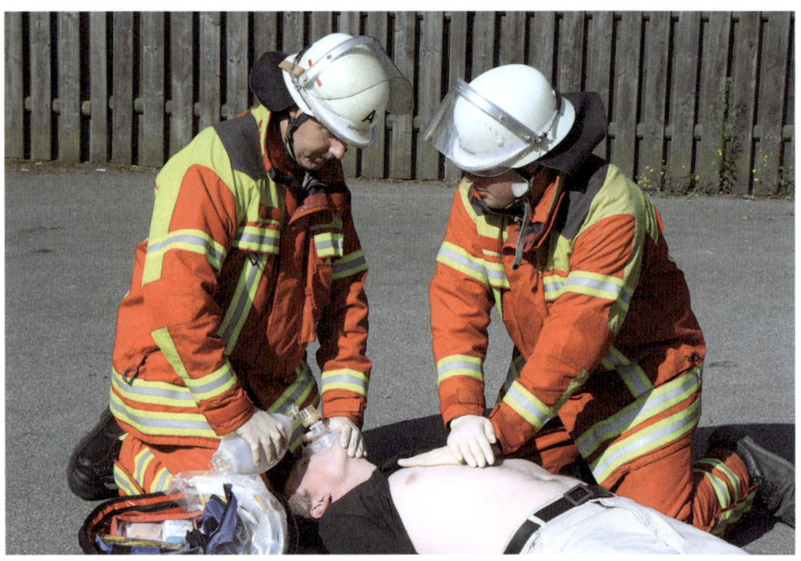

Bild 70: ***Bei der Patientenversorgung ist der Eigenschutz der Einsatzkräfte vor Infektionen von großer Bedeutung. Es sind mindestens geeignete Einweg-Schutzhandschuhe zu tragen. (Quelle: Jochen Thorns)***

Im Rettungsdienst ist der Infektionsschutz der jeweils vorliegenden Krankheit des Patienten anzupassen, die Bandbreite reicht von Einweg-Schutzhandschuhen bis zum Infektionsschutzanzug mit gefilterter Atemluft. Die Maßnahmen enden aber nicht bei der eigenen Schutzkleidung: Ein dem Patienten ergänzend angelegter einfacher Mundschutz hilft in den meisten Fällen, die Verbreitung von Krankheitserregern wirksam zu reduzieren. Voraussetzung ist allerdings die medizinische und psychische Akzeptanz seitens des Patienten.

Bei Kontakt mit fremdem Blut oder anderen Körpersekreten eines Patienten sind die betroffenen Körperpartien des Helfers schnellstmöglich zu reinigen und zu desinfizieren. Befinden sich an den betroffenen Stellen Wunden oder kam es zu Nadelstichverletzungen, so sollte nach Ausdrücken und gründlichem Desinfizieren schnellstmöglich, d. h. innerhalb der nächsten Stunden, ärztliche Hilfe in Anspruch genommen werden, um unter Berücksichtigung der gegebenenfalls vorliegenden Infektion des Patienten geeignete Gegenmaßnahmen prophylaktisch einleiten zu können (»Postexpositions-Prophylaxe«). Hierbei werden hochwirksame Medikamente verabreicht und es wird eine Untersuchung des eigenen Blutes (»Nullserum«) durchgeführt. Dieser Bluttest ist zur Sicherheit nach Ablauf von sechs Wochen, zwölf Wochen und nochmals nach sechs Monaten bis zu einem Jahr zu wiederholen, weil eventuell erst dann die zum Infektionsnachweis notwendigen Antikörper gebildet worden sind. Diese Untersuchung dient aus rechtlicher Sicht zum Schutze des Feuerwehrangehörigen, denn dieser hat, wenn die Prophylaxe wirkungslos blieb und er im Falle einer Erkrankung Versorgungsansprüche stellen will, den Nachweis zu erbringen, dass er sich bei der Ausübung seines Dienstes infiziert hat.

Gegen zahlreiche Infektionskrankheiten kann man sich aber durch Impfungen schützen. Die Angehörigen einer Feuerwehr müssen hierüber fachkundig aufgeklärt werden. Mindestens für im Rettungsdienst eingesetztes Personal sollte ein Impfschutz gegen Hepatitis B, Diphtherie, Tetanus und Polio eine Selbstverständlichkeit sein.

Wundstarrkrampf (Tetanus)

Wundstarrkrampf wird durch Bakterien ausgelöst, die Inkubationszeit beträgt zwischen 3 Tagen und mehreren Wochen (selten Monate). Krankheitszeichen sind Kribbeln und Taubheitsgefühle im Bereich der Wunde sowie Kopfschmerzen, Abgeschlagenheit oder auch Unruhe. Später kommen Krämpfe im Bereich verschiedener Muskelgruppen hinzu. Die Krankheit selbst wird nicht durch die Bakterien, sondern durch die von diesen ausgeschiedenen Giften verursacht. Dagegen wird bei großen Verletzungen Antiserum (Immunglobulin) gegeben. Gegen Wundstarrkrampf hilft eine vorbeugende Impfung mit sehr guten Erfolgen.

Praxis-Tipp:

Es empfiehlt sich daher, für **alle** Einsatzkräfte die Grundimmunisierung gegen Wundstarrkrampf sowie die spätestens nach 10 Jahren notwendigen Auffrischungsimpfungen wahrzunehmen, wie sie auch von der ständigen Impfkommission (STIKO) seit vielen Jahren empfohlen wird.

Influenza = echte Grippe

Die »echte Grippe« ist von der Infektionswahrscheinlichkeit vermutlich die häufigste Erkrankung. Sie ist keine Erkältung (»grippaler Infekt«), sondern eine ernstzunehmende Infektionserkrankung. Die Inkubationszeit beträgt ca. 1 bis 2 Tage. Krankheitszeichen sind Halsschmerzen, Fieber, Husten, Krankheitsgefühl, Kopf- und Gliederschmerzen. Einige Erkrankte zeigen keinerlei Symptome, können aber die Erkrankung weitergeben.

Dagegen helfen die richtige Schutzkleidung (mind. FFP2-Filter und Augenschutz) sowie ausgeprägte Hygiene- und Desinfektionsmaßnahmen. Eine Impfung gegen die jeweils aktiven Influenzastämme wird insbesondere für die Personen empfohlen, die viel Kontakt zu anderen Personen haben. Das sind insbesondere Einsatzkräfte im Rettungsdienst. Der DFV empfiehlt die freiwillige Grippeschutzimpfung für Einsatzkräfte auch der Feuerwehren seit vielen Jahren.

12.4.2 Epidemien und Pandemien

Wenn Infektionskrankheiten größere Teile der Bevölkerung betreffen, aber die Ausbrüche der Krankheit lokal, z. B. auf ein (kleineres) Land oder eine Region, begrenzt bleiben, dann spricht man von einer Epidemie. Wenn sich die Krankheit dahingegen rasch weltweit ausbreitet, dann handelt es sich begrifflich um eine Pandemie.

Am wahrscheinlichsten wird von der Weltgesundheitsorganisation (WHO) derzeit eine so genannte Influenzapandemie (»Grippewelle«) eingeschätzt. Die Corona-Pandemie von 2020 bis Anfang 2023 hat dies erneut bewiesen. Auslöser sind genetisch völlig neuartige Viren, die durch eine Durchmischung von menschlichen und tierischen Grippeviren entstehen können und für die es wegen ihrer Neuartigkeit keinen wirksamen Impfschutz gibt. Die Herstellung eines spezifischen Impfserums dauert mehrere Monate, ein Zeitraum, in dem sich die Influenza wegen der intensiven Flug- und Handelstätigkeit weltweit ausbreiten kann.

Wie sich eine Influenzapandemie im Einzelnen auswirkt, hängt von der Fähigkeit ihrer Viren zur Krankheitsübertragung (»Virulenz«), der Schwere und Dauer der Erkrankung im Einzelfall sowie den medizinischen und hygienischen Verhältnissen des betroffenen Landes ab. Dabei ist eine Grippe in keiner Weise mit einer Erkältung vergleichbar, sondern stellt mit starken Kopf- und Gliederschmerzen, oft über 40 °C Fieber und diversen schweren Folgewirkungen eine sehr schwere, für immungeschwächte, kranke oder alte Menschen sogar lebensbedrohliche Krankheit dar. Die so genannte »Spanische Grippe« führte in den Jahren 1918–1920 weltweit zu 500 Millionen Erkrankten und mehr als 25 Millionen Toten.

Diese erschreckenden Zahlen von 1918–2020 waren zweifellos den damaligen Verhältnissen unmittelbar nach Beendigung des Ersten Weltkrieges geschuldet. Die medizinischen und hygienischen Standards in Deutschland lassen einen wesentlich unkritischeren Verlauf erwarten, dennoch muss realistisch davon ausgegangen werden, dass bei einer Influenzapandemie 30 Prozent der Bevölkerung über mehrere Wochen erkranken. Dies hat dramatische Auswirkungen nicht nur auf das Gesundheitswesen, sondern auch auf alle Produktions- und Transportprozesse, die kritische Infrastruktur sowie auf die öffentliche Sicherheit und Ordnung.

Die Corona-Pandemie von 2020–2023 belegt dies. Es werden trotz deutlich schnellerer Reisemöglichkeiten mit Stand April 2023 weltweit »nur« ca. 658 Mio Infektionen und ca. 6,8 Mio Tote angegeben.

Die vorbereitenden Planungen zur Bekämpfung einer Pandemie obliegen eindeutig den Gesundheitsbehörden auf Kreis-, Landes- und Bundesebene und sind weit fortgeschritten. Beispielhaft genannt seien das Robert-Koch-Institut als nationales Kompetenzzentrum und die vorliegenden Pandemiepläne. Aber auch die Feuerwehren müssen sich mit dieser Thematik auseinandersetzen. Zum einen können auf sie operative Aufgaben in der Krise zukommen – wenn sie im Rettungsdienst tätig sind, sogar originär, z. B. mit Infektions-Transporten. Zum anderen gilt es, ihre allgemeine Einsatzbereitschaft überhaupt aufrecht zu erhalten. Auch die Einsatzkräfte werden von der Grippewelle anteilig betroffen sein, was zu einer erheblichen Schwächung von Einsatzbereitschaft und Durchhaltefähigkeit der Feuerwehren führt. Konsequentes Tragen von Nase-Mund-Schutz, soweit möglich Distanz zu anderen Menschen, strikte Hygienemaßnahmen zu Hause und auf der Feuerwache sind in Zeiten einer ausgebrochenen Pandemie zwingend notwendige Schutzmaßnahmen und sollten in einem feuerwehrinternen Pandemieplan festgeschrieben werden, in welchem auch organisatorische Maßnahmen als Reaktion auf zunehmende Personalauställe (Notbetrieb, angepasste Ausrückeordnung etc.) und aut kritische Versorgungsengpässe (Logistik, Kraftstoff etc.) vorgeplant werden.

12.5 Ergänzendes

Fundierte Kenntnisse auf dem Gebiet der qualifizierten Ersten Hilfe und eine medizinisch-technische Grundausstattung müssen auch dort bei der Feuerwehr vorhanden sein, wo diese nicht im Rettungsdienst tätig ist. Es kann vorkommen, dass die Feuerwehr vor dem Rettungsdienst am Unfallort eintrifft und dort Verletzte versorgen muss. In ländlichen Einsatzgebieten ist das eher die Regel als die Ausnahme! Nur eine kombinierte und aufeinander abgestimmte technische und medizinische Hilfe gewährleistet eine optimale, erfolgreiche Rettung. Dies beschreibt die Notwendigkeit einer reibungslosen und vertrauensvollen Zusammenarbeit zwischen Feuerwehr und Rettungsdienst. Je mehr der eine vom anderen weiß, umso leichter wird diese Forderung in der Praxis zu erfüllen sein.

Beim Massenanfall von Verletzten oder Erkrankten als Folge von Anschlägen, Flugzeugabstürzen, Eisenbahnunglücken und ähnlichen Ereignissen wird jeder Rettungsdienst, egal von welcher Organisation er gestellt wird, an die Grenzen seiner Kapazitäten stoßen. In solchen Fällen ist es dann unverzichtbar, dass die Kräfte der Feuerwehr auch bei der medizinischen Erstversorgung mithelfen können.

13 Gefahr des Ertrinkens bzw. bei Wassereinsätzen

13.1 Einleitung

Die Gefahren durch Ertrinken/Wassereinsätze wurden bisher anderen Gefahren (meist Erkrankung/Verletzung) zugeordnet. Dies reicht aber nicht aus, weil es für Einsätze am, auf und im Wasser ganz besondere Verhaltensregeln, Ausbildungen und je nach Einsatzort, -zweck und ggf. auch Temperatur eigene und besondere PSA gibt.

Die Probleme reichen hier von der (richtigen!) Auswahl und Anwendung geeigneter Schwimmwesten, dem Verzicht auf schwere Überbekleidung und Helm (außer bei entsprechenden Gefahren wie z. B. im Brandeinsatz auf Schiffen) sowie (Wat-)Stiefeln (soweit das aufgrund der Lage möglich ist), bis hin zur notwendigen Sonderausrüstung für Feuerwehrtaucher oder Strömungsretter oder den besonderen Herausforderungen der Rettung im Winter (Kälte, Eisflächen, Treibeis).

Bild 71: ***Der Einsatz am und auf bzw. über dem Wasser ist vielfältig – und erfordert je nach Lage komplett andere Ausrüstung und anderes Vorgehen. (Fotos: Baumgartner, Buchloe)***

13.2 Einsatzgrundsätze und weitere Gefahren

Für den Einsatz am, auf und im Wasser sind je nach Tätigkeit, Örtlichkeit, Wetter und Wassertemperatur komplett verschiedene Arten von PSA für die Einsatzkräfte erforderlich. Das kann auch bedeuten, dass die Kräfte im Wasser von Kräften am Wasser mit jeweils verschiedener PSA gesichert werden.

Typische Beispiele sind:

- Einsatz an und in Strömungsgewässern – dazu gehören auch durch Starkregen geflutete Täler, Straßen, Wege – erfordern besondere

Umsicht, trotzdem schnelle Reaktion, um ggf. noch Menschen retten zu können. Vorsicht ist insbesondere beim Retten aus Gebäuden geboten, denn hier können tieferliegende Räume schnell zu Todesfallen durch den Wasserdruck auf nach außen zu öffnende Fenster und Türen werden. Bei den Einsätzen rund um die Starkregenlagen 2021 kamen leider fünf Einsatzkräfte ums Leben (vgl. Cimolino, 2021 und 2022), zwei weitere verloren vermutlich (eine Person Tot, eine wird immer noch vermisst!) ihr Leben bei den Starkregenlagen 2024 in Bayern.

- Brandbekämpfung auf dem Wasser bzw. in unmittelbarer Nähe eines Gewässers (Boot am Ufer, Haus auf Stelzen, direkt am Ufer etc., vgl. FUK-Niedersachsen, 2019):
  - für alle Einsatzkräfte, die PA tragen könnten: Rettungswesten, die auch für PA-Träger geeignet sind, also solche der Leistungsstufe 275 (275 N Auftrieb),
  - für alle anderen mit Feuerwehr-Überbekleidung (auch als Wetterschutz): Leistungsstufe 275!
  - Alle anderen: Leistungsstufe 150.

Einsatz in ufernahen Bereichen bzw. in Räumen mit Schächten oder nach unten führenden Treppen etc.:

  - V. a. in Strömungsbereichen: Nur mit geeigneter Schwimmweste – s. o.!
  - Nur mit Sicherungsleinen.
  - Vorsicht mit Wathosen bzw. auch Watstiefeln, hier bestehen zwei besondere Gefahren:
    - Gefahr des Volllaufens der Wathosen bzw. -stiefel und damit des Untergehens v. a. ohne geeignete Schwimmweste.
    - Gefahr des Auftreibens mit den Füßen nach oben, wenn an der Wathose ein Lufteinschluss (z. B. durch einen Gurt, Gürtel, oder Leine) im Bereich der Beine ist.

Einsatz in der kalten Jahreszeit:

  - Längere Einsätze an und im Wasser führen sehr schnell zum Auskühlen, so dass hier ausreichend warme PSA immer erforderlich ist. Insbesondere Einsätze im Wasser erfordern spezielle Kälteschutzanzüge.

- Einsätze auf Eisflächen erfordern:
  - spezielle Taktiken (Erkundung, Lastverteilung, koordinierte Suche und Rettung) und
  - spezielle Geräte (Eisschlitten) bzw. koordinierter Einsatz über vorgeschobene Leiterteile mit Sicherung vom Ufer.

Insbesondere beim Einsatz in überfluteten Bereichen können viele weitere Gefahren hinzukommen:

- Abnormale Reaktionen wie Angst bzw. Panik bei betroffenen Menschen oder Tieren.
- Absturz (inkl. Abrutschen) von Ufern oder Booten bzw. Schiffen ins Wasser, Einbrechen durch eine Eisdecke.
- Atemgifte bei Reaktion von Schadstoffen im überfluteten Bereich.
- Ausbreitung der primären Schadenlage:
  - schnell (bei extremem Starkregen) bis relativ langsam (bei weiteren »normalen« Regenfällen),
  - sehr langsam und gut vorhersehbar bei steigenden Flutpegeln (i. d. R. sind Erfahrungswerte zum eigenen Hochwasser bei bekannten Pegelständen an den Oberläufen der zufließenden Flüsse vorhanden),
  - sehr schnell nach Dammbruch (oder dessen bewusster Entlastungssprengung).

Biologische Gefahren durch Infektionskeime:
  - Tierkadaver, Leichen,
  - übergelaufene Schmutzwasserkläranlage,
  - überschwemmte Kläranlagen,
  - mangelnde Hygiene.

Chemie durch aufgeschwemmte Tanks, v. a.:
  - Heizöl (schädigt die Umwelt und v. a. das Mauerwerk),
  - andere gelagerte Produkte, die ggf. mit Wasser noch gefährlich reagieren.

Einsturz bzw. Abrutschen beschädigter Bauten:
  - Häuser,
  - Straßen, Schienen,
  - Brücken.

Elektrizität durch überschwemmte Erdkabel, Verteilerkästen, Hausinstallationen usw.

- Erkrankung/Verletzung durch:
  - langes Arbeiten in feuchter Umgebung (z. B. offene Füße),
  - Infektionen (s. o.).

Explosion durch aufgeschwemmte und dann abgerissene und abblasend treibende Gastanks, explosionsartige Reaktion von überfluteten bzw. durch Treibgut beschädigte Akkumulatoren.

Bild 72: ***Der Einsatz in überfluteten Bereichen ist, insbesondere wenn sie auch noch starken Strömungen unterliegen, schwierig und gefährlich. Unter Wasser lauern Hindernisse (z. B. Gartenzäune) oder ausgespülte Straßen, die das Vorankommen mit Booten und Fahrzeugen erschweren oder es zu gefährlich oder schlicht unmöglich machen. (Quelle: Riske, Dernau)***

Bild 73: *Völlig zerstörte Infrastruktur und komplett unbefahrbare Straßen im Zentrum der Stadt Simbach am Inn nach dem Starkregenereignis vom 01.06.2016. (Quelle: Beißmann, Pfarrkirchen)*

Bild 74: *Bei Einsätzen in überfluteten Gebieten wird die PSA stark beansprucht und verschmutzt. Fast immer laufen Kanäle über und es besteht dann ein ernsthaftes Hygiene- bzw. Reinigungsproblem. (Quelle: Feuerwehr Düsseldorf)*

Bild 75: ***Häufig wird bei Flutereignissen an Strömungsgewässern auch die Infrastruktur am bzw. über dem Bach bzw. Fluss stark beschädigt oder zerstört. (Fotos: Feuerwehr Düsseldorf)***

Einsatzgeräte und Sachwerte können zwar nicht »ertrinken«, aber durch Wasser oder von den aus vom Wasser auf- oder ausgeschwemmten Behältern austretenden Chemikalien sehr stark geschädigt oder gar zerstört werden.

Auch die Umwelt kann natürlich nicht direkt »Ertrinken«, sie kann aber durch Wasser während längerer Überflutungen geschädigt werden. Meist regeneriert sie sich jedoch relativ schnell wieder. Kommt es aber zu sehr intensiven Niederschlägen (auch auf z. B. von Bränden vorgeschädigten Flächen), dann kann es zur starken Erosion von Uferböschungen, Flussverläufen oder ganzen Hanglagen kommen. Die Folgen können jahrhundertelang sichtbar bleiben.

13.3 Sicherheits- bzw. Backup-Grundsätze

Für Einsätze in kritischen Bereichen (z. B. an oder in Strömungsgewässern, in überschwemmten unübersichtlichen Bereichen oder Gebäuden) gelten besondere Sicherheitsanforderungen.

1. Einsatzkräfte benötigen die richtige PSA.
2. Einsatzkräfte müssen für diese Art Einsatz ausgebildet sein. Der Einsatz in strömenden Gewässern ohne geeignete Ausbildung und Ausrüstung ist, wie der Einsatz ohne Atemschutz in einem brennenden Gebäude, zu gefährlich und daher zu unterlassen!
3. Sicherheitsteams (nicht nur wie durch die FwDV 8 für das Tauchen verlangt) sollten bereitstehen – an Strömungsgewässern müssen in schmaleren Bereichen mit Teams unterhalb der eigentlichen Einsatzstelle

Auffangbereiche geschaffen werden, um abtreibende Personen erkennen und möglichst auffangen zu können. Dafür wird je nach Lage und Umgebung z. B. Personal an den Uferbereichen, auf Brücken, an quer bzw. schräg gespannten Leinen, oder auch in geeigneten Booten benötigt.

4. Bei Flächenlagen sollten spezialisierte Einheiten zur Unterstützung bereitgehalten werden, z. B.
   a) Einheiten für die Führung und Unterstützung des Luftfahrzeugeinsatzes,
   b) Spezialisten für bestimmte Aufgaben zur Fachberatung bzw. Hilfe vor Ort (Gefahrgut, Vegetationsbrand),
   c) Ölwehr für aufgeschwemmte Heizöltanks,
   d) Messtrupps mit Gas- bzw. Elektromessgeräten, wenn dies von den eingesetzten Einheiten vor Ort geleistet werden kann (was zu bevorzugen ist),
   e) Strömungsretter,
   f) Tauchertrupps.

14 Gefahren der Explosion

14.1 Einleitung

Der Begriff »Explosion« wird übergreifend für eine Reihe unterschiedlicher Vorgänge verwendet, denen in der Regel ein lauter Knall und eine zerstörende Wirkung gemeinsam sind. Physikalisch und chemisch gesehen, führen aber jeweils unterschiedliche Ursachen zu diesen Effekten. Mit den genannten Vorgängen sind konkret gemeint: die Explosion im eigentlichen Sinne, d. h. eine äußerst heftig ablaufende Verbrennung, weiter der Behälterzerknall (Druckgefäßzerknall) und die Fettexplosion sowie als Sonderfall der Fliehkraftzerfall bzw. -zerknall.

Die diesen Vorgängen zugrunde liegenden Ursachen, ihre wesentlichen Unterschiede, die von ihnen ausgehenden Gefahren und Möglichkeiten zu ihrer Vermeidung werden im Folgenden dargestellt.

14.2 Die Explosion

Unter einer Explosion ist im engeren Sinne eine äußerst heftig ablaufende chemische Reaktion zu verstehen, bei der es sich in den meisten Fällen um eine Verbrennung, d. h. um die Verbindung eines Stoffes mit Sauerstoff, handelt. Es gibt aber auch andere chemische Reaktionen, die mit der Heftigkeit einer Explosion ablaufen. Dabei entwickeln sich in kürzester Zeit Gase von solcher Temperatur, solchem Druck und mit hoher Geschwindigkeit, dass es als Folge zu einem mehr oder weniger lauten Knall, einer Druckwelle und oft auch zu Stichflammen kommt. Explosionen können von festen, flüssigen und gasförmigen Stoffen ausgehen. Stets ist jedoch eine gute Durchmischung des brennbaren Stoffes mit Sauerstoff notwendig.

Je nach Heftigkeit der ablaufenden Reaktion unterscheidet man zwischen Deflagration und Detonation. Es wird an dieser Stelle bewusst darauf verzichtet, unter Laborbedingungen ermittelte Druckwerte und Ausbreitungsgeschwindigkeiten anzugeben, da die Kenntnis dieser Werte vor Ort wenig hilfreich ist. Stattdessen sind im Folgenden die jeweiligen qualitativen Merkmale zusammengestellt.

14.2.1 Deflagration

Bei der Deflagration befinden sich brennbarer Stoff und Sauerstoff in einem für den Ablauf der chemischen Reaktion mehr oder weniger günstigen Mischungsverhältnis. Die Umsetzung verläuft umso heftiger, je feiner die Durchmischung ist und je näher sich das Mischungsverhältnis am so genannten stöchiometrischen Punkt befindet, d. h. beim Vorliegen von idealen reaktionstechnisch günstigen Voraussetzungen. Die in vielen Fällen vorliegenden Fremdgase, wie z. B. der Stickstoff der Luft, reagieren zwar nicht unmittelbar mit, ihre Anwesenheit kann sich aber hemmend auf den Reaktionsablauf auswirken.

Verlauf und Kennzeichen: An den Zündgrenzen verläuft die Deflagration in der Regel mit einem dumpfen Knall (oft auch als »Verpuffung« bezeichnet, einem allerdings nicht definierten Begriff). Die Ausbreitungsgeschwindigkeit liegt unterhalb der Schallgeschwindigkeit (343 m/s). Die entstehenden Drücke sind deutlich niedriger als bei der Detonation und betragen bis zu 10 bar, selten darüber.

Wirkung: Ihre Wirkung reicht aus, um Fensterscheiben zu zerstören und unter Umständen auch Türen aus dem Rahmen zu drücken. Menschen kommen meist noch mit Prellungen, Schnitt- und leichten Brandverletzungen davon. Bei zunehmend günstigerem Mischungsverhältnis kann die Deflagration aber auch wesentlich heftiger verlaufen, Ausbreitungsgeschwindigkeit und Druck sind gegenüber der Verpuffung stark erhöht. So werden Gebäude teilweise zerstört, Menschen erleiden vielfältige und sehr schwere Verletzungen, teilweise kommt es zu Todesfolgen.

14.2.2 Detonation

Bei der Detonation liegen brennbarer Stoff und Sauerstoff im nahezu idealen Mischungsverhältnis vor, hinzu kommt eine mechanische Vorverdichtung oder Verdämmung.

Verlauf und Kennzeichen: Die Druckwelle breitet sich sehr schnell aus. Die erreichten Ausbreitungsgeschwindigkeiten liegen teils um das Mehrfache oberhalb der Schallgeschwindigkeit. Die entstehenden Drücke insbesondere bei brisanten Sprengstoffen sind viel höher als bei der Deflagration und hängen von verschiedenen Faktoren ab.

Wirkung: Ihre Wirkung reicht aus, um auch großflächige Zerstörungen selbst in weiterer Entfernung zu verursachen (Explosionsdruckwelle). Menschen in der unmittelbaren Umgebung werden zerfetzt, selbst in einiger Entfernung kann es zu schweren Verletzungen, häufig mit Todesfolge, kommen. Ursachen sind hier sowohl

Primärverletzungen durch die Druckwelle als auch Sekundärverletzungen durch herumfliegende Trümmer oder durch eine Verschüttung.

14.3 Explosionsgefährliche Stoffe

Bei explosionsgefährlichen Stoffen kann eine Explosion bereits durch eine geringe Energiezufuhr ausgelöst werden. Sofern explosionsgefährliche Stoffe zur Verwendung als Sprengstoff (militärisch bzw. industriell), Treibstoff, Zündstoff, pyrotechnischer Satz oder zu deren Herstellung bestimmt sind, bezeichnet man sie als Explosivstoffe.

Explosivstoffe enthalten den zu ihrer Verbrennung notwendigen Sauerstoff bereits in chemisch gebundener Form, sie sind also bei ihrer Umsetzung nicht vom Luftsauerstoff abhängig. Zur Zündung genügt eine einmalige Auslösung, danach läuft die Reaktion völlig autark ab. Nur so ist es verständlich, dass Sprengladungen auch unter Sauerstoffmangel, z. B. in Bohrlöchern, erfolgreich gezündet werden können. Zum Start der Explosion verwendet man besonders leicht zündbare Substanzen, die so genannten Initialzünder. Es gibt sowohl Explosivstoffe, bei denen der Sauerstoff und seine Reaktionspartner chemisch zu einem Stoff verbunden sind, beispielsweise Nitroglyzerin und Trinitrotoluol (TNT), als auch Stoffgemische aus mehreren Komponenten, z. B. Schwarzpulver. Hierbei handelt es sich um eine Mischung aus Schwefel, Holzkohle und Kaliumnitrat. Letzteres dient als Oxidationsmittel und spaltet bei Wärmeeinwirkung (»Zündung«) den für die Reaktion notwendigen Sauerstoff ab.

Ursache für die zerstörende Wirkung der Explosivstoffe ist das schlagartig entstehende große Volumen der bei ihrer Umsetzung als Reaktionsprodukte anfallenden Gase. So entstehen beispielsweise bei der Umsetzung von einem Gramm Nitroglycerin in kürzester Zeit rund drei Liter Gas bei Temperaturen von 1 000 °C. Diese Gasentwicklung geschieht so schnell, dass sich das entstehende Gas nicht so schnell verflüchtigen kann, wie es sich bildet. Daher kommt es am Ort der Zündung zu einer Druckzunahme, die durch Verdämmen noch erheblich gesteigert werden kann. Der entstandene Überdruck entlädt sich in Form einer Druckwelle, die bei ihrer Ausbreitung die entsprechenden Zerstörungen bewirkt.

14.4 Explosionsvarianten

Je nach »Stoff« der explodiert, gibt es Besonderheiten bzw. Verhaltensregeln, um die Risiken zu minimieren.

14.4.1 Staubexplosionen

Von großer Bedeutung für die Abbrandgeschwindigkeit eines Stoffes ist die Größe seiner Oberfläche, denn diese bestimmt die Zutrittsmöglichkeit von Sauerstoff. Man mache sich dazu klar, dass die gleiche Stoffmenge, also gleiche Masse und gleiches Volumen, je nach Zerkleinerungsgrad mit völlig unterschiedlichen Oberflächengrößen vorliegen kann.

Denkt man sich einen Holzwürfel der Kantenlängen 1 × 1 × 1 Meter, also 1 m^3 Holz, so liegt eine Oberfläche von 6 × 1 m^2 = 6 m^2 vor. Wenn man nun diesen großen Würfel in kleine Würfel von je 1 cm Kantenlänge zersägt, so erhält man 1 000 000 dieser kleinen Würfel mit zusammen immer noch 1 m^3 Holz. Die Oberfläche ist nun aber 6 000 000 cm^2 = 600 m^2 groß, d. h. sie hat sich um das Hundertfache erhöht.

Die angegebenen Werte sind Richtwerte und hängen stark von der jeweiligen Korngrößenverteilung (Anteil von Fein-, Mittel- und Grobstaub) sowie von Art und Energiegehalt der Zündquelle ab.

Die Oberfläche von Stoffen kann aber noch erheblich größer werden als in diesem Beispiel. Man denke an Späne und besonders an Stäube, wo der Durchmesser der einzelnen Partikel im Mikrometerbereich liegen kann (1 Mikrometer sind 0,001 Millimeter). Man erhält so bei einigen Stäuben Oberflächen von bis zu mehreren hundert Quadratmetern je Kilogramm, worauf die bis zur Explosionswirkung gesteigerte Abbrandgeschwindigkeit beruht. Die Gefahr einer Staubexplosion ist immer dann gegeben, wenn diese Stäube in der Nähe einer Zündquelle aufgewirbelt werden. Dabei kann es je nach Stoff genügen, 15 bis 30 g Staub je Kubikmeter Umluft aufzuwirbeln, um ein zündfähiges Staub-Luft-Gemisch zu erzeugen (▶ Tabelle 25). In Staubform können sogar Stoffe explodieren, von denen in kompakter Form keine Brandgefahr ausgeht. Durch eine Mehlstaubexplosion wurde beispielsweise am 6. Februar 1979 die Rolandmühle in Bremen vollständig zerstört. Einige Leichtmetalle neigen in Staubform sogar zur Selbstentzündung, man spricht von pyrophorem Verhalten. Neben dem bereits erwähnten Mehl und den Metallstäuben sind Staubexplosionen auch mit Stäuben von Zucker, Stärke, Holz, Kohle und vielen anderen Stoffen möglich.

In der Einsatzpraxis ist mit dem Auftreten größerer Staubmengen vor allem in entsprechenden Betrieben wie Mühlen und Schleifereien zu rechnen. Darüber hinaus trifft man aber auch in selten begangenen Räumen, wie beispielsweise Dachböden, auf nicht unerhebliche Staubmengen. In solchen Fällen sollte alles vermieden werden, was Staub aufwirbelt. Also nicht auf Lüftungskanäle oder Maschinenteile klopfen, um Verbackungen zu lösen und auf den Einsatz des Vollstrahles tunlichst verzichten, denn dadurch könnte eine zündfähigen Staubwolke aufgewirbelt werden.

Tabelle 25: ***Untere Explosionsgrenzen von feinteiligen Stäuben in Luft***

Staubart	Untere Explosionsgrenze (g/m^3)
Polystyrol	15–25
Holzmehl	20–50
Aluminium	30
Braunkohle	30–100
Weizenmehl	40–50
Gummi	50–100
Kakao	60–75
Milchpulver	60–125
Holzkohle	60–140
Pfeffer	100
Steinkohle	1 000

14.4.2 Explosionen von Flüssigkeiten

Hierbei müssen zwei Fälle auseinandergehalten werden. Zum einen die den Bedingungen der Staubexplosion ähnliche Verteilung von feinstverteilten Flüssigkeitströpfchen in der Luft, so genannte Aerosole oder Nebel. Die aus der vergrößerten Oberfläche austretenden Dämpfe können sich intensiv mit der Luft vermischen und so eine explosive Atmosphäre bilden. Solche Aerosole treten zum einen dort auf, wo Flüssigkeiten in feinster Form benötigt werden, beispielsweise in Lackierereien. Zum anderen trifft man den Fall von feinstverteilten Flüssigkeitströpfchen in der Luft auch bei der Fettexplosion an.

Zu dieser kommt es immer dann, wenn Wasser in eine nicht wasserlösliche und auf mehr als 100 °C erwärmte Flüssigkeit gegossen oder gespritzt wird. Der Begriff Fettexplosion hat sich eingebürgert, weil es sich in der Praxis bei diesen Flüssigkeiten meist um Öle oder Fette handelt. Das Wasser, dessen Dichte größer ist als die der Öle oder Fette, dringt in tiefere Schichten ein und wird dabei sehr rasch auf die Temperatur der umgebenden Flüssigkeit, also auf mehr als 100 °C, erhitzt. Dabei verdampft das Wasser – nach einem kurzzeitig möglichen Siedeverzug – schlagartig, wobei aus einem Liter Wasser rund 1 700 Liter Wasserdampf entstehen – und das Volumen dieses Dampfes nimmt bei Temperaturen oberhalb von 100 °C nochmals stark zu. (Erhitzt sich der Wasserdampf weiter, wird sein Volumen noch größer!) Diese gewaltige Volumenvergrößerung schleudert die heiße Flüssigkeit aus dem Behälter heraus, wobei es meist zu einer feinen, tröpfchenförmigen Verteilung kommt. Die bis zu mehreren Metern umherspritzende heiße Flüssigkeit stellt eine erhebliche Verbrennungsgefahr dar.

Noch eindrucksvoller ist eine Fettexplosion aber, wenn das Wasser in bereits brennende Öle oder Fette gespritzt wird. Dann kommt es nämlich zu einem schlagartigen Abbrennen der herausgeschleuderten Flüssigkeitströpfchen. Der auftretende Feuerball kann leicht Ausmaße von mehreren Metern Durchmesser und 10 bis 20 Metern Höhe annehmen. Die in ▶ Bild 76 unter Vorführbedingungen erzeugte Fettexplosion wurde mit einem Liter Speiseöl und 50 cl hineingegossenem Wasser erreicht.

Wenn von explodierenden Flüssigkeiten gesprochen wird, ist aber meist ein anderer Vorgang gemeint, nämlich die Zündung der über der Flüssigkeitsoberfläche befindlichen Dämpfe. Man erinnere sich, dass Flüssigkeiten selbst nicht brennen, sondern nur ihre Dämpfe, welche mit der umgebenden Luft zündfähige Gemische bilden können. Die Menge der entstehenden Dämpfe hängt von der Temperatur der Flüssigkeit ab: je wärmer diese ist, desto mehr Dämpfe werden von ihr gebildet. Als Flammpunkt bezeichnet man diejenige Temperatur der Flüssigkeit, bei der sich gerade so viele Dämpfe entwickeln, dass ein durch Fremdzündung entflammbares Dampf-Luft-Gemisch entsteht. Jede brennbare Flüssigkeit hat ihren eigenen charakteristischen Flammpunkt, dieser stellt eine wichtige Kennzahl zur Beurteilung der vorliegenden Gefahr dar.

An die Stelle der Verordnung über brennbare Flüssigkeiten (VbF) sind seit Ende 2002 die Regelungen der Betriebssicherheitsverordnung (BetrSichV) getreten. Die Gefahrenklassen der VbF werden durch Zuordnung zu Bezeichnungen aus dem Gefahrstoffrecht ersetzt.

Bild 76: ***Fettexplosion (Quelle: Horst Reimer, Feuerwehr Heidelberg)***

Dabei gilt:

- den VbF-Gefahrklassen A I und B entsprechen jetzt »leichtentzündlich« oder »hochentzündlich«,
- die VbF-Gefahrklasse A II entspricht jetzt »entzündlich«,
- die VbF-Gefahrklasse A III hat keine Entsprechung mehr.

Details können Tabelle 26 entnommen werden.

Tabelle 26: ***Einteilung brennbarer Flüssigkeiten nach VbF (außer Kraft) und Gefahrstoffrecht***

Gefahrklasse gem. VbF (außer Kraft)	Flammpunkt (Fp)	Gefährlichkeitsmerkmale gem. Gefahrstoffrecht	Kennzeichnung gem. Gefahrstoff-recht
A 1 und B	< 21 °C	Fp unter 0 °C: Hochent zündlich, wenn gleichzeitig der Siedepunkt unter 35 °C liegt	F+
		Fp unter 21 °C: Leicht entzündlich	F
A II	21 °C bis 55 °C	Entzündlich	Keine
A III	> 55 °C bis 100 °C	Nicht mehr geregelt	Keine

Tabelle 27: ***Kennzahlen einiger brennbarer Flüssigkeiten***

Stoff	Klasse nach VbF (außer Kraft)	Flammpunkt	UEG (Vol%)	OEG (Vol%)
Benzin	A I	< -20 °C	ca. 0,6	ca. 8
Benzol	A I	-11 °C	1,2	8
Ether	A I	< -20 °C	1,7	36
Xylol	A II	30 °C	1	7,6
Kerosin	A II	65 bis 85 °C	ca. 0,6	ca. 8
Diesel	A III	> 55 °C	ca. 0,6	ca. 6,5
Aceton	B	-19 °C	2,5	13
Methanol	B	11 °C	5,5	31 bis 44
Ethanol	B	12 °C	3,5	15

Problematisch bei der neuen Einteilung ist der Wegfall der Unterscheidung hinsichtlich der Mischbarkeit mit Wasser, weil die Wasserlöslichkeit einer brennbaren Flüssigkeit Bedeutung für die Auswahl geeigneter Löschmittel hat.

Von Bedeutung für die Zündbarkeit einer brennbaren Flüssigkeit ist auch der Explosions- oder Zündbereich der Dämpfe in Luft. Wie bei den brennbaren Gasen gibt es auch hier eine untere und eine obere Explosionsgrenze. Unterhalb der unteren Explosionsgrenze (UEG) ist eine Zündung des Dampf-Luft-Gemisches noch nicht, oberhalb der oberen Explosionsgrenze (OEG) nicht mehr möglich; man spricht auch von einem zu mageren bzw. einem zu fetten Gemisch. Die Begriffe untere und obere Zündgrenze haben analoge Bedeutung.

Beispiele für brennbare Flüssigkeiten, Flammpunkte, Explosionsgrenzen und die entsprechende Gefahrklasse nach VbF (außer Kraft) kann man ▶ Tabelle 27 entnehmen. Sämtliche darin aufgeführten Dämpfe sind schwerer als Luft.

Es fällt auf, dass der Explosionsbereich der üblichen Brenn- und Treibstoffe nicht sehr groß ist und bei recht kleinen Dampfkonzentrationen liegt. Letzteres ist die Ursache für die Explosionsgefahr, die auch von leeren, aber noch nicht gereinigten Tankbehältern ausgeht, in denen sich noch Reste von brennbaren Flüssigkeiten befinden.

Die Zündgefahr steigt mit ansteigenden Temperaturen. Das bedeutet, dass sich im Tagesverlauf mit oder ohne Wolken ggf. erhebliche Unterschiede ergeben können. Dies muss für die Planung der Einsatzmaßnahmen ggf. mit beachtet werden. Gegenmaßnahmen könnten z. B. eine bedeckende Schaumschicht auf einer größeren Lache brennbarer Flüssigkeit sein.

Achtung:

Ölbindemittel als Granulat vergrößert die Oberfläche des aufgesaugten Stoffs im Verhältnis zur Luft erheblich. Damit steigt die Ausgasung! Das spielt für kleinere Ölspuren keine Rolle, sehr wohl aber für größere Mengen.

14.4.3 Gasexplosionen

Brennbare Gase können mit der Luft zündfähige Gemische bilden. Im Gegensatz zu den Dämpfen brennbarer Flüssigkeiten ist die Gaskonzentration nicht temperaturabhängig, sondern einfach durch die Menge des in ein bestimmtes Volumen hinein- bzw. ausgeströmten Gases gegeben.

Wie bei den Dämpfen brennbarer Flüssigkeiten gibt es aber auch bei den brennbaren Gasen einen Explosionsbereich, der durch die untere und die obere Explosionsgrenze (UEG, OEG) gebildet wird. Nur innerhalb dieses Bereiches kann es zur Zündung kommen. Innerhalb des Explosionsbereiches gibt es einen Wert, das so genannte stöchiometrische Gemisch, bei dem brennbares Gas und Sauerstoff im idealen Mengenverhältnis zueinander vorliegen. In ▶ Tabelle 28 sind Werte für einige Gase angegeben.

Wie man sieht, reicht die Spanne von Gasen wie Acetylen und Wasserstoff mit sehr weitem Zündbereich bis zu den handelsüblichen Flüssiggasen Propan und Butan mit wesentlich kleinerem Zündbereich. Methan als Hauptbestandteil des Erdgases hat einen mittleren Zündbereich. Der im Einsatzfall wichtigste Unterschied zwischen Erd- und Flüssiggas liegt aber im spezifischen Gewicht. Während sich nämlich die Dämpfe der Flüssiggase mit dem sog. »Schwergasverhalten« ähnlich wie Wasser vorwiegend in tiefer gelegenen Räumen ansammeln, strebt Erdgas, das leichter als Luft ist, in Gebäuden eher den oberen Geschossen zu. Dies schließt aber keineswegs aus, dass es im Keller oder im Freien beim Ausströmen von Erdgas zu einer Explosion kommen kann, denn an der Austrittsstelle erreichen auch flüchtige Gase Konzentrationen, die im Explosionsbereich liegen. Defekte oder unsachgemäß ausgeführte Installationen sind sowohl bei Erd- als auch bei Flüssiggas immer wieder Ursache von verheerenden Explosionsunglücken (▶ Bild 77).

Tabelle 28: ***Kennzahlen einiger brennbarer Gase***[45]

Stoff	$T_{zünd}$ (°C)	UEG (Vol-%)	OEG (Vol-%)	$V_{stöch}$	T_{brenn} (°C)	ρ_{Gas}/ρ_{Luft}
Acetylen	305	2,3	83,0	9,0	2 330	0,91
Wasserstoff	560	4,0	78,0	31,6	2 050	0,07
Kohlenmonoxid	605	12,5	74,0	32,0	2 100	0,97
Propan	470	1,7	9,5	4,2	1 992	1,55
Butan	365	1,4	8,5	3,1	1 897	2,11
Methan	595	4,4	15,0	10,0	1 875	0,55

Tritt Gas aus einer Leitung brennend aus, so ist die Flamme möglichst nicht zu löschen. Andernfalls käme es zum Ausströmen größerer Mengen Gas, die sich bis zum Zündbereich verdünnen und schließlich wieder explosionsartig zünden können. Unter Bereitstellung von Löschmitteln muss bei gleichzeitigem Schutz der Umgebung versucht werden, die Gaszufuhr abzuschiebern. Ein Löschen der Flamme darf nur dann erfolgen, wenn die von ihr ausgehenden Gefahren größer sind als das Risiko einer Gasexplosion. Freiwerdende brennbare Gase aus Batteriespeichern (hier v. a.

14

45 $T_{zünd}$: Zündtemperatur des Gases (in °C).
UEG und OEG: untere bzw. obere Explosionsgrenze (in Vol %).
$V_{stöch}$: der Gasanteil, bei dem ein stöchiometrisches Gemisch vorliegt (in Vol %).
T_{brenn}: die Verbrennungstemperatur des stöchiometrischen Gemisches (in °C).
ρ_{Gas}/ρ_{Luft}: die relative Dichte des Gases bezogen auf die Dichte der Luft. Ein Wert < 1,0 bedeutet leichter als Luft, ein Wert > 1,0 entsprechend schwerer.

Bild 77: ***Zerstörtes Wohngebäude nach einer Gasexplosion (Quelle: Jochen Thorns)***

Lithium-Ionen-Akkus) können auch explosionsartig zünden und erhebliche Druckwellen erzeugen.

Bei Starkregenfällen oder Fluten kann es dazu kommen, dass oberirdische Gastanks mit dem steigenden Wasser aufschwimmen, damit aus der Befestigung und von den Leitungen abreißen sowie anschließend den Inhalt abblasend abtreiben. Bei allen Einsatzlagen mit brennbaren Gasen ist daher eine laufende messtechnische Überwachung auf die Ex-Gefahr sinnvoll bzw. notwendig. Dies gilt im Falle von Hochwasserschäden in den überschwemmten Bereichen grundsätzlich vor jedem Betreten von Kellern etc., auch wenn die Gebäude keinen Gasanschluss haben.

14.4.4 Sprengstoffexplosionen

Zivile und militärische Sprengstoffe beinhalten ein erhebliches Gefahrenpotential. Militärische Sprengstoffe liegen dazu auch in bereits gedämmter Ausführung vor

(Granaten, Bomben etc.), um die Explosionseffekte im Freien durch eine größere Druckwelle und Splitter zu vergrößern. Die Sicherheitsdatenblätter sind zu beachten, fachkundiges Personal bzw. Kampfmittelentschärfer sind schon beim Verdacht hinzuzuziehen. Die angegebenen Sicherheitsabstände sind auch von den Ersteinsatzkräften zu beachten und umzusetzen.

Bei Vegetationsbränden können militärische Altlasten erhebliche Probleme bei der Brandbekämpfung bereiten, weil i. d. R. größere Sperrgebiete (bei unklarer Lage meist 1 000 m Radius bzw. Hemisphäre, also auch nach oben) verhängt werden. Hier ist eine konventionelle Brandbekämpfung aufgrund des großen Abstands weder am Boden noch aus der Luft möglich und man muss mit Schneisen bzw. unbemannten Verteidigungslinien oder gepanzerten Fahrzeugen arbeiten (vgl. Cimolino 2019). Vorbeugend sollten daher in diesen Gebieten mindestens geräumte und befahrbare Wege sowie Schneisen geschaffen und unterhalten werden. Im Brandfall kann dann ein Feuer an einem der Wege noch konventionell bekämpft werden. Gelingt dies nicht mehr, kann in (für die nächsten Tage erwarteter!) Windrichtung an einer oder mehreren Schneisen eine vorbereitete Verteidigungslinie aufgebaut werden (z. B. Kreisregner, Düsenschläuche), die vor Annäherung der Feuerfront auf die verhängte Sicherheitsdistanz fertig sein muss(!) und unbemannt zu betreiben ist. Durch Verwendung von Retardants, Löschgelen oder ausgebrachtem Schaum entlang der Schneise (zuerst zum Feuer, dann möglichst auch noch auf der feuerabgewandten Seite) kann die Wirkung der Schneise verbessert werden. Um hier bei Bedarf punktuell unterstützen zu können, sollten dringend entlang dieser Linie mit gepanzerten Fahrzeugen entstehende Brände an der Schneise direkt bekämpft werden. Bei stärkeren Winden wird es allerdings zu Spotfeuern auch jenseits der Schneise kommen, die im ungeräumten und bewaldeten Gebiet nicht zu bekämpfen sind. Das Verfahren muss daher meist mehrfach wiederholt werden.

14.5 Schutzmaßnahmen in explosionsgefährdeten Bereichen

Es ist bei bestimmten Einsätzen nicht zu vermeiden, dass sich Feuerwehrangehörige in explosionsgefährdeten Bereichen aufhalten müssen. Beispiele sind das Vorgehen in einen Keller, um dort eine beschädigte Gasleitung zu schließen oder das Auffangen von Ottokraftstoff aus einem Tanklastzug in unmittelbarer Nähe des Lecks u. Ä.

Ist ein Einsatz in solchen Bereichen nicht vermeidbar, dann sollte

- die Aufenthaltsdauer kurz und die Anzahl der eingesetzten Kräfte so gering wie möglich gehalten werden,
- geeignete Schutzkleidung getragen, explosionsgeschützte Ausrüstung und Werkzeuge sowie ausreichend geeignetes Löschmittel bereitgestellt werden,
- falls möglich für ausreichende Belüftung gesorgt werden (»primärer Explosionsschutz«) und
- Zündquellen soweit möglich ausgeschlossen werden (»sekundärer Explosionsschutz«).
- Geeigneten Brandschutz sicherstellen, z. B. Löschpulver oder Schaumwerfer. (Alle Löschmittel mit Schläuchen müssen in derartigen Lagen unmittelbar am Rohr bzw. Werfer abgabebereit stehen, sonst dauert es bei einer echten Zündung zu lange, bis Löschmittel ausgebracht werden kann.)

Gerade beim sekundären Explosionsschutz kommt den elektrischen Betriebsmitteln große Bedeutung zu, denn insbesondere Handlampen und Funkgeräte werden oftmals ohne weitere Prüfung ihrer Eignung in explosionsgefährdeten Bereichen eingesetzt und stellen dann eine erhebliche Gefahr für die Einsatzkräfte dar. Das ▶ Bild 78 zeigt zwei Handscheinwerfer für die Feuerwehr mit Explosionsschutz.

Rechtliche Grundlage für die Verwendung elektrischer Betriebsmittel in explosionsgefährdeten Bereichen sind die europäische ATEX-Richtlinie (Atmosphère explosible) und die deutsche Explosionsschutz-Verordnung (ExVO).

Elektrische Betriebsmittel werden zunächst entsprechend ihrer Verwendung in zwei Gerätegruppen eingeteilt:

- Gerätegruppe I zur Verwendung in Bergbaubetrieben (sowohl über als auch unter Tage),
- Gerätegruppe II zur Verwendung in den übrigen explosionsgefährdeten Bereichen, in diese Gruppe fallen die üblicherweise bei den Feuerwehren verwendeten elektrischen Betriebsmittel.

In Abhängigkeit von der Wahrscheinlichkeit, dass am vorgesehenen Verwendungsort explosionsgefährliche Atmosphären vorliegen, werden sogenannte Zonen für Gas-Luft- und für Staub-Luft-Atmosphären definiert und Anforderungen an die Sicherheit der für diese Zonen zugelassenen elektrischen Betriebsmittel gestellt (▶ Tabelle 29).

Bild 78: ***Handscheinwerfer mit Explosionsschutz (Quelle: Jochen Thorns)***

- Geräte in Kategorie 1 müssen selbst bei selten auftretenden Gerätestörungen das erforderliche Maß an Sicherheit gewährleisten, indem grundsätzlich doppelte Schutzmaßnahmen vorhanden sind (Zwei-Fehler-Toleranz).
- Geräte in Kategorie 2 gewährleisten sogar bei häufigen Gerätestörungen oder Fehlerzuständen, die üblicherweise zu erwarten sind, das erforderliche Maß an Sicherheit.
- Geräte in Kategorie 3 gewährleisten ein Normalmaß an Sicherheit und sind zur Verwendung in Bereichen bestimmt, in denen nicht damit zu rechnen ist, dass eine explosionsgefährliche Atmosphäre vorliegt, und wenn, dann aller Wahrscheinlichkeit nach nur selten und während eines kurzen Zeitraums.

Selbstverständlich beinhaltet die Zulassung eines elektrischen Betriebsmittels für eine bestimmte Zone auch dessen Verwendbarkeit in den jeweils mindergefährlichen Zonen, z. B. von Geräten der Kategorie 1 nicht nur in den Zonen 0 und 20, sondern auch in den Zonen 1, 21, 2 und 22.

Weiterhin werden elektrische Betriebsmittel entsprechend ihrer maximalen Oberflächentemperatur in Temperaturklassen und entsprechend der Zündgefährlichkeit der jeweiligen explosionsgefährlichen Atmosphären in Explosionsgruppen eingeteilt (▶ Tabelle 30). Die Gefährlichkeit nimmt dabei von IIA nach IIC und von T1 nach T6 zu. Selbstverständlich sind auch hier die für gefährlichere Bereiche zugelassenen elektrischen Betriebsmittel in den weniger gefährlichen Atmosphären verwendbar.

Die technische Realisierung des Explosionsschutzes kann auf unterschiedliche Weise realisiert werden, z. B. durch unterschiedliche Kapselungsarten. Es soll hier betont werden, dass allein aus der Bezeichnung »EEx« auf einem elektrischen Betriebsmittel nicht auf dessen Eignung in allen Fällen geschlossen werden darf. Der »Explosionsschutz« eines elektrischen Gerätes gilt nämlich bauartbedingt nur für bestimmte explosionsfähige Atmosphären. Aus der Kennzeichnung der elektrischen Betriebsmittel gehen deren Eignung bzw. ihre Einsatzgrenzen eindeutig hervor. Insbesondere muss die Zündtemperatur der umgebenden Atmosphäre höher liegen als die angegebene »Temperaturklasse« des Gerätes.

Allerdings darf auch aus dem Einhalten der erforderlichen Temperaturklasse nicht ohne Weiteres auf die uneingeschränkte Eignung geschlossen werden, da auch Zündschutzart sowie die Zulassung für eine bestimmte Explosionsgruppe berücksichtigt werden müssen. Eine vollständige Darstellung des Explosionsschutzes elektrischer Geräte kann an dieser Stelle aus Platzgründen nicht erfolgen. Wichtig ist aber die Sensibilisierung der Verantwortlichen, sich bereits im Vorfeld eines Einsatzes mit dem Explosionsschutz der vorhandenen Einsatzmittel und den sich daraus ergebenden Einsatzgrenzen zu befassen.

Tabelle 29: ***Explosionsschutz elektrischer Betriebsmittel: Unterteilung der Gerätegruppe II in Sicherheitskategorien***

	Einsetzbar in Zonen		**Explosionsgefährliche Atmosphäre liegt vor**	**Vermeidung von Zündquellen**	**Geforderte Sicherheit**
	Gas	**Staub**			
Kategorie 1	0, 1, 2	20, 21, 22	ständig, langzeitig oder häufig	auch bei seltenen Betriebsstörungen	sehr hoch

Tabelle 29: ***Explosionsschutz elektrischer Betriebsmittel: Unterteilung der Gerätegruppe II in Sicherheitskategorien – Fortsetzung***

	Einsetzbar in Zonen		**Explosionsgefährliche Atmosphäre liegt vor**	**Vermeidung von Zündquellen**	**Geforderte Sicherheit**
	Gas	**Staub**			
Kategorie 2	1, 2	21, 22	gelegentlich	auch bei üblichen Betriebsstörungen	hoch
Kategorie 3	2	22	selten und nur während eines kurzen Zeitraums	im Normalbetrieb	normal

Tabelle 30: ***Explosionsschutz elektrischer Betriebsmittel: Unterteilung der Gerätegruppe II in Explosionsgruppen und Temperaturklassen mit Beispielgasen/-dämpfen***

Explosionsgruppe	**T1 (< 450 °C)**	**T2 (< 300 °C)**	**T3 (< 200 °C)**	**T4 (< 135 °C)**	**T5 (< 100 °C)**	**T6 (< 85 °C)**
IIA	Aceton Methan Ethan Ammoniak Benzol Kohlenmonoxid Methanol Propan Toluol	Ethylalkohol Butan	Benzin Diesel Kerosin Heizöle Hexan	Acetaldehyd Ethyläther		
IIB	Stadtgas (Leuchtgas)	Ethylen	Schwefelwasserstoff			
IIC	Wasserstoff					Ethylnitrat Schwefelkohlenstoff

14.6 Der Behälterzerknall

Ursache des Behälter- oder Druckgefäßzerknalls ist das Bestreben aller Gase, sich bei Erwärmung stark auszudehnen. Ist ihnen dies durch den umschließenden Behälter verwehrt, so kommt es zu einem Druckanstieg. Bei einem so genannten idealen Gas ergibt sich bei einer Temperaturerhöhung um jeweils ca. 300 °C eine Druckzunahme um den Wert des Fülldrucks bei Raumtemperatur. In einer Stahlflasche, die unter Raumtemperatur z. B. mit 200 bar gefüllt wurde, herrscht bei ca. 300 °C bereits ein Druck von 400 bar und bei ca. 600 °C von 600 bar. Hinzu kommt, dass der Behälter durch den Temperaturanstieg an Festigkeit verliert. Ein sehr effektiver Wärmeübergang und damit eine rasche Temperaturzunahme ist bei von unten beflammten Behältern zu erwarten.

Sehr schnell kann der Druckanstieg bei verflüssigten Gasen verlaufen. Hier befindet sich der Stoff in einem Gemisch von flüssigem und gasförmigem Zustand im Druckbehälter. Je nach zulässigem Füllfaktor, angegeben in Kilogramm des verflüssigten Gases pro Liter des Flaschenvolumens, besteht über der flüssigen Phase ein mehr oder weniger großer mit Gas gefüllter Raum. Bei einer Temperaturerhöhung steigt zum einen der Gasdruck an, zum andern beginnt sich die Flüssigkeit auszudehnen und den über ihr befindlichen Gasraum zu verkleinern. Dabei wirkt die Gasphase quasi als »Puffer« und sorgt dafür, dass keine übermäßigen Drucksteigerungen auftreten können. Diese Funktion kann sie aber nur so lange wahrnehmen, wie noch ein kleiner Gasraum über der Flüssigphase besteht. Ab derjenigen Temperatur, bei der die Flüssigphase das gesamte Flaschenvolumen ausfüllt, erfolgt bei jeder weiteren Erwärmung ein überaus starker Druckanstieg, der zu einer »hydraulischen Sprengung« des Druckbehälters führt. Diese gefährliche Temperatur liegt bei vielen druckverflüssigten Gasen relativ niedrig, bei höchstzulässiger Füllmenge beispielsweise bei Propan/Butan zwischen 60 und 70 °C.

Sehr gefährlich sind punktförmige Beflammungen oberhalb des Flüssigkeitsspiegels eines druckverflüssigten Gases. Hierbei kommt es besonders schnell zum Festigkeitsverlust des Druckbehältermaterials, da Bereiche des Behälters erwärmt werden, die im Innern nicht von der Flüssigphase benetzt und damit gekühlt werden. Ist schließlich der Berstdruck des Behälters erreicht, so kommt es zum Druckgefäßzerknall, bei dem Teile des Behälters mehrere hundert Meter weit weggeschleudert werden können (▶ Bild 79). Der Wärme ausgesetzte Druckbehälter sind aus der Deckung heraus zu kühlen. Hierzu sind Rohre mit großer Wurfweite einzusetzen, wenn möglich unbemannte Wasserwerfer. Zum In-Stellung-bringen der Löschgeräte sollte Hitzeschutzkleidung getragen werden.

Bild 79: ***Beim Brand eines Standes auf dem Stuttgarter Weihnachtsmarkt kam es im Jahr 2005 zum Zerknall dieser Flüssiggasflasche. (Quelle: Branddirektion Stuttgart)***

Achtung:

Bei Ansprechen des Sicherheitsventils, Verfärbung der Behälterlackierung oder plötzlicher Verformung des Behälters besteht höchste Berstgefahr. In diesem Fall bleibt nur der sofortige Rückzug! Allerdings besitzen in der Bundesrepublik verwendete Tankfahrzeuge im Gegensatz zu den meisten stationären Gastanks in aller Regel kein Sicherheitsventil.

14.6.1 Kennzeichnung von Druckgasbehältern

Bei Druckgasflaschen bzw. Flaschenbündeln aus Druckgasflaschen ist abhängig vom in der Flasche befindlichen Gas eine farbliche Kennzeichnung vorgeschrieben. Die seit 1. Juli 2006 gültige Regelung ist in ▶ Tabelle 31 und in ▶ Bild 80 bis 83 dargestellt. Die Farbkennzeichnung ist nur für die Flaschenschulter vorgeschrieben, Farbkombinationen sind in diesem Bereich entweder in Ringen oder Quadranten aufzubringen. Die Farbe des zylindrischen Flaschenkörpers ist für den industriellen Einsatz nicht vorgeschrieben; bei umlackierten Flaschenschultern kann die ursprüngliche (alte) Farbgebung erhalten bleiben. In der Regel werden neue Flaschenkörper entweder grau oder entsprechend der Schulterfarbe lackiert sein. Druckgasflaschen für Gase zur Inhalation (Atemgase) und für medizinische Anwendungen erhalten dahingegen verbindlich vorgeschrieben einen weißen Flaschenkörper, um sie von Druckgasflaschen für den industriellen Einsatz deutlich zu unterscheiden.

Die Druckgasflaschen sind zusätzlich entsprechend GGVSEB (▶ Kapitel 2.3.1) mit einem Gefahrgutaufkleber gemäß ▶ Bild 84 gekennzeichnet. Dieser Aufkleber ist die rechtlich einzig verbindliche Kennzeichnung des Gasinhalts. Die oben beschriebene Farbkennzeichnung dient primär der frühzeitigen Erkennung, wenn der Gefahrgutaufkleber wegen zu großer Entfernung noch nicht lesbar ist.

Tabelle 31: ***Kennzeichnung von Druckgasflaschen***

Eigenschaften bzw. Art des Füllgases	Farbkennzeichnung
Giftig und/oder ätzend	Gelb
Entzündlich	Rot
Oxidierend	Hellblau
Erstickend (Inert)	Hellgrün
Sauerstoff	Weiß
Acetylen	Kastanienbraun
Argon	Dunkelgrün
Stickstoff	Schwarz
Sauerstoff	Weiß
Kohlendioxyd	Grau
Helium	Braun
Distickstoffoxid	Blau
Wasserstoff	Rot
Luft oder synthetische Luft	Weiß und Schwarz
Gemisch Sauerstoff/Helium	Weiß und Braun
Gemisch Sauerstoff/Kohlendioxyd	Weiß und Grau
Gemisch Sauerstoff/Distickstoffoxid	Weiß und Blau

Campinggasflaschen für Propan, Butan und deren Gemische sowie Druckgaspackungen (z. B. Einwegbehälter für Lötlampen) sind von der hier beschriebenen Farbkennzeichnung ausgenommen. Auf ihnen findet man gegebenenfalls einen Gefahrgutaufkleber oder ein Flammensymbol. Feuerlöscher, z. B. Kohlendioxidlöscher, fallen ebenfalls nicht unter diese Kennzeichnungsregelungen.

Der Gefahrenbereich bei Unfällen mit Brandeinwirkung auf Druckgasbehälter mit brennbaren Gasen kann je nach Behältergröße wie bei den explosiven Stoffen bis zu 1 000 Meter, bei Speicheranlagen und Binnenschiffen unter Umständen auch mehr, betragen (▶ Tabelle 32). An den Druckgefäßzerknall schließt sich nämlich stets eine Explosion des freigesetzten Gases an, man spricht bei verflüssigten Gasen von einer BLEVE (Boiling Liquid Expanding Vapour Explosion = die Explosion der sich aus einer siedenden Flüssigkeit ausbreitenden Dämpfe) und bei Druckgasen von einer VCE (Vapour Cloud Explosion = die Explosion einer Gaswolke). Dabei ist zu bedenken, dass sich bei druckverflüssigten Gasen durch die Verflüssigung unter Druck große Gasmengen befinden. So erhält man beispielsweise aus einem Kilogramm Flüssiggas (Propan/Butan) rund 500 Liter Gas, genug für 30 m^3 zündfähiges Gemisch.

Tafel 1: Allgemeine Kennzeichnungsregel*

Eigenschaften	**Schulterfarbe**	**Beispiele**
giftig und/ oder ätzend[1]	gelb	Ammoniak, Chlor, Arsin, Fluor, Kohlenmonoxid, Stickoxid, Schwefeldioxid
entzündbar[2]	rot	Wasserstoff, Methan, Ethylen, Formiergas, Stickstoff-/ Wasserstoff gemisch
oxidierend[3]	hellblau	Sauerstoff-, Lachgasgemische (außer Inhalationsgemische, Tafel 3)
erstickend[4] (inert)	leuchtendes grün	Krypton, Xenon, Neon, Schweißschutzgasgemische, Druckluft technisch

* für Gase und Gasgemische, die nicht nach Tafel 2 und 3 speziell festgelegt sind.

1. Abgrenzung giftig/nicht giftig und ätzend/nicht ätzend siehe ADR/RID Anl.A 2.2.2 u. P200 (ISO 10298). Ätzend bezieht sich in diesem Fall auf Verätzung menschlichen Gewebes
2. Abgrenzung brennbar/nicht brennbar siehe ADR/RID Anl.A 2.2.2 u. P200 (EN 720-2)
3. Abgrenzung oxidierend/nicht oxidierend siehe ADR/RID Anl.A 2.2.2 u. P200 (EN 720-2)
4. Die Farbe „leuchtendes grün" darf nicht für Luft zur Inhalation angewendet werden.

Bild 80: *Allgemeine Kennzeichnungsregel (Quelle: Industriegaseverband e.V.)*

Tafel 2: Spezielle Kennzeichnung für gebräuchliche Gase**

Gas	Schulterfarbe	Gas	Schulterfarbe
Acetylen	kastanienbraun 	Stickstoff	schwarz 
Sauerstoff	weiß 	Kohlendioxid	grau 
Distick-stoff-oxid (Lach-gas)	blau 	Helium	braun 
Argon	 dunkelgrün		

** Farbe des Flaschenmaterials: siehe Kennzeichnungsgrundsätze und Vereinbarungen

Bild 81: ***Spezielle Kennzeichnung für gebräuchliche Gase (Quelle: Industriegaseverband e.V.)***

Tafel 3: Spezielle Kennzeichnung für Inhalationsgemische***

Gas/Gasgemische	Schulterfarben
Synthetische Luft/Druckluft für Atem-zwecke (Für Sauerstoff-konzentrationen zwischen 20-23%)	weiß/schwarz 
Gemisch Sauerstoff/Helium (Für alle Sauerstoff konzentrationen)	weiß/braun 
Gemisch Sauerstoff/Kohlendioxid (Für alle Sauerstoff konzentrationen)	weiß/grau 
Gemisch Sauerstoff/Distickstoffoxid (Für alle Sauerstoff konzentrationen)	weiß/blau 

*** Ringförmige Kennzeichnung mit den Farben der zwei Komponenten des Gasgemisches. Farbe des Flaschenmantels: siehe Kennzeichnungsgrundsätze und Vereinbarungen.

Bild 82: ***Spezielle Kennzeichnung für Inhalationsgemische (Quelle: Industriegaseverband e.V.)***

Tafel 4: Spezielle Kennzeichnung für Schutzgasgemische****

Gas/Gasgemische	Schulterfarben
Kohlendioxid/Stickstoff	grau/schwarz 
Kohlendioxid/Sauerstoff	grau/weiß 
Argon/Sauerstoff	dunkelgrün/ weiß 
Argon/Stickstoff	dunkelgrün/ schwarz 

**** Ringförmige Kennzeichnung mit den Farben der zwei Komponenten des Gasgemisches. Der untere Farb ring sollte nicht die gleiche Farbe wie der Flaschenmantel haben, siehe oben stehende Beispiele

Bild 83: ***Spezielle Kennzeichnung für Schutzgasgemische (Quelle: Industriegaseverband e.V.)***

14

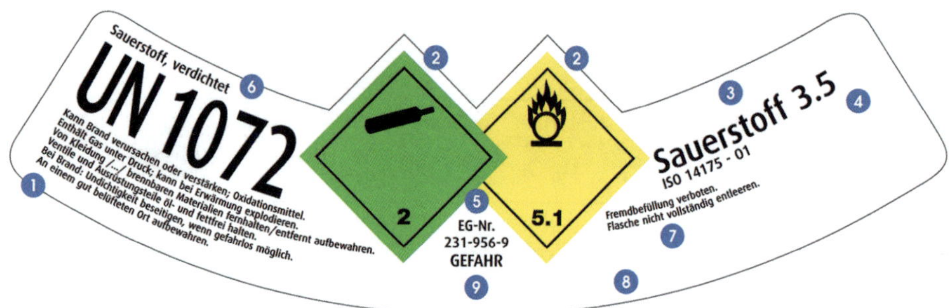

1. Gefahren- und Sicherheitshinweise
2. Gefahrzettel nach ADR/RID
3. Handelsname des Gaseherstellers
4. Z. B. Zusammensetzung des Gasgemisches oder Reinheitsangabe des Gases
5. EG-Nummer bei Einzelstoffen; entfällt bei Gasgemischen
6. UN-Nummer und Benennung des Stoffes
7. Hinweise des Gaseherstellers
8. Name, Anschrift und Telefonnummer des Herstellers
9. Signalwort

Bild 84: ***Gefahrgutaufkleber für Druckgasflaschen am Beispiel Technischer Sauerstoff. Form und Gestaltung können je nach Gashersteller abweichen. (Quelle: Industriegaseverband e.V.)***

14.7 Flüssiggas-, Erdgas- und Wasserstoff-Antriebe

Flüssiggas, Erdgas und Wasserstoff gewinnen als alternative Antriebstechnologie von Kraftfahrzeugen zunehmend an Bedeutung. Gründe liegen im Umweltschutz und in der Preisentwicklung der herkömmlichen Otto- und Dieselkraftstoffe. Neben der Hybridtechnologie, bei der Verbrennungs- und Elektromotor nebeneinander verwendet werden (▶ Kapitel 11.10), kommen vor allem gasbetriebene Fahrzeuge mit klassischem Verbrennungsmotor zum Einsatz.

Für die Feuerwehr ist von Bedeutung, möglichst früh zu erkennen, dass sie es mit einem Fahrzeug mit alternativer Antriebstechnologie zu tun hat, denn nur dann kann sie ihre Einsatztaktik darauf einstellen. Problematisch ist dabei, dass es keine Kennzeichnungspflicht und damit keine einheitliche Kennzeichnungssystematik für Kraftfahrzeuge mit Gasantrieb gibt. Aus Imagegründen weisen zwar oftmals großflächige Werbeaufkleber (»Clean Energy« o. Ä.) auf die alternative Antriebsart hin, aber diese

Aufkleber sind eine vorübergehende Modeerscheinung und in keiner Weise verbindlich oder einheitlich. Das Gleiche gilt für Typenschilder, z. B. »CNG« oder »Hydrogen« an der Fahrzeugrückseite. Wenn der Fahrer/Halter des betroffenen Fahrzeugs nicht (mehr) befragt werden kann, bleibt der Feuerwehr als Erstmaßnahme nur ein aufmerksames Beobachten von besonderen Merkmalen, die auf einen alternativen Fahrzeugantrieb hinweisen. Oft kann man am Unterboden oder im Kofferraum sichtbare Hinweise auf die Gasbehälter des Fahrzeugs finden. Soweit sichtbar und zugänglich, kann der speziell gestaltete Tankfüllstutzen auf die besondere Antriebsart hinweisen. Auch ungewöhnliche Öffnungen, z. B. auf dem Fahrzeugdach oder an den Fahrzeugsäulen, können als Abblaseinrichtungen auf einen Gasantrieb hinweisen. Gesicherte Hinweise erhält die Feuerwehr über die Rettungsdatenblätter, ▶ Kapitel 11.10.

14.7.1 Flüssiggas

Unter Flüssiggas versteht man unter Druck verflüssigte brennbare Kohlenwasserstoffe, überwiegend die Gase Propan und Butan sowie deren Gemische, oft mit der Abkürzung LPG (Liquified Petroleum Gas) bezeichnet. LPG wird in der alltäglichen Nutzung als leicht transportierbare Energiequelle in 11 kg- und 33 kg-Flaschen gelagert und verwendet, z. B. für Grillgeräte, Heizstrahler/Heizpilze und in jedem Wohnwagen und Wohnmobil, daher wird es auch als »Campinggas« bezeichnet. In stationären ober- wie unterirdischen Tanks mit Füllmengen von 1,2 bis 2,9 Tonnen wird LPG zur Energieversorgung von Gebäuden genutzt.

Kommt LPG als Kraftstoff für Fahrzeuge zum Einsatz, so wird es auch als »Autogas« bezeichnet. Es gibt so genannte bivalente Fahrzeuge, die durch einfaches Umschalten sowohl mit Otto-Kraftstoff als auch mit LPG angetrieben werden können. Die meisten mit LPG angetriebenen Kraftfahrzeuge sind Pkw, häufig wird LPG auch zum Antrieb von Flurförderfahrzeugen (Staplern) und von Bussen des örtlichen Personennahverkehrs verwendet. In (großen) Lkw findet LPG nur selten Verwendung. In Pkw befinden sich die Druckgasbehälter unterflur oder im Kofferraum, bei nachgerüsteten Fahrzeugen wird oft die Mulde des Ersatzrades genutzt. Bei Bussen befinden sich die Druckgasbehälter in der Regel auf dem Dach hinter einer Verkleidung und Stapler führen meist ein oder zwei Druckgasflaschen offen am Heck montiert mit.

Die Füllmenge des LPG-Druckgasbehälters in Pkw beträgt 20 bis 80 kg bei maximal 30 bar, der Füllgrad ist auf 80 Prozent des Behältervolumens begrenzt, damit genügend Raum für eine Ausdehnung bei Erwärmung besteht. Eine Schmelzlotsicherung stellt eine Druckentlastung im Brandfall sicher. Im Fall einer Leckage ist zu beachten, dass sich das entweichende Gas stark abkühlt und es beim Hautkontakt zu Erfrierungen kommen kann.

Tabelle 32: ***Abstände bei Explosionsgefahr von Druckbehältern für Flüssiggas***

Behälterart	Volumen (m^3)	Größte Lagermasse (kg)	Sicherheitsabstand für Einsatzkräfte unter Hitzeschutzkleidung (m)	Gefahrenbereich zur Räumung (m)	Sicherheitsventil
Druckgasflaschen	< 0,08	33	15	50	ja
Druckgasbetriebene Kraftfahrzeuge	0,12	40	15	50	ja
Private Versorgungsanlagen, Kompaktanlagen	2,7–4,9	1 200–2 100	50	100–150	ja
Lkw, Einzelfahrzeuge bis 5 t Ladegewicht	6–11	2 500–5 000	75	150–400	nein
Lkw mit Anhänger, Sattelzüge	20–36	9 000–16 000	100	150–400	nein
Eisenbahnkesselwagen	62–110	26 000–46 000	150	200–750	nein
Speicheranlagen, Binnenschiffe	< 250 < 1 000 > 1 000	100 000 430 000 430 000	200 300 500	300–1 500 500–2 000 800–2 500	nein

Zum in Stellung bringen von Löschgeräten ist der Sicherheitsabstand gegebenenfalls kurzfristig zu unterschreiten.

Da LPG schwerer als Luft ist, darf es nicht in Räumen unter Erdgleiche, z. B. Kellern, sowie in der Nähe von Gruben, Kanälen und Abflüssen gelagert werden. Gleiches gilt auch für Treppenräume, Flure, Garagen und enge Höfe, Durchgänge und Durchfahrten. Wegen der weit verbreiteten Nutzung von LPG muss die Feuerwehr aber auch an diesen Stellen mit LPG-Gebinden rechnen. Das gleiche gilt für den Transport von LPG-Gebinden in (nicht gekennzeichneten) Kraftfahrzeugen.

Strömt LPG nicht brennend ab, so sind Zündquellen zu vermeiden und es ist zu beobachten, in welche Richtung die (durch Kühl-Kondensation meist gut sichtbare) Gaswolke zieht. Mittels Sprühstrahl und Lüftungsmaßnahmen kann unter Beachtung der Windrichtung gewisser Einfluss hierauf genommen werden. Besondere Vorsicht ist in tiefergelegenen Räumen und Schächten geboten, gegebenenfalls müssen dort aufwendige Lüftungsmaßnahmen durchgeführt werden, wobei selbstverständlich auf den Explosionsschutz der eingesetzten Geräte zu achten ist.

Soweit Sicherheitsventile vorhanden sind, ist zu bedenken, dass diese im Falle einer intensiven Erwärmung den Druckanstieg nicht (mehr) gesichert abbauen können. Die Gefahr eines Behälterzerknalls mit anschließender Explosion besteht also weiterhin.

Tritt LPG brennend aus, so sollten der Behälter und die Umgebung gekühlt und bei Leitungen versucht werden, die Gaszufuhr abzuschiebern oder das Leck zu schließen, soweit dies gefahrlos möglich ist. Die größte Gefahr besteht bei direkter Beflammung des Leck geschlagenen oder benachbarter Druckgasbehälter, diese sind massiv zu kühlen und es ist zu versuchen, die Flamme zu löschen. Die Gefahr der erneuten Entzündung an heißen Teilen ist dabei zu bedenken. In ▶ Tabelle 33 sind die bei Berstgefahr einzuhaltenden Mindestabstände aufgelistet.

14.7.2 Erdgas

Erdgas besteht im Wesentlichen aus dem Gas Methan, welches leichter als Luft ist. Für Transportzwecke im großen Maßstab, z. B. auf Schiffen, wird es tiefkalt (ca. -165 °C) verflüssigt, man bezeichnet es dann als LNG (Liquified Natural Gas). Zur Verwendung in Kraftfahrzeugen kommt es aber ausschließlich in komprimierter Form als CNG (Compressed Natural Gas) unter einem Druck von 200 bar, erprobt werden Drücke bis 300 bar. Die übliche Füllmenge für Pkw beträgt 20 bis 30 kg. Die Tanks verfügen über ein Sicherheitsventil; Crash-Tests und Brandversuche haben insgesamt einen hohen Sicherheitsstandard bescheinigt.

Erdgas wird als Kraftstoff überwiegend in Pkw und in Bussen des örtlichen Personennahverkehrs verwendet. Wie beim Flüssiggas gibt es auch hier bivalente Fahrzeuge, die wahlweise von CNG- auf Otto-Kraftstoff umschalten können. Wegen des relativ hohen Speicherdrucks sind die CNG-Druckgasbehälter in ihrer Formgebung nicht so flexibel ausformbar wie LPG-Tanks, sondern als Zylinder ausgeführt und befinden sich meist im Bereich des Kofferraums. Bei Bussen befinden sich die CNG-Druckgasbehälter in der Regel auf dem Dach hinter einer Verkleidung.

An Erdgas-Tankstellen wird in der Regel nur ein begrenzter Erdgasvorrat (meist in 30 gebündelten Gasflaschen von je 80 Litern Volumen unter einem Druck von 250 bis 300 bar) gelagert, der abhängig von der zum Tanken jeweils entnommenen Menge aus dem örtlichen Erdgasnetz mittels eines eigenen Kompressors wieder befüllt wird. Flaschenbündel und Kompressor sind in der Regel zusammen in einem gesonderten Gebäude untergebracht.

Die Gefahren von brennend oder nicht brennend austretendem CNG sind mit denen des LPG vergleichbar, ebenso die zu ergreifenden Maßnahmen. Ein wichtiger Unterschied besteht aber im unterschiedlichen spezifischen Gewicht dieser beiden Gase: Da Erdgas leichter als Luft ist, entweicht es bei Leckagen nach oben. Gefährlich hohe Konzentrationen finden sich daher im unmittelbaren Austrittsbereich, können innerhalb von Gebäuden aber auch in höher gelegenen Räumen vorkommen.

14.7.3 Wasserstoff

Wasserstoff ist das leichteste überhaupt existierende Gas, es ist 14 Mal leichter als Luft. Es ist höchst permeabel, d. h. es durchdringt mit der Zeit die meisten Materialien. Es hat einen sehr breiten Zündbereich (▶ Tabelle 28), sodass auch sehr fette Gemische mit Luft noch entzündbar sind. Die benötigte Zündenergie ist eher gering, bereits elektrostatische Effekte beim Ausströmen können quasi zu einer Selbstentzündung führen. Weil Wasserstoff das höchste Diffusionsvermögen aller Gase hat, breitet er sich von der Austrittsstelle in kürzester Zeit in der Umgebung aus. Wasserstoff verbrennt mit einer sehr hohen Flammengeschwindigkeit, sodass sogar die Gefahr einer Detonation (▶ Kapitel 14.2.2) nicht ausgeschlossen werden kann. Reiner Wasserstoff verbrennt an der Luft mit kaum sichtbarer Flamme (≈ 2 000 °C) und gibt dabei nur eine geringe Wärmestrahlung ab, sodass die Gefahr der unbewussten Annäherung besteht.

Zum Antrieb von Fahrzeugen kann Wasserstoff auf zwei Arten verwendet werden:

- Verbrennung in einem Motor oder
- Umsetzung in einer Brennstoffzelle mit nachgeschaltetem Elektromotor.

Ökologisch besonders vorteilhaft ist bei beiden Anwendungen die Tatsache, dass das einzige Verbrennungsprodukt reines Wasser ist.

Wasserstoff kann wirtschaftlich auf zwei Arten gespeichert werden:

- gasförmig in Druckbehältern bei 200 bis 700 bar oder
- tiefkalt verflüssigt bei -253 °C in besonders isolierten Behältern, so genannten Kryostaten.

Druckgasbehälter für wasserstoffbetriebene Kraftfahrzeuge besitzen in der Regel eine Schmelzlotsicherung, um im Brandfall ein Bersten zu verhindern. Druckgasbehälter auf Transportfahrzeugen haben eine derartige Vorrichtung nicht, weil die Brandgefährdung für derartige Behältnisse deutlich geringer eingeschätzt wird.

Tritt Wasserstoff gasförmig aus, so sind mögliche Zündquellen zu vermeiden und es ist unter Beachtung der Windrichtung intensiv zu lüften. Allerdings ist wegen der äußerst geringen Zündenergie die Wahrscheinlichkeit einer Selbstentzündung sehr groß. Brennend austretender Wasserstoff stellt für den Leck geschlagenen Behälter keine Berstgefahr dar, solange er ihn (z. B. in abgelenkter Flammenform) nicht selbst aufheizt. In diesem Fall, oder wenn benachbarte Behälter beflammt werden, besteht höchste Berstgefahr. Da die Wasserstoffflamme schwer sichtbar ist, ist möglichst eine Wärmebildkamera einzusetzen. Behälter und Umgebung sind massiv zu kühlen; falls gefahrlos möglich, ist das Leck zu schließen bzw. die Leitung abzuschiebern. In ▶ Tabelle 33 sind die bei Berstgefahr einzuhaltenden Mindestabstände aufgelistet.

Tabelle 33: ***Abstände bei Explosionsgefahr von Druckbehältern für Wasserstoff***

Objekt	Primärer Räumungsradius (m)	Sekundärer Räumungsradius bei Berstgefahr (m)
Einzelflasche wasserstoffbetriebenes Fahrzeug	50	100
Flaschenbatterien (auch auf Trailer)	150	400
Jumbo-Tube-Trailer Flüssigwasserstoff-Transportfahrzeug	200	750

Kryostaten für tiefkalten Wasserstoff haben Sicherheitseinrichtungen, aus denen bereits nach kurzer Flammeneinwirkung Wasserstoff austritt. Auch im Regelbetrieb kommt es regelmäßig zum Austritt von Wasserstoff (in geringen Mengen), weil die Isolation nie hundertprozentig sein kann und der Innendruck des Kryostaten daher ständig ansteigt.

Tritt nach einer Leckage an einem Kryostaten tiefkalt verflüssigter Wasserstoff aus, so sind bei Kontakt mit der Haut in kürzester Zeit schwere Erfrierungen die Folge.

14.7.4 Acetylengasbehälter

Acetylen ist ein hochentzündliches Gas (▶ Tabelle 28) das etwas leichter als Luft ist und in Folge herstellungstechnisch bedingter Verunreinigungen knoblauchartig bzw. gummiartig riecht. Es ist wegen seiner Molekülstruktur (C_2H_2) chemisch instabil und neigt bereits ab einer Temperatur von 160 °C bzw. ab einem Druck von 1,4 bar zur spontanen Zersetzung. Bei dieser Zersetzung entsteht Wärme, die ihrerseits den Zersetzungsprozess fördert und beschleunigt. Wegen seiner Instabilität wird Acetylen in Druckgasbehältern nicht gasförmig gespeichert, sondern unter Druck in einer Flüssigkeit (Aceton oder Dimethylformamid DMF) gelöst. Bei dem üblicherweise verwendeten Druck von 15 bar lassen sich rund 400 Liter Acetylengas in einem Liter Aceton lösen.

Zur besseren Verteilung der Lösung und zur Unterdrückung der Ausbreitung einer lokal eingeleiteten Acetylenzersetzung ist der gesamte Innenraum (meist 40 bis 50 Liter) eines Acetylengasbehälters gleichmäßig zu ca. 25 Volumenprozent mit einer feinporösen Masse ausgefüllt (▶ Bild 85). Rund 35 Volumenprozent werden mit Aceton befüllt, das sich bei der Aufnahme des Acetylens ausdehnt und bei einem Druck von 15 bar weitere 30 Volumenprozent des Acetylengasbehälters belegt. Die verbleibenden zehn Volumenprozent dienen als Sicherheitsraum für die Ausdehnung des Acetons im Rahmen üblicher Temperaturschwankungen, z. B. Sonnenbestrahlung. Bereits ab einer Behältertemperatur von mehr als 65 °C muss aber bei einem vollen Acetylengasbehälter damit gerechnet werden, dass dieser »Puffer« vollständig mit Flüssigkeit ausgefüllt ist und weitere Temperaturzunahmen sehr schnell zu einer »hydraulischen Sprengung« des Druckgasbehälters führen. Bei Beaufschlagung mit mehr als 100 °C über längere Zeit ist ein Bersten auch bei nicht vollständig gefüllten Acetylengasbehältern zu erwarten. Im Falle eines Behälterzerknalls ist mit einem Feuerball (Durchmesser bis ca. 30 Meter) und mit bis zu 300 Meter weit fliegenden, zum Teil scharfkantigen Metallteilen zu rechnen.

Die vorgeschriebene Farbkennzeichnung für Acetylengasbehälter ist kastanienbraun. Charakteristisch sind der Bügelverschluss und das ovale Handrad. In der Praxis trifft die Feuerwehr Acetylengasbehälter am häufigsten in Verbindung mit Sauerstoffflaschen als Teil einer Autogenschweißgarnitur an. Insbesondere auf Baustellen, in Kraftfahrzeugwerkstätten, im Installationshandwerk und in anderen metallbearbeitenden Bereichen aber auch in Hobbywerkstätten werden Acetylengasbehälter regelmäßig vorgefunden. Betriebe, die große Mengen an Acetylengas verbrauchen, verfügen oft über Behälterbündel, bei denen mehrere Acetylengasbehälter (meist zwölf) über eine gemeinsame Entnahmeleitung miteinander verbunden sind. Bis zu

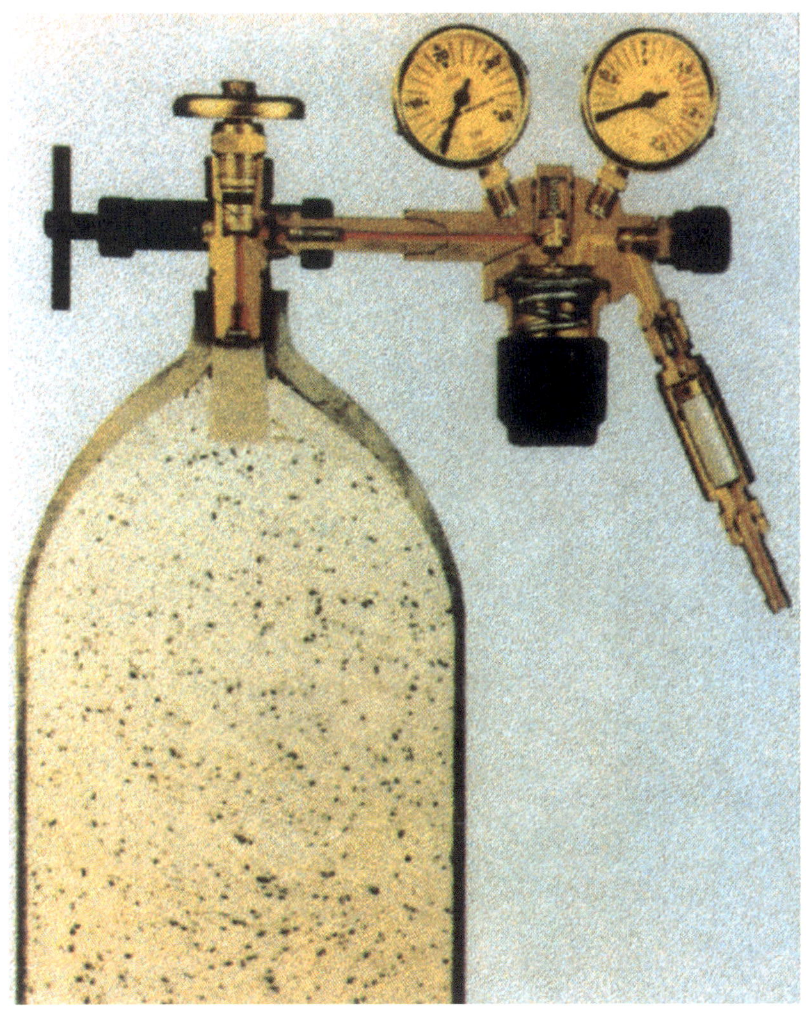

Bild 85: ***Längsschnitt durch einen Acetylengasbehälter. Deutlich ist die den gesamten Innenraum ausfüllende poröse Masse zu erkennen. (Quelle: Feuerwehr Bremen)***

22 solcher Bündel, d. h. 264 Acetylengasbehälter, werden auf Trailern verlastet transportiert und als System eingesetzt.

Wird ein mit gelöstem Acetylen gefüllter Druckgasbehälter erwärmt, kann hierdurch eine chemische Zersetzung des Acetylens eingeleitet werden. Gleiches kann bei einer sehr starken mechanischen Beanspruchung (z. B. bei einem heftigen Schlag oder Stoß) der Fall sein, wenn es hierdurch zu einer Beschädigung der porösen Masse und damit zu unzulässig großen Hohlräumen im Innern des Behälters kommt. Eine weitere Ursache für eine Acetylenzersetzung kann in einer Rückzündung über angeschlossene Gasleitungen liegen, was aber aufgrund verbesserter Technik und vorgeschriebener Rückschlagsicherungen weitgehend ausgeschlossen werden kann.

Die häufigste Ursache für eine Acetylenzersetzung ist die Wärmebeaufschlagung von außen als Folge eines Brandes. Daher sind Brände in der Umgebung von Acetylengasbehältern schnell und energisch zu bekämpfen. Die Explosionsgefahr von Acetylengasbehältern ist kritischer zu bewerten als die anderer Druckgasbehälter. Zwar ist der akute Zerknall in Folge einer Wärmebeaufschlagung wie bei anderen verflüssigten Gasen fast immer auf den Effekt der »hydraulischen Sprengung« und nicht auf eine Acetylenzersetzung zurückzuführen. Acetylen weist aber in Folge seiner chemischen Instabilität eine Besonderheit auf: Während unter Druck (gasförmig oder verflüssigt) gespeicherte Gase nach Beendigung der äußeren Erwärmung wieder in ihren ursprünglichen stabilen Druckzustand zurückkehren, kann eine eingeleitete Acetylenzersetzung auch nach Beendigung der äußeren Erwärmung fortschreiten, den Druck in dem Acetylengasbehälter weiter steigern und noch nach Stunden zu einem Behälterzerknall führen. Diese besondere Gefahr erfordert spezielle Einsatzmaßnahmen: Trifft die Feuerwehr an einer Einsatzstelle auf Acetylengasbehälter, die äußerer Wärmebeaufschlagung oder stärkerer mechanischer Belastung ausgesetzt waren, so halten sich nur die unbedingt notwendigen Einsatzkräfte in der näheren Umgebung der betroffenen Behälter auf. Der Sicherheitsabstand für Einsatzkräfte, die unter Atemschutz und geeigneter Hitzeschutzkleidung zum Kühlen der Behälter aus der Deckung vorgehen, beträgt 20 bis 30 Meter. Direkt angrenzende Gebäude sowie ca. 300 Meter im Freien – je nach Straßenverlauf und Bebauung – sind möglichst zu räumen. In weiter entfernt liegenden Gebäuden sollen sich Menschen auf der Einsatzstelle abgewandten Seite aufhalten.

Im Zuge der Erkundungsmaßnahmen sind folgende Fragen unverzüglich zu klären:

1. Tritt Acetylengas brennend aus?

Hier gilt der Grundsatz, den Gefährdungsbereich zu räumen und die Acetylengasbehälter kontrolliert ausbrennen zu lassen. Die gleichzeitige Kühlung des Behältermantels hat so zu erfolgen, dass die Flammen nicht gelöscht werden. Beaufschlagt die Flamme jedoch den Behälterkörper oder weitere Druckgasbehälter, so ist sie unverzüglich zu löschen. Ab diesem Zeitpunkt besteht aber wegen des extrem weiten Zündbereichs des unverbrannt austretenden Acetylens eine sehr große Explosionsgefahr (Punkt 2). Dennoch haben auch in diesem Fall Manipulationen am Behälterventil grundsätzlich zu unterbleiben, da ein sicheres Schließen nach einem Brand wegen thermischer Ventilbeschädigung nur in den wenigsten Fällen funktioniert und im Falle einer Acetylenzersetzung eine behinderte Druckentlastung die Gefahr eines Behälterzerknalls weiter steigert. Nur wenn eine Acetylenzersetzung auszuschließen ist, kann versucht werden, das Behälterventil zu schließen. Kriterien hierfür sind ein stabil kalter Behälterkörper und das gleichmäßige Entweichen von reinem Acetylengas. Brannte das ausströmende Gas jedoch stark rußend oder mit ungewöhnlicher Verfärbung ab oder entweicht nach einem erforderlich gewordenen Löschen stark rußendes oder abnormal riechendes Gas, so ist von einer fortschreitenden Acetylenzersetzung im Behälterinnern und der Gefahr eines Zerknalls auszugehen und Manipulationen am Behälterventil haben zu unterbleiben.

2. Tritt Acetylengas nicht brennend aus?
Mit seinen Zündgrenzen von 2,4 bis 83,0 Volumenprozent hat Acetylen den weitesten Zündbereich aller Gase. Da es nur geringfügig leichter als Luft ist und seine Zündtemperatur mit 305 °C sehr niedrig liegt, besteht beim Ausströmen von Acetylen erhöhte Explosionsgefahr. Insbesondere auf Brandstellen kann auch nach dem Löschen des Brandes das Vorliegen von Glutnestern oder stark erwärmten Oberflächen als Zündquellen nicht ausgeschlossen werden.

Die Umgebung ist daher unverzüglich zu räumen, Zündquellen sind – soweit möglich – zu vermeiden. Gegebenenfalls sind geeignete Be-/Entlüftungsmaßnahmen einzuleiten und Ex-Messungen durchzuführen. Ein Öffnen von Fenstern und Türen kann die Auswirkungen einer Druckwelle im Gebäudeinnern reduzieren. Der Acetylengasbehälter ist auf Erwärmung zu prüfen (siehe unten). Ein Schließen des Behälterventils darf nur erfolgen, wenn dieser kalt ist und reines Gas (ohne Rußspuren und abnormalen Geruch) entweicht. Nur unter diesen Voraussetzungen kann davon ausgegangen werden, dass im Behälterinnern keine Acetylenzersetzung zu einer weiteren Drucksteigerung führt. Hierbei ist auch zu bedenken, dass die durch eine Acetylenzersetzung entstehende Drucksteigerung auch bei geöffnetem Ventil stärker sein kann als der Druckabbau durch das Abströmen des Gases, zumal der freie Ventilquerschnitt durch thermisch bedingte Veränderung oder durch Verstopfung mit Rußablagerungen reduziert sein kann. Das Schließen des Behälterventils würde diesen Effekt noch beschleunigen und hat daher grundsätzlich zu unterbleiben, wenn eine Acetylenzersetzung nicht ausgeschlossen werden kann.

Das plötzliche Stoppen des Gasaustritts heißt dabei nicht zwingend, dass der Behälter wirklich leer ist. Es kann nämlich auch eine Verstopfung des Ventils vorliegen, sodass der Innendruck weiterhin unkontrolliert ansteigt.

3. Wie ist die Temperatur des Acetylengasbehälters?
Die äußere Temperatur des Acetylengasbehälters ist ein wichtiger Indikator für einen eventuell ablaufenden Zersetzungsprozess. Da sich eine Acetylenzersetzung aber im Behälterinnern örtlich unterschiedlich ausbreiten kann, ist bei Betrachtung der Oberflächentemperatur immer der gesamte Behältermantel einzubeziehen. Neben der absoluten Temperatur ist besondere Aufmerksamkeit auf den Temperaturverlauf zu richten, da dieser oft ein exakteres Zustandsbild widerspiegelt. Ein deutlicher und kräftiger Temperaturanstieg ist in der Regel ein Vorbote für ein unmittelbar bevorstehendes Bersten des Acetylengasbehälters.

Ein erster Eindruck von der Behältertemperatur kann durch die Verdampfungscharakteristik des aus der Deckung heraus aufgebrachten Kühlwassers gewonnen werden. Mittels Wärmebildkamera und Fernthermometer können Behältertemperaturen auch über weitere Entfernungen ermittelt werden. Bei nicht oder nur sehr langsam verdampfendem Wasser ist in der Regel ein Annähern an den Behälter zur besseren Bewertung vertretbar, z. B. durch Wärmeermittlung mit der Hand.

Bei starker Erwärmung ist dahingegen ein Zerknall des Acetylengasbehälters zu befürchten. Untersuchungen haben gezeigt, dass sich ein eingeleiteter Acetylenzerfall, der größere Bereiche des Behälters erfasst hat, allein durch Beseitigung von weiterer Wärmeeinwirkung nicht mehr stoppen lässt. Daher sind unter besonderer Berücksichtigung des Eigenschutzes massive Kühlungsmaßnahmen durchzuführen. Nach frühestens 30 Minuten intensiver Kühlzeit ist der Zustand des Behälters erneut zu bewerten. Steigt die Oberflächentemperatur (auch punktuell) wieder an, sind die Kühlmaßnahmen unverzüglich wieder aufzunehmen.

Erst wenn bei einem »handwarmen« Acetylengasbehälter über einen Zeitraum von mindestens zehn Minuten ohne Kühlung keine erneute Erwärmung mehr festzustellen ist, kann er geborgen und in ein Wasserbad gelegt werden, wobei das Ventil möglichst höher als der Behälterfuß gelagert werden soll. Wenn die Umgebung der Fundstelle es erfordert (z. B. Wohngebiet), kann der Acetylengasbehälter im Wasserbad an einen sicheren Ort abtransportiert werden. Während der folgenden 24 Stunden ist er unter fortwährender Kontrolle im Wasserbad weiter zu kühlen und anschließend in ein geeignetes Füllwerk zu überführen. Nach Möglichkeit sollte noch während der Kühlphase Kontakt mit einem Firmensachverständigen aufgenommen werden.

Als besonders gefährlich müssen der Wärme ausgesetzte Behälterbündel bewertet werden, weil

- von außen nicht erkennbare partielle Erwärmungen innen liegender Behälter erfolgt sein können und

- die äußeren Behälter die inneren gegen das Kühlwasser abschirmen können.

Behälterbündel sind daher mit besonderer Sorgfalt derart zu kühlen, dass auch die inneren Behälter bzw. die Zwischenräume des Bündels erreicht werden. Denkbar ist hierfür der Einsatz eines (unbemannten) Drehleiter-Monitors zur Beregnung von oben. Ein Zerlegen von Behälterbündeln durch die Feuerwehr hat grundsätzlich zu unterbleiben.

Ob Acetylen brennend austritt oder nicht – höchste Berstgefahr des Behälters besteht, wenn das Abströmen des Gases mit einem schrillen Pfeifgeräusch erfolgt, da dann bereits ein sehr hoher Druck im Behälterinneren vorliegt.

Das Perforieren von Acetylengasbehältern durch Beschuss aus sicherer Entfernung ist eine geeignete Maßnahme zur Druckentlastung. Sie setzt aber voraus, dass Spezialkräfte von Polizei oder Militär mit geeigneten Waffen und geeigneter Munition schnell genug vor Ort sind und ein geeignetes Schussfeld vorliegt, in dem auch von Querschlägern keine Gefahr ausgeht. Weiterhin ist nach dem erfolgten Perforieren das Entzünden des ausgetretenen Acetylens sicherzustellen, damit es nicht zu einer großvolumigen Raumexplosion kommt. Der Beschuss von Acetylengasbehältern ist daher eher eine Ausnahmesituation und keine Standardregel für den Einsatz.

14.8 Airbags

Zum Schutz der Insassen vor den bei einem Aufprall wirkenden Kräften werden ergänzend zu den Sicherheitsgurten so genannte Airbags (dt. »Luftsäcke«) in Personenkraftwagen und vermehrt auch in Lastkraftwagen eingebaut. Je nach Anordnung unterscheidet man Frontal-, Seiten- und Kopfairbags (▶ Bild 86). Obwohl es keine Kennzeichnungspflicht gibt, lässt sich das Vorhandensein von Airbags meist an den Aufschriften »Airbag« und/oder »SRS« (Supplement Restrain System) erkennen, aber diese Aufschriften müssen sich nicht unmittelbar im Bereich der Abdeckungen eines Airbagmoduls befinden. Es ist davon auszugehen, dass mittlerweile nahezu alle Personenkraftwagen mindestens mit Frontalairbags ausgerüstet sind, auch bei Motorrädern gibt es bereits Airbagtechnik.

Das Auslöseprinzip ist bei allen Ausführungen ähnlich: Sensoren registrieren einen Unfallstoß und lösen einen Gasgenerator aus, der schlagartig den bis dahin verdeckt eingebauten Airbag aufbläst. Somit ergibt sich ein schützendes Gaspolster zwischen Insassen und harten Fahrzeugteilen. Der Gasgenerator arbeitet in vielen Fällen pyrotechnisch, d. h. eine Treibladung wird gezündet und setzt in einigen Millisekunden Verbrennungsgase großvolumig frei, mit denen der eigentliche Airbag gefüllt wird. Speziell für den Bereich von Kopfairbags wird in der Regel in einer Druckgaspatrone gespeichertes Edelgas (»Kaltgasgenerator«) als Füllgas verwendet. Des Weiteren gibt es eine Mischform von pyrotechnischer Gaserzeugung und unter Druck gespeichertem Gas (»Hybridgasgenerator«).

Bild 86: ***Airbags in einem modernen Pkw (Quelle: Volkswagen AG)***

Sensoren und eine intelligente Steuerelektronik stellen sicher, dass nur die dem Unfallgeschehen entsprechenden Airbags ausgelöst werden. So lösen z. B. Frontalairbags nur bei einem schweren Frontal- oder bis 30° seitlich versetzten Aufprall aus. Wenige Sekunden nach dem Aufblasen entweicht das Füllgas durch dafür vorgesehene Öffnungen, nur Kopfairbags bleiben in der Regel aufgeblasen.

Das Aufblasen eines Airbags ist wegen der Kürze der hierfür zur Verfügung stehenden Zeit ein explosionsartig verlaufender Vorgang. Es entsteht ein lauter Knall, der in unmittelbarer Nähe zu Gehörschäden führen kann. Das Füllgas ist zunächst heiß, es entweicht aber in sehr kurzer Zeit und ist daher für die Einsatzkräfte ungefährlich. Bei einem eventuell auftretenden weißen Pulver handelt es sich um eine ebenfalls weitgehend ungefährliche Innenbeschichtung, die ein Verkleben des

Airbags im zusammengefalteten Zustand verhindern soll. Verbrennungsrückstände des Gasgenerators enthalten in geringer Menge alkalische Nebenprodukte und sollten daher nicht in offene Wunden oder Augen gelangen. Der Gasgenerator ist noch Minuten nach dem Auslösen sehr heiß.

Merke:

Zusammengefasst kann aber festgestellt werden: Ausgelöste Airbags stellen für die Feuerwehr keine Gefahr dar!

In Personenkraftwagen können aber zehn und mehr Airbags eingebaut sein, die je nach Richtung und Heftigkeit der Unfallstöße nicht alle bei jedem Unfall auslösen. Somit besteht für die Rettungskräfte die Gefahr, dass während der Arbeiten am oder insbesondere im verunfallten Fahrzeug, z. B. bei Betreuung, Versorgung und Befreiung eines eingeklemmten Insassen, ein Airbag unbeabsichtigt ausgelöst wird und den Insassen und/oder den Helfer verletzt. Ursächlich für die Auslösung können insbesondere Trenn- und Schneidarbeiten im Bereich des Airbagmoduls aber auch das Durchtrennen elektrischer Leitungen oder das Bewegen von Fahrzeugteilen sein. Ein Abklemmen der Batterie schafft keine hundertprozentige Sicherheit, weil die Auslösung des Airbags durch elektrische Energiereserven je nach Fabrikat und Baujahr noch bis zu 20 Minuten nach Abklemmen der Fahrzeugbatterie erfolgen kann. Teilweise werden mechanische Systeme verwendet, die elektrisch nicht deaktiviert werden können.

Somit ergeben sich die folgenden einsatztaktischen Grundsätze für Rettungsarbeiten an Fahrzeugen mit noch nicht vollständig ausgelösten Airbags:

1. Wenn möglich beide Batteriekabel abklemmen, mindestens die Zündung ausschalten. Dennoch besteht keine absolute Sicherheit vor einer Auslösung!
2. Daher immer auf einen lauten Knall vorbereitet sein und den Wirkbereich aller noch nicht ausgelösten Airbags so weit wie möglich freihalten. Dies gilt möglichst auch für Insassen, z. B. durch Verstellen/Verschieben der Sitze.
3. Möglichst keine Arbeiten im unmittelbaren Bereich der Airbagmodule durchführen. Bei Seiten- und Kopfairbags ist ein Arbeiten im Bereich der Module mitunter unvermeidlich, z. B. beim Durchtrennen der A- Säule. Da diese Airbagmodule aber in der Regel mittels Druckgaspatronen ausgelöst

werden, strömt das gespeicherte Inertgas bei Beschädigung der Patrone ab.

4. Hitzeeinwirkung im Bereich der Airbagmodule ist ebenfalls zu vermeiden, da Temperaturen oberhalb von 100 °C in der Regel zum Auslösen des Gasgenerators und damit zum Aufblasen des Airbags führen.
5. Von der Verwendung so genannter Airbag-Rückhaltesysteme wird abgeraten. Der Zeitaufwand für die Installation ist – insbesondere beim Beifahrerairbag – unverhältnismäßig groß, die Schutzwirkung ist eher gering, unter Umständen stellen diese Systeme eine Gefährdung der Einsatzkräfte dar und alle Airbags lassen sich sowieso nicht absichern.

Beim Löschen von brennenden Fahrzeugen ist das Vorhandensein von Airbags unbedeutend, da diese infolge der herrschenden hohen Temperaturen in der Regel bei Beginn der Löscharbeiten bereits ausgelöst haben.

Es ist daran zu denken, dass Airbags nicht die einzigen schlagartig auslösenden Sicherheitssysteme in modernen Kraftfahrzeugen sind. Gurtstraffer, Gurtkraftbegrenzer und automatisch hochklappende Überrollbügel in Cabrios können ebenfalls Gefahren für die Einsatzkräfte darstellen. Die von Gurtstraffern und Gurtkraftbegrenzern ausgehende Gefahr kann dabei sehr einfach mittels Durchtrennung der Sicherheitsgurte ausgeschaltet werden. Für den Schutz vor hochklappenden Überrollbügeln gelten die gleichen Grundsätze wie für Airbags, am wichtigsten ist hierbei das Freihalten des potenziellen Wirkbereiches. Fahrzeugmodell-spezifische Hinweise können den Rettungsdatenblättern entnommen werden, ▶ Kapitel 11.10.

14.9 Weitere explosionsartig verlaufende Vorgänge

Neben den bereits genannten Erscheinungen gibt es weitere explosionsartig verlaufende Ereignisse. Diese werden mit den von ihnen ausgehenden Gefahren im Folgenden kurz dargestellt.

Zerplatzen bzw. Explosion von Batterien

Batterien bzw. einzelne Zellen einer Batterie bzw. Akkus können explodieren. Dies kann geschehen durch z. B.:

- falsches Laden,
- Laden defekter Akkus,
- Defekte beim Ladevorgang bzw. Überladung.

Beim Laden von nicht wiederaufladbaren Batterien kann es ebenfalls zu nicht gewünschten Effekten kommen. Hier platzt aber i. d. R. die Batterie, es kann zu Folgebränden kommen, größere Explosionen sind nicht wahrscheinlich.

Metallbrände und Wasser

Brennende Metalle entwickeln Temperaturen bis zu 3 000 °C (Magnesium). Verwendet man Wasser als Löschmittel, so kommt es zu einer heftigen, explosionsartig ablaufenden Reaktion, weil das Metall bei so hohen Temperaturen extrem schnell mit dem Sauerstoff des Wassermoleküls zu Metalloxid reagiert. Der übrigbleibende Wasserstoff verbrennt mit dem Luftsauerstoff schlagartig wieder zu Wasser. Beide Reaktionen setzen Energie frei, die in Form von Flammen- und Druckeffekten spürbar wird.

Weiterhin wird ein Teil des Wassers bereits vor Erreichen der Metalloberfläche in seine chemischen Bestandteile Wasserstoff und Sauerstoff aufgespalten; man spricht von der Pyrolyse des Wassers. Bei 1 500 °C sind 0,2 Prozent, bei 2 000 °C zwei Prozent und bei 2 500 °C bereits neun Prozent des Wassers zersetzt. Das so entstandene Gemisch von zwei Teilen Wasserstoff und einem Teil Sauerstoff wird als Knallgas bezeichnet. Der Name drückt bereits den heftigen Verlauf einer Reaktion dieser beiden Gase aus. Durch die Wärme des brennenden Metalls wird das gebildete Knallgas sofort gezündet, und es kommt zu einer heftigen Reaktion.

Deshalb darf Wasser nie als Löschmittel bei Metallbränden eingesetzt werden. Geeignete Löschmittel sind spezielles Metallbrandpulver, trockener Sand sowie Koch- oder Streusalz.

Schornsteinbrände

Auch bei Schornsteinbränden kann es zu explosionsartig ablaufenden Vorgängen kommen, wenn Wasser in den Schornstein hineingegossen wird. Die Ursache der dann stattfindenden Reaktion, die heftig genug sein kann, um den Schornstein zu zerreißen, liegt in der Volumenvergrößerung des Wassers beim Verdampfen. Im Schornstein herrschen bei einem Brand Temperaturen von mehreren hundert Grad. Wird nun Wasser eingebracht, so verdampft es schlagartig und aus einem Liter Wasser entstehen rund 1 700 Liter Wasserdampf, die sich je nach herrschender Temperatur rasch auf ein Vielfaches weiter ausdehnen. Da diese großen Dampfmengen im Schornstein nicht schnell genug entweichen können, baut sich ein Druck auf, der dann die genannten Schäden bewirkt.

Auch wenn eine offensichtliche Zerstörung des Schornsteins nicht zu verzeichnen ist, muss dennoch mit der Bildung von Rissen gerechnet werden, durch die später unbemerkt das geruchlose Kohlenmonoxid in Wohnräume eindringen kann. Daher sollten Schornsteine nach einem Brand grundsätzlich an den zuständigen Schornsteinfeger übergeben werden.

Stichflammen

Mit dem Auftreten von Stichflammen ist beim Abreißen von Ventilen oder bei Leckagen von Leitungen zu rechnen, die mit brennbaren Gasen gefüllt sind. Je nach Leitungsdruck können Flammen von mehreren Metern Länge auftreten, bei Hauptleitungen wurden je nach Druck schon Flammenlängen von 20 Metern und mehr beobachtet.

Am häufigsten trifft der Feuerwehrangehörige aber auf Stichflammen, wenn es bei Gebäudebränden zur Durchzündung von Rauchgasen kommt (▶ Kapitel 7.2.1).

Gefährliche Stichflammen von mehreren Metern Länge treten weiterhin auf, wenn Zellhorn (Zelluloid) in Brand geraten ist. Dieses hat eine Zündtemperatur von nur 120 °C, seine Abbrandgeschwindigkeit ist rund 40 mal so hoch wie die von Benzin. Zellhorn ist der älteste Kunststoff und wurde früher vor allem als Filmmaterial (»Nitrofilm«) verwendet. Weiterhin gibt es auch eine flammlose Zersetzung von Zellhorn, bei der große Mengen an Kohlenmonoxid und nitrosen Gasen freigesetzt werden (▶ Kapitel 5.3.2 und 5.3.3).

14.10 Der Fliehkraftzerknall bzw. -zerfall

Schnell drehende Objekte können sich bei Unwucht mit z. T. nur geringer »Vorwarnung« durch Geräuschbildung oder Vibrationen oder aufgrund von externen Einflüssen sogar spontan explosionsartig zerlegen. Dies kann zu verheerenden Schäden führen, wie Einsatzbeispiele zeigen:

- 31.12.1987 Fliehkraftzerfall einer Turbine des Spitzenlastkraftwerks Irsching beim Hochfahren am frühen Morgen. Das größte Trümmerstück wog ca. 1,3 t und flog 1,3 km weit auf einen Acker.
- 1990 Fliehkraftzerfall mit Folgebrand einer Turbine im Deponiegaskraftwerk Obertiefenbach.
- Bei einem Fliehkraftzerfall einer Turbine in einer Firma in Freiburg kam es im August 2017 zur völligen Zerstörung der Turbine, einer Spannungsbeaufschlagung mit bis zu 6 000 V, in der Folge zur Freisetzung größerer Mengen Öls, das sich durch das Ereignis entzündete.

Kommt die Feuerwehr im Vorfeld einer Fliehkraftproblematik zum Einsatz, weil sie z. B. wegen der Vibrationen oder Geräusche alarmiert wurde, ist der Gefahrenbereich zu sperren.

Sollte es sich um eine Windenergieanlage handeln, ist der Absperrbereich in der Verlängerung des Radius der Rotoren bzw. in Windrichtung (!) auf 500 bis zu 1 000 Meter zu erweitern, weil damit gerechnet werden muss, dass sich die Rotoren – oder Teile davon – lösen und im ungünstigsten Fall mehrere hundert Meter weit fliegen.

Achtung:

Wenn es sich um Anlage mit sehr großen Höhen handelt (2023 werden die ersten Prototypen mit ca. 300 m Nabenhöhe und einer Gesamthöhe von 380 m aufgebaut), dann muss der Abstand ggf. erweitert werden.

Das Ereignis selbst hat damit mögliche Folgen wie jede andere Explosion:

- Der Zerfall bzw. Zerknall bzw. die dadurch erzeugten Trümmer können Schäden verursachen, die erkundet und abgearbeitet werden müssen.
- Je nach Freiwerden von ggf. brennbaren Flüssigkeiten (Kühlmittel) oder Gasen, kann es während des Einsatzes zu Folgebränden, weiteren Verpuffungen oder auch Gefahrgutfreisetzungen kommen.

Die Folgegefahren können z. B. für die Trümmerproblematik Absturz oder Einsturz, für den Rest abnormale Reaktionen, Atemgifte, Ausbreitung, Chemische Gefahren, oder (Folge-)Explosion (Verpuffung) sein. All dies kann auch im eigentlichen Einsatzverlauf zu Erkrankungen bzw. Verletzungen führen.

14.11 Ergänzendes

Es soll noch eine Betrachtung zur zerstörenden Wirkung der bei einer Explosion entstehenden Druckwelle angestellt werden. Es gilt die Formel, dass Kraft gleich Druck mal beaufschlagte Fläche ist. Ein Überdruck von nur 0,1 bar (das sind 100 mbar) übt auf eine Tür mit einer Fläche von zwei Quadratmetern bereits eine Kraft von 20 000 Newton (entspricht dem Gewicht von zwei Tonnen) mit entsprechender Wirkung aus. Dieses Rechenbeispiel zeigt deutlich, warum es als Folge von Explosionen immer wieder zur Zerstörung ganzer Gebäude kommt, wobei der schlagartige Druckaufbau die Wirkung noch verstärkt (▶ Bild 87).

Die Kraft, die ein bestimmter Überdruck auf eine Fläche ausübt, nimmt mit der Größe dieser Fläche zu. Ein Überdruck von nur einem bar reicht also mit Sicherheit aus, um ein Gebäude vollständig zu zerstören. Wenn Gebäude in Einzelfällen Raumexplosionen, beispielsweise nach dem Ausströmen von Gas, relativ unbeschadet überstehen, so verdanken sie dies den rasch geborstenen Fensterscheiben, die als Entlastungsöffnungen gewirkt und keine weitere Drucksteigerung im Inneren mehr zugelassen haben.

Bild 87: ***Gebäudezerstörung nach Gasexplosion (Quelle: Feuerwehr Bremen)***

15 Schlussbetrachtung

Anders als in einem Betrieb, in dem die Arbeitssicherheit schon dadurch optimiert werden kann, dass Arbeitsabläufe bis ins Detail untersucht und geplant werden, lässt der Einsatzdienst der Feuerwehr ein solches Vorhaben nicht zu. Die an der Einsatzstelle außer Kontrolle geratene Situation mit der ihr eigenen Dynamik, der Zwang, unter Zeitdruck weit reichende Entscheidungen treffen zu müssen, ohne die Lage bis ins letzte Detail erkunden zu können und die Vielschichtigkeit der denkbaren Gefahren lassen die Einsatzkräfte immer unter einem Restrisiko tätig werden. Eine der Einsatzursachen ist darüber hinaus das Versagen von Sicherheitseinrichtungen – oder deren bewusste Umgehung oder Missachtung.

Die Verwendung von zugelassenem und geprüftem Gerät, das Tragen geeigneter und vollständiger Persönlicher Schutzausrüstung, die Beachtung der einschlägigen Sicherheitsvorschriften sowie fundierte Kenntnisse der Gefahren der Einsatzstelle sind Voraussetzungen, dieses Restrisiko zu minimieren. Außerdem müssen jederzeit folgende Grundlagen sicherer, effizienter und effektiver Arbeit beachtet werden:

1. Jede Einsatzkraft ist zunächst für sich selbst verantwortlich (Eigenverantwortung jeder Einsatzkraft)!
2. Im Einsatz in gefährlichen Situationen wird immer mindestens in einem Trupp von 1/1 gearbeitet! Damit kann wechselweise schon beim Anlegen der PSA das Gegenüber kontrolliert werden – bzw. muss das gemacht werden, weil z. B. die FwDV 7 dies ganz klar für den Atemschutzeinsatz regelt! Außerdem gilt hier auch im Einsatzverlauf, dass alle Truppmitglieder immer ein wachsames Auge (und Ohr) auf den Zustand der übrigen Eisatzkräfte des jeweiligen Trupps haben müssen. Dies gilt besonders für den Truppführer, der hierzu bei Bedarf rechtzeitig mit dem Gruppenführer kommunizieren muss, wenn Unterstützung oder Ablösung erforderlich werden.
3. Jeder Einheitsführer (also für die Staffel bzw. Gruppe) hat sich mit der richtigen Erkundung, einem darauf basierenden Einsatzbefehl für den bzw. die vorgehenden Trupps und ggf. der Bildung von Reserven oder einem Sicherheitstrupp bzw. -team (vgl. FwDV 7 und 8) jederzeit einen Überblick zu verschaffen über
   - die Einsatz- und Umgebungsentwicklung (Wetter!) zu den erteilten Aufträgen,
   - die sich dabei ggf. erst entwickelnden Gefahren,

- den Standort, Zustand und Möglichkeiten der ihm direkt unterstellten Trupps (also: »Wer ist wo und was macht der da?«),
- ggf. notwendige Unterstützungen.

4. Jeder Führer von Einheiten (also Zug- und Verbandsführer) muss neben einem »Plan B« für die laufenden Rettungs- bzw. Arbeitsmaßnahmen immer auch an weitere Sicherheitsmaßnahmen denken. Dazu gehören z. B.
   - die Bildung erweiterter Reserven (»Schnelleinsatzteam« oder einen Reserve-Zug für größere Lagen),
   - eine Sicherheits- oder Auffanglinie z. B. bei Vegetationsbränden oder zur Absicherung der Einsatzmaßnahmen an Strömungsgewässern.
5. Jeder Einsatzleiter muss einen Überblick über verfügbare Einheiten und Unterstützungsmöglichkeiten haben.
6. Jeder größere Einsatz und erst recht jeder Einsatz mit Beinahe- oder tatsächlichen Unfällen ist qualifiziert[46] auszuwerten:
   a) Dabei sind die Grundsätze der »Lessons learned« anzuwenden, um so laufend in einem kontinuierlichen Verbesserungsprozess zu Verbesserungen der Sicherheit im Einsatz beitragen zu können.
   b) Um dies auch anderen zugänglich und damit nutzbar zu machen, sind die Ergebnisse zu veröffentlichen, wie es z. B. die Feuerwehr Köln nach einem schweren Atemschutzunfall gemacht hat (vgl. Maurer, 1996).

Damit lässt sich das zentrale Motto der Unfallverhütung erfüllen:

Gefahr erkannt – Gefahr gebannt!

46 Dies schließt ausdrücklich die Hinzuziehung von externem Sach- und Fachverstand, z. B. der (Feuerwehr-)Unfallkassen oder anderer externer Gutachter, ein.

16 Literaturverzeichnis

Allgemeines

AG-FUK: Sicher im Feuerwehrdienst, Begleitheft zum Medienpaket, 2017, online abrufbar unter: https://www.hfuknord.de/hfuk-wAssets/docs/service-und-downloads/download-praevention/Medienpakete/Sicher-im-Feuerwehrdienst/Begleitheft-Sicher-im-Feuerwehrdienst.pdf, letzter Zugriff: 09.04.2025

Bayerische Staatskanzlei: Feuerwehr und Technisches Hilfswerk, Art 7.a, Gesetz über die Zuständigkeiten im Verkehrswesen (ZustGVerk), vom 28. Juni 1990, München, 1990, online abrufbar unter: https://www.gesetze-bayern.de/Content/Document/BayZustGVerk-7a, letzter Zugriff: 09.04.2025

BBK: CBRN-Schutz, Bonn, 2014, online abrufbar unter: https://www.bbk.bund.de/DE/Themen/CBRN-Schutz/CBRN-Konzepte/cbrn-konzepte.html, letzter Zugriff: 08.04.2025

BBK: HEIKAT – Handlungsempfehlung zur Eigensicherung für Einsatzkräfte der Katastrophenschutz- und Hilfsorganisationen bei einem Einsatz nach einem Anschlag, Bonn, 2018, online abrufbar unter: https://www.bbk.bund.de/SharedDocs/Downloads/DE/Mediathek/Publikationen/KRITIS/heikat-handlungsempfehlungen.pdf?__blob=publicationFile&v=10, letzter Zugriff: 08.04.2025

Berliner Feuerwehr: Dr. Friedrich Kaufhold, Berlin, 2021, online abrufbar unter: https://www.berliner-feuerwehr.de/ueber-uns/historie/leiter-der-berliner-feuerwehr/oberbranddirektor-west-dr-friedrich-kaufhold-1957-1968/, letzter Zugriff: 08.04.2025

Brandt, S./Gessmann, B./Schmidt, J.: »Terror, Anschlag, Panikmache: Von verunsicherten Einsatzkräften und vom Umgang mit der Thematik«, Rettungsdienst 5/2008, S. 458.

Bundesamt für Bevölkerungsschutz und Katastrophenhilfe (BBK) et. Al.: »HEIKAT – Handlungsempfehlung zur Eigensicherung für Einsatzkräfte der Katastrophenschutz- und Hilfsorganisationen bei einem Einsatz nach einem Anschlag«, Bonn 2008.

Cimolino, Dr. Ulrich (Hrsg.); Besch, Florian; Weber, Markus und Wolff, Ulrich: Einsätze Photovoltaik, Windenergie- und Biogasanlagen, ecomed Verlag, Landsberg, 2012

Cimolino, Dr. Ulrich (Hrsg.): Atemschutz, ecomed Verlag, Landsberg, 1999–2011

Cimolino, Dr. Ulrich (Hrsg.): Einsatzleiterhandbuch, ecomed, Landsberg, Stand 2025.

Cimolino, Dr. Ulrich; Südmersen, Jan; Zawadke, Thomas: Vegetationsbrandbekämpfung, Reihe Technik-Taktik (früher Einsatzpraxis), ecomed Verlag, Landsberg, 2020

Cimolino, Dr. Ulrich: Erste Ergebnisse der vfdb-Expertenkommission 2022, Vorträge auf der vfdb-Jahresfachtagung 2022 sowie Abdruck in der vfdb-Zeitschrift 02/2022, vfdb, Münster, 2022

Cimolino, Dr. Ulrich: Stürme und Extremniederschläge – Maßnahmen zur Erhöhung der Sicherheit, DGUV-Forum 07/2020, DGUV, 2020, online abrufbar unter: https://forum.dguv.de/ausgabe/7-2020/artikel/stuerme-und-extremniederschlaege-massnahmen-zur-erhoehung-der-sicherheit, letzter Zugriff: 08.04.2025

Cimolino, Dr. Ulrich: Vegetationsbrandbekämpfung – Herausforderungen und Lösungen, für das DGUV-Forum 07/2020, online abrufbar unter: https://forum.dguv.de/ausgabe/7-2020/artikel/vegetationsbrandbekaempfung-herausforderungen-und-loesungen, letzter Zugriff, 08.04.2025

Clark, W. E.: »fire fighting/principles & practices«, Dun Donnelley Publishing Corporation, New York, 1976.

CTIF: Ausbildungsstätten der Feuerwehren, 22. Tagung der internationalen Arbeitsgemeinschaft für Feuerwehr und Brandschutzgeschichte im CTIF, Celle, 2014, online abrufbar unter: http://www.ffb.kit.edu/ctif_tagungsbaende/22_2014_Schulen%20und%20Ausbildungsstaetten%20der%20Feuerwehren.pdf, letzter Zugriff: 08.04.2025

Deutsche Gesetzliche Unfallversicherung (DGUV): DGUV-Information 205-027 »Prävention von und Umgang mit Übergriffen auf Einsatzkräfte der Rettungsdienste und der Feuerwehr«.

Deutscher Luftschutz: Wolff-Hentschel: »Der Löschangriff«, in: Deutscher Luftschutz, 1. Mai 1943, Berlin, 1943

DFV: Sicherheit und Taktik im Vegetationsbrandeinsatz, DFV, Berlin, 2020, online abrufbar unter: https://www.feuerwehrverband.de/fachempfehlung-vegetationsbrand-aktualisiert/, letzter Zugriff: 08.04.2025

DFV: Fachempfehlung Nr. DFV-FE-84-2024 vom 10. Dezember 2024, Absicherung von Einsatzstellen im öffentlichen Verkehrsraum unter Berücksichtigung der zunehmenden Verbreitung hochsensibler Fahrerassistenzsysteme in Fahrzeugen aller Klassen. Online verfügbar unter: https://publikationen.dguv.de/widgets/pdf/download/article/5074, letzter Zugriff: 09.04.2025

DGUV: Sicherheit im Feuerwehrdienst, DGUV 205-010, 2011, online abrufbar unter: https://publikationen.dguv.de/regelwerk/dguv-informationen/863/sicherheit-im-feuerwehrdienst, letzter Zugriff: 09.04.2025

Feuerkrebs: https://feuerkrebs.de/, letzter Zugriff: 09.04.2025

Feuerwehr-Orden.de: Lebenslauf Walter Wolff, 2021, online abrufbar unter: http://www.feuerwehr-orden.de/rubriken/lebenslauf/Wolff_Walter.html, letzter Zugriff: 09.04.2025

FwDV 500: Einheiten im ABC-Einsatz, 2012, online abrufbar unter: https://www.idf.nrw.de/projekte/pg_fwdv/pdf/fwdv500_jan2012.pdf, letzter Zugriff: 09.04.2025

FwDV 500: Einheiten im ABC-Einsatz, Neufassung 2022

Graeger, Arvid (et. Al.): Einsatz-/Abschnittsleitung, ecomed, Landsberg, 2003/2009

Hafner, Florian; Kisslinger, Albert: Anleitung zur Gefährdungsbeurteilung bei Feuerwehrübungen, in: Brandschutz 07/2019, Verlag W. Kohlhammer, Stuttgart, 2019

Hentschel, Bernhard; Marquardt, Friedrich: Einsatzübungen für die Feuerwehr, Rotes Heft Nr. 24, Verlag W. Kohlhammer, Stuttgart, 1967

HFUK Nord: Tödlicher Unfall im Atemschutzeinsatz (Marne), Sicherheit im Atemschutzeinsatz, in: Sicherheitsbrief Nr. 40, online abrufbar unter: https://www.fuk-mitte.de/sites/default/files/media_files/sicherheitsbrief_40-2016.pdf, letzter Zugriff: 09.04.2025

Klaedtke, B., Thissen, M. (Hrsg.): Feuerwehrchronik, 6. Jahrgang Nr. 2, 31.03.2010. Online abrufbar unter: http://www.fw-chronik.de/PDF-Rundbrief/FC-2010-02.pdf, letzter Zugriff: 09.04.2025

Ibbtown Wiki: Rudolf Müller, online abrufbar unter: https://wiki.ibb.town/Rudolf_M%C3%BCller, letzter Zugriff: 08.07.2025.

Jarausch, Dieter: Das Feuerwehrwesen im Deutschen Reich von 1933–45 Umorganisation des Feuerwehrwesens aufgrund geänderter Gesetzgebung, CTIF-History, Tagungsband Brandschutz in autoritären Regimes, 12/2004, online abrufbar unter: http://www.ffb.kit.edu/ctif_tagungsbaende/12_2004_Brandschutz_in_autoritaeren_Regimes.pdf, letzter Zugriff: 09.04.2025

Jarausch, Dieter: Die Fachzeitschriften »Die Feuerlösch-Polizei« bzw. »Deutscher Feuerschutz«, waren von 1937–1945 nacheinander staatliches Zentralorgan des Feuerlöschwesens im Deutschen Reich, in: Feuerwehrchronik vom 31.03.2010.

Kern, Heinrich; fortgeführt von Kaufhold, Friedrich: Einsatztaktik für den Gruppenführer, Rotes Heft Nr. 10 (vgl. Schröder), Verlag W. Kohlhammer, Stuttgart, 1968

Klingsohr, K.: »Einsatzgrenzen der Feuerwehren«, BRANDSchutz/Deutsche Feuerwehr-Zeitung 2/1986, S. 36.

Kühar, Andreas und Ehrmann, Klaus: CBRN-Schutz in der Gefahrenabwehr, Verlag W. Kohlhammer, Stuttgart, 2020

Maurer, Klaus: Unfallkommission Einsatz Kierberger Straße 15, Köln, 1996, online abrufbar unter: https://www.atemschutzunfaelle.de/download/Unfaelle/Stampe/u19960306-koeln-abschlussbericht.pdf, letzter Zugriff: 09.04.2025

Meyer, Johannes: Feuerschutz-Handbuch für den Feuerwehrdienst, für Brandschau, Bauaufsicht und Brandermittlung, L. H. Grosse Verlag, Braunschweig, 1950

Müller, Rudolf; Witt, Friedrich: Das Dienstjahr in der Freiwilligen Feuerwehr, Verlag C. Heymann, 1935

RKI: Agenzien, Berlin, 2017, https://www.rki.de/DE/Content/Infekt/Biosicherheit/Agenzien/erreger_node.html, letzter Zugriff: 09.04.2025

Schaper, Frank und Gerner Gregg: Drei Gründe warum Feuerwehrleute immer wieder verletzt und getötet werden, o. A., 2002

Schläfer, H.: »Das Taktikschema – Merkblätter zur Feuerwehr-Einsatzlehre«, Verlag W. Kohlhammer, Stuttgart.

Schläfer, H.: »Die Gefahren der Einsatzstelle und der Gefahrenschwerpunkt«, BRANDSchutz/Deutsche Feuerwehr-Zeitung 4/1990, S. 172.

Schläfer, Heinrich: Das Taktikschema, Verlag W. Kohlhammer, Stuttgart, 1982

Schröder, Hermann: Einsatztaktik für den Gruppenführer, Rotes Heft Nr. 10, Kohlhammer Verlag, Stuttgart, 2016

Schröder, Hermann: email-Verkehr, 09.01.2021

Slaby, Christoph; Wirsching, Ferdinand: Einsatztaktik, Lernunterlage, LFS Baden-Württemberg, Bruchsal, 2016, online abrufbar unter: https://www.lfs-bw.de/fileadmin/LFS-BW/themen/lernunterlagen/f4/dokumente/F4_Einsatztaktik.pdf, letzter Zugriff: 09.04.2025

Thissen, Michael: E-Mailverkehr und Beiträge zu Friedrich Witt aus: http://www.fw-chronik.de/, 2021

UKH: Die Gefährdungsbeurteilung im Feuerwehrdienst – Ein Leitfaden, 2010, online abrufbar unter: https://www.ukh.de/fileadmin/Medien/Medien/Feuerwehr/5-002_UHK_Broschuere_A5_Gefaehrdungsbeurteilung.pdf, letzter Zugriff: 09.04.2025

vfdb: Bewertung von Schadstoffkonzentrationen im Feuerwehreinsatz, Richtlinie 10/01, Stand 2016, Münster

vfdb: Dekontamination bei Einsätzen, Richtlinie 10/04, Stand 2015, Münster

vfdb: Feuerwehr im B-Einsatz, Richtlinie 10/02, Stand 2016, Münster

vfdb: Schadstoffe bei Bränden, Richtlinie 10/03, Stand 2014, Münster

vfdb: Unfallhilfe und Bergen bei Fahrzeugen mit Hochvolt-Systemen, Richtlinie 06/04, Stand 2017, Münster, https://www.vfdb.de/media/doc/merkblaetter/MB_06_04_2017.pdf, letzter Zugriff: 09.04.2025

Wackerhahn, J., Schubert, R.: »Absicherung von Einsatzstellen«, Rotes Heft/Ausbildung kompakt 205, Verlag W. Kohlhammer, Stuttgart.

Weser-Kurier: Brandgeruch in Bremen und Umgebung, Weser-Kurier vom 19.09.2018, Bremen, 2018, https://www.weser-kurier.de/bremen/bremen-stadt_artikel,-brandgeruch-in-bremen-und-umzu-_arid,1769304.html, letzter Zugriff: 09.04.2025

Wolff, Walter; Hentschel, Bernhard: Der Löschangriff, 4. Veränderte Auflage, Brandschutz Fachbuchreihe[47], Verlag W. Kohlhammer, Stuttgart, 1953

Gefahren gefährlicher Stoffe

BBK: CBRN-Fähigkeiten, Analytische Task-Force (ATF), o. A., online abrufbar unter: https://www.bbk.bund.de/DE/Themen/CBRN-Schutz/CBRN-Faehigkeiten/Analytische-Task-Force/analytische-task-force_node.html, letzter Zugriff: 09.04.2025

BMV: Elektronisches Beförderungsdokument, BMV, Berlin, 2025, online abrufbar unter: https://www.bmv.de/SharedDocs/DE/Artikel/G/Gefahrgut/elektronisches-gefahrgutbefoerderungsdokument.html, letzter Zugriff: 16.09.2025

Unfallverhütung und Gefährdungsbeurteilungen

Der Sicherheitsbrief – Gemeinsame Präventionsschrift der Hanseatischen Feuerwehr-Unfallkasse Nord und der Feuerwehr-Unfallkasse Mitte, 2016.

Deutsche Gesetzliche Unfallversicherung (DGUV): DGUV Grundsatz 305-002 »Prüfgrundsätze für Ausrüstung und Geräte der Feuerwehr«.

Deutsche Gesetzliche Unfallversicherung (DGUV): DGUV Information 203-049 »Prüfung ortsveränderlicher elektrischer Betriebsmittel«.

47 Rot eingebundene Vorläuferreihe zu den »Roten Heften«.

Deutsche Gesetzliche Unfallversicherung (DGUV): DGUV Information 205-009 »Sicherer Feuerwehrdienst – Für Feuerwehrangehörige bei Übung und Einsatz«.
Deutsche Gesetzliche Unfallversicherung (DGUV): DGUV Information 205-010 »Sicherheit im Feuerwehrdienst – Arbeitshilfen für Sicherheit und Gesundheitsschutz«.
Deutsche Gesetzliche Unfallversicherung (DGUV): DGUV Information 205-013 »Wartung von Atemschutzgeräten für die Feuerwehren«.
Deutsche Gesetzliche Unfallversicherung (DGUV): DGUV Information 205-014 »Auswahl von persönlicher Schutzausrüstung auf der Basis einer Gefährdungsbeurteilung für Einsätze bei deutschen Feuerwehren«.
Deutsche Gesetzliche Unfallversicherung (DGUV): DGUV Information 205-021 »Leitfaden zur Erstellung einer Gefährdungsbeurteilung im Feuerwehrdienst«.
Deutsche Gesetzliche Unfallversicherung (DGUV): DGUV Vorschrift 1 »Grundsätze der Prävention«. Deutsche Gesetzliche Unfallversicherung (DGUV): DGUV Regel 100-001 »Grundsätze der Prävention«.
Deutsche Gesetzliche Unfallversicherung (DGUV): DGUV Vorschrift 49 »Unfallverhütungsvorschrift Feuerwehren«.
Gesetz über die Durchführung von Maßnahmen des Arbeitsschutzes zur Verbesserung der Sicherheit und des Gesundheitsschutzes der Beschäftigten bei der Arbeit (»Arbeitsschutzgesetz – ArbSchG«), Stand 31. August 2015.
Kallenbach, J.: »Arbeitsschutz und Unfallverhütung bei den Feuerwehren«, Rotes Heft 17, Verlag W. Kohlhammer, Stuttgart.
Wolf, Torsten et. Al.: »Gefährdungsbeurteilung für Feuerwehr-Einsatzübungen«, BRANDSchutz/Deutsche Feuerwehr-Zeitung 9/2014, S. 667.

Gefahren der abnormalen Reaktionen

Herzog, C.: »Person droht zu springen! Hinweise für Einsätze mit eigengefährdeten Personen«, BRANDSchutz/Deutsche Feuerwehr-Zeitung 7/1995, S. 471.
N. N.: »Sprungrettungsgerät System Lorsbach«, 112 – Magazin der Feuerwehr 12/1987, S. 620.
Schläfer, H.: »Person droht zu springen«, BRANDSchutz/Deutsche Feuerwehr-Zeitung 3/1988, S. 130.
Trum, H.: »Einen Schritt weiter und ich springe! – Die angedrohte Selbsttötung durch Springen in die Tiefe«, Psychologie für Polizeibeamte Bd. 3, Richard Boorberg Verlag, Stuttgart.
Destatis, Statistisches Bundesamt: Todesursachen – Suizide, 19.08.2024. Online verfügbar unter: https://www.destatis.de/DE/Themen/Gesellschaft-Umwelt/Gesundheit/Todesursachen/Tabellen/suizide.html#119324, letzter Zugriff: 09.04.2025.

Gefahren durch Absturz

Wachter, Kersten: Absturzsicherung, LFS Baden-Württemberg, Bruchsal, Januar 2020. Online verfügbar unter: https://www.lfs-bw.de/fileadmin/LFS-BW/themen/lernunterlagen/dokumente/Absturzsicherung.pdf, letzter Zugriff: 09.04.2025

Gefahren der Atemgifte

»Hinweise für die Feuerwehr bei Bränden in Düngerlägern oder bei Zersetzung von ammoniumnitrathaltigen Düngemitteln«, Industrieverband Agrar e. V., August 2005.
Bayerisches Staatsministerium für Arbeit und Sozialordnung: »Gefährliche Stoffe – polychlorierte Biphenyle (PCB)«, München 1984.
Buff, K., Greim, H.: »Abschätzung der gesundheitlichen Folgen von Großbränden«, Schriftenreihe der Schutzkommission beim Bundesminister des Innern (Hrsg. Bundesamt für Zivilschutz), Band 25.
Bundeswehr: Einsatzstellen mit Faserverbundwerkstoffen, Zentrum Brandschutz der Bundeswehr, Sonthofen, https://www.bundeswehr.de/resource/blob/5027550/a3a15af03508331c8911401b

e5f3f5b3/broschuere-din-a5-einsatzstellen-mit-faserverbundwerkstoffen-data.pdf, letzter Zugriff: 09.04.2025

Cimolino, Dr. Ulrich (Hrsg.): Kontaminationsanhängekarte, in: Einsatzleiterhandbuch Feuerwehr, ecomed-Verlag, Landsberg, 2023

DFV: Einsatzgrundsätze zur Hygiene im Brandeinsatz, gemeinsame FE von DFV und AGBF Nr. DFV-FE-77-2023 vom 10. Juli 2023, Berlin, 2023, https://www.feuerwehrverband.de/app/uploads/2023/07/DFV-AGBF-FE_Hygiene_Brandeinsatz_Jul_2023.pdf, letzter Zugriff: 09.04.2025

DGUV: Sicherheit im Feuerwehrhaus, DGUV-I 205-008, Berlin, 2016, https://publikationen.dguv.de/widgets/pdf/download/article/1262, letzter Zugriff: 09.04.2025

Eulenburg, P. R.: »Grundlagen des Atemschutzes«, Verlag W. Kohlhammer, Stuttgart. Landwirtschaftliche Berufsgenossenschaft: »Sicherheitsregeln für Biogasanlagen«, 2008. Oesterhelweg, L.: »Kloakengas – Tödliche Gefahr für Helfer«, Rettungsdienst 5/2006, S. 494.

Feuerkrebs: http://www.feuerkrebs.de, Stand: 2023, letzter Zugriff: 09.04.2025

Habermaier, F.: »PCB – der Dauerbrenner«, BRANDSchutz/Deutsche Feuerwehr Zeitung 1/1987, S. 17. Klingsohr, K.: »Brandrauch – Einsatzerfahrungen der Feuerwehr«, BRANDSchutz/Deutsche Feuerwehr-Zeitung 3/1987, S. 91.

Hutwalker, Dr. Alexander: Niederschlagung von Nitrosegasen aus Sprengschwaden durch Bedüsung, Dissertation TU Clausthal, November 2019, https://core.ac.uk/download/268868119.pdf, letzter Zugriff: 18.03.2023

Knorr, K.-H.: »Atemschutz«, Rotes Heft 15, Verlag W. Kohlhammer, Stuttgart.

Lorenzen, L.: »Unfallverhütung im Atemschutzeinsatz«, Rotes Heft 95, Verlag W. Kohlhammer, Stuttgart.

Rennoch, D.: »Physikalisch-chemische Analyse sowie toxische Beurteilung der beim thermischen Zerfall organisch-chemischer Baustoffe entstehenden Brandgase«, Bundesanstalt für Materialprüfung, Berlin, Forschungsbericht 123, Juli 1986.

Ruhr-Universität Bochum und Heinrich-Heine-Universität Düsseldorf: »Umweltmedizinische Untersuchungen an Feuerwehrleuten«, Forschungsauftrag des Ministeriums für Arbeit, Gesundheit und Soziales des Landes Nordrhein-Westfalen, 1993.

Stolbrink, M./Grabinger, D./Stein, J./Deckers, T.: »Kohlenstoffdioxid-Löschanlagen: Hinweise für den Einsatzdienst«, BRANDSchutz/Deutsche Feuerwehr-Zeitung 1/2009, S. 5.

Vereinigung zur Förderung des deutschen Brandschutzes (vfdb), Referat 10 – Umweltschutz: »Richtlinie 10/03 – Schadstoffe bei Bränden«.

Vereinigung zur Förderung des deutschen Brandschutzes (vfdb): »Merkblatt – Empfehlungen für den Feuerwehreinsatz bei Ammoniak«, April 2000.

Vereinigung zur Förderung des deutschen Brandschutzes (vfdb): »Merkblatt – Empfehlungen für den Feuerwehreinsatz bei Chlorgas«, April 2000.

vfdb: Einsatztoleranzwerte, Richtlinie 10/01, 2022

vfdb: Merkblatt Empfehlungen für den Feuerwehreinsatz zur Einsatzhygiene bei Bränden, MB 10-13, vfdb, 2020, https://www.vfdb.de/media/doc/merkblaetter/MB_10_13_Einsatzhygiene_Ref10_2020_09.pdf, letzter Zugriff: 09.0.2025

vfdb: Schadstoffe bei Bränden, Richtlinie 10/03, 2016

Gefahren durch (atomare) Strahlung

»Gesetz zum Schutz vor der schädlichen Wirkung ionisierender Strahlung« (Strahlenschutzgesetz, StrlSchG).

»Verordnung über den Schutz vor Schäden durch ionisierende Strahlen (Strahlenschutz-Verordnung, StrlSchV)« in der aktuellen Fassung.

BBK: CBRN-Schutz, Bonn, 2014, online abrufbar unter: https://www.bbk.bund.de/SharedDocs/Downloads/DE/Mediathek/Publikationen/CBRN/rahmenkonzeption-cbrn-schutz.pdf?_blob=publicationFile&v=7, letzter Zugriff: 09.04.2025.

Deutsche Gesetzliche Unfallversicherung (DGUV): DGUV Information 203-008 »Erste Hilfe bei erhöhter Einwirkung ionisierender Strahlung«.

Döbbeling, E.-P./Miska, H.: »Strahlenschutz«, Rotes Heft 20, Verlag W. Kohlhammer, Stuttgart.
Haissinsky, M./Adloff, J.-P.: »Radiochemisches Lexikon«, Dümmler Verlag.
Feuerwehr-Dienstvorschrift (FwDV) 500 »Einheiten im ABC-Einsatz«, 2022.
Kühar, Andreas und Ehrmann, Klaus: CBRN-Schutz in der Gefahrenabwehr, Verlag W. Kohlhammer, Stuttgart, 2020
LFS-BW: Hinweise für den Einsatz, die Einsatzplanung und die Einsatzvorbereitung beim A-Einsatz, Landesfeuerwehrschule Baden-Württemberg, 2013, online abrufbar unter: https://www.lfs-bw.de/fileadmin/LFS-BW/themen/technik/abc_einsatz/dokumente/Hinweise_Strahlenschutz.pdf, letzter Zugriff: 09.04.2025
Oberhofer, M.: »Strahlenschutzpraxis – Messtechnik«, Karl Thiemig AG, München. Sauter, E.: »Grundlagen des Strahlenschutzes«, Karl Thiemig AG, München.
Schultz, H./Vogt, H.-G.: »Grundzüge des praktischen Strahlenschutzes«, Karl Thiemig AG, München. Zimmermann, G.: »Strahlenschutz«, Verlag W. Kohlhammer, Stuttgart.
vfdb: Merkblatt »Empfehlung für den Feuerwehreinsatz in der Nähe von Funksendeanlagen«, MB 10/12, April 2018, https://www.vfdb.de/media/doc/merkblaetter/MB_10_12_Funksendeanlagen_Ref10_2018_04.pdf, letzter Zugriff: 09.04.2025

Gefahren der Ausbreitung des Brandes

»Verhalten im Innenangriff«, Sonderheft 1/2008, Feuerwehr-Magazin. Rodewald, G.: »Brandlehre«, Verlag W. Kohlhammer, Stuttgart.
BBK: Rahmenkonzept Fähigkeitsmanagement von Bund und Ländern, Bonn, 2023 , https://www.bbk.bund.de/SharedDocs/Downloads/DE/Mediathek/Publikationen/Krisenmanagement/faehigkeitsmanagement-bund-laender_download.pdf?_blob=publicationFile&v=1, letzter Zugriff: 09.04.2025
DFV: Fachempfehlung zur bedarfsgerechten Ausführung und Ausstattung von handgeführten Wärmebildkameras, DFV, Berlin, 2025, online abrufbar unter: https://www.feuerwehrverband.de/app/uploads/2025/05/DFV-AGBF-FE_WBK_April_2025.pdf, letzter Zugriff: 16.09.2025
Erikson, R.: »Was passiert bei einem flash-over? – Betrachtungen zum Brandverlauf bei einem Zimmerbrand«, BRANDSchutz/Deutsche Feuerwehr-Zeitung 6/1999, S. 506.
Fricke, U.: »Bad Harzburg: Dramatische Rettung von zwei Kindern«, BRAND-Schutz/Deutsche Feuerwehr-Zeitung 3/2009, S. 208.
Graeger, Arvid (Hrsg.): Einsatz- und Abschnittsleitung, ecomed-Verlag, Landsberg, 2009
Kircher, F./Schmidt, G.: »Rauchabzug«, Rotes Heft 66, Verlag W. Kohlhammer, Stuttgart.
Klingsohr, K.: »Verbrennen und Löschen«, Rotes Heft 1, Verlag W. Kohlhammer, Stuttgart. Widetschek, O.: »Tödlicher Feuersprung – Warum fünf Pariser Feuerwehrmänner starben«, Blaulicht 10/2002, S. 14.
Kunkelmann, J.: »Flashover/Backdraft – Ursachen, Auswirkungen, mögliche Gegenmaßnahmen«, Forschungsstelle für Brandschutztechnik an der Universität Karlsruhe (TH), Forschungsbericht Nr. 130, 2003.
Reick, M.: »Mobiler Rauchverschluss«, Rotes Heft 212, Verlag W. Kohlhammer, Stuttgart.
Südmersen, J.: »flash-over – Game over? Rauchexplosionen und Rauchdurchzündungen: Definitionen und Schutzmaßnahmen«, BRANDSchutz/Deutsche Feuerwehr-Zeitung 5/1997, S. 382.

Gefahren biologischer Stoffe

Friederichs D., Schild A.: Persönliche Schutzausrüstung (PSA) bei GSG-Lagen mit BC-Gefährdungspotential, Verein für Bevölkerungsschutz e. V. Arbeitsgruppe Dekontamination und Schutzausrüstung, März 2003
FwDV 500
RKI: Agenzien, Berlin, 2017, https://www.rki.de/DE/Content/Infekt/Biosicherheit/Agenzien/erreger_node.html, letzter Zugriff: 27.01.2021

Steffler R., Bergholz A., Dersch R., Friederichs D., Schild A.: Peressigsäure – Ein Desinfektionsmittel für den Katastrophenschutz im außergewöhnlichen Seuchenfall, Bevölkerungsschutz 1/2003, S. 24 bis 27

vfdb – Ref. 10, Umweltschutz: vfdb-Richtlinie 10/02, Richtlinie für die Feuerwehr im B-Einsatz Stand 11/2016, VdS-Verlag, Köln, 2016

vfdb RL 10/04, Dekontamination bei Feuerwehreinsätzen mit Gefährlichen Stoffen und Gütern, Stand 10/2014, VdS-Verlag, Köln, 2014

vfdb, Referat 10: Merkblatt für den Feuerwehreinsatz bei Tierseuchen, Stand 04/2022, https://www.vfdb.de/media/doc/merkblaetter/MB10_02_Tierseuchen_Referat10_2022_04_NEUDES_BLO.pdf, letzter Zugriff: 09.04.2025

Gefahren chemischer Stoffe

»Europäisches Übereinkommen über die internationale Beförderung gefährlicher Güter auf der Straße (ADR)« in der aktuellen Fassung.

»Gesetz über die Beförderung gefährlicher Güter (Gefahrgutbeförderungs-Gesetz)« in der aktuellen Fassung.

»Gesetz zum Schutz vor gefährlichen Stoffen (Chemikalien-Gesetz, ChemG)« in der aktuellen Fassung.

»Übereinkommen über den internationalen Eisenbahnverkehr – Anhang C: Ordnung für die internationale Eisenbahnbeförderung gefährlicher Güter (RID)« in der aktuellen Fassung.

»Verordnung über die Beförderung gefährlicher Güter auf dem Rhein (ADNR) und Bestimmungen für die Beförderung von gefährlichen Gütern auf der Donau (ADN-D)« in der jeweils aktuellen Fassung.

»Verordnung über die Beförderung gefährlicher Güter mit Seeschiffen (Gefahrgutverordnung See, GGVSee)« in der aktuellen Fassung.

»Verordnung über die innerstaatliche und grenzüberschreitende Beförderung gefährlicher Güter auf der Straße, mit Eisenbahnen und auf Binnengewässern (GGVSEB)« in der aktuellen Fassung.

»Verordnung über gefährliche Stoffe (Gefahrstoff-Verordnung, GefStoffV)« in der aktuellen Fassung.

Brauer, L.: »Auer Technikum«, Auergesellschaft GmbH, H. Heenemann & Co., Berlin.

Bundesverkehrsministerium (Hrsg.): Informationsbroschüre »Die Beförderung gefährlicher Güter« in der aktuellen Fassung.

Dembeck, H.: »Chemie-ABC für Feuerwehr- und Sicherheitsfachkräfte«, Verlag W. Kohlhammer, Stuttgart.

Dembeck, H.: »Gefahren beim Umgang mit Chemikalien«, Rotes Heft 32, Verlag W. Kohlhammer, Stuttgart.

Dorias, H.: »Gefährliche Güter«, Springer-Verlag, Berlin/Heidelberg.

Hommel, G.: »Handbuch der gefährlichen Güter«, Springer-Verlag, Berlin/Heidelberg. Kühn, R./Birett, K.: »Gefahrgutschlüssel«, Ecomed Verlagsgesellschaft, Landsberg am Lech. Nüßler, H.-D.: »Handbuch Gefahrgut-Ersteinsatz«, Storck Verlag, Hamburg.

Ridder, K.: »Probleme beim Transport gefährlicher Güter«, BRANDSchutz/Deutsche Feuerwehr-Zeitung 7/1986, S. 260.

Rodewald, G./Heuschen, R.: »Gefährliche Stoffe und Güter«, Verlag W. Kohlhammer, Stuttgart. Feuerwehr-Dienstvorschrift (FwDV) 500 »Einheiten im ABC-Einsatz«.

Vereinigung zur Förderung des deutschen Brandschutzes (vfdb): »Richtlinie für den Feuerwehreinsatz in Anlagen mit biologischen Arbeitsstoffen«, vfdbRichtlinie 10/02.

Wickert, L./Holzapfel, B.: »B-Einsatz – Praktische Hinweise zu Einsätzen mit biologischen Gefahren«, Rotes Heft 91, Verlag W. Kohlhammer, Stuttgart.

Gefahren des Einsturzes

»Einsturz Kongresshalle Berlin am 21. Mai 1980«, Jahresbericht der Berliner Feuerwehr 1980.

Bilina, H.: »Einsatz 14603: Einsturz Wiener Reichsbrücke«, BRANDSchutz/Deutsche Feuerwehr-Zeitung 10/1976, S. 250.

Cimolino, Dr. Ulrich: Carbonfaserverstärkte Kunststoffe, in: Cimolino, Dr. Ulrich, Einsatzleiterhandbuch, Stand: 05/2023, Ecomed Verlag, Landsberg, 2023

Deutsche Gesetzliche Unfallversicherung (DGUV): DGUV Regel 112-198 »Benutzung von persönlichen Schutzausrüstungen gegen Absturz«.

Deutsche Gesetzliche Unfallversicherung (DGUV): DGUV Regel 112-199 »Retten aus Höhen und Tiefen mit persönlichen Absturz-Schutzausrüstungen«.

Döbbeling, E.-P.: »Einstürzende Neubauten«, 112-Magazin 2/2006, S. 9. Neuhoff, S./Feyrer, J.: »Der Einsturz des Historischen Archivs der Stadt Köln«, BRANDSchutz/Deutsche Feuerwehr-Zeitung 4/2009, S. 287.

Gebauer, F./Hirschberger, S./Markus, M.: »Methoden der Bergung Verschütteter aus zerstörten Gebäuden«, Zivilschutzforschung Band 46, 2001.

Häger, A.: »Baukunde«, Rotes Heft 13, Verlag W. Kohlhammer, Stuttgart. Gaulke, T.: »Riskante Dachkonstruktion«, Feuerwehr-Magazin 6/2005, S. 56.

Häger, A.: »Bautechnik und Brandschutz«, Verlag W. Kohlhammer, Stuttgart.

Helm, J.: »Schwachpunkt Nagelplatten-Konstruktionen«, BRANDSchutz/Deutsche Feuerwehr-Zeitung 4/2007, S. 273.

Klingsohr, K./Messerer, J./Bachmeier, P.: »Vorbeugender baulicher Brandschutz«, Verlag W. Kohlhammer, Stuttgart.

Mezger, J.: »Absturzsicherung«, Rotes Heft/Ausbildung kompakt 213, Verlag W. Kohlhammer, Stuttgart.

Gefahren der Elektrizität

Besch, Florian; Cimolino, Ulrich; Weber, Markus; Wolf, Ulrich: Einsatz bei Photovoltaik-, Windenergie- und Biogasanlagen, Reihe Standardeinsatzregeln, ecomed Verlag, Landsberg, 2013

Brinkmann, K./Schaefer, H.: »Der Elektrounfall«, Springer-Verlag, Berlin/Heidelberg. Melioumis, M.: »Elektrizität«, Verlag W. Kohlhammer, Stuttgart.

Bundespolizei: Gefahrenhinweis ETCS Antenne, https://www.fwvbw.de/fileadmin/Downloads/Aktuelles/Fachgebiete/Einsatz_-_241206_BPOLAK_Gefahrenhinweise_ETCS.pdf, letzter Zugriff: 09.04.2025

Buser, M.: Lithium-Batterien – Effektive Schadenverhütung und wirksame Brandbekämpfung, Schadenprisma 3/2016, S. 4

De Vries, Dr. Holger: Brandbekämpfung mit Wasser und Schaum, Verlag ecomed Sicherheit, Landsberg, 2000–2021

Deutsche Gesetzliche Unfallversicherung (DGUV): DGUV Information 203-052 »Elektrische Gefahren an der Einsatzstelle«.

Deutsche Gesetzliche Unfallversicherung (DGUV): DGUV Vorschriften 3 und 4 »Unfallverhütungsvorschrift Elektrische Anlagen und Betriebsmittel«.

Deutsche Gesetzliche Unfallversicherung (DGUV): DGUV Vorschriften 15 und 16 »Unfallverhütungsvorschrift Elektromagnetische Felder«.

Deutscher Feuerwehrverband (DFV), Fachempfehlung Nr. 1 vom 7. März 2008 »Einsatzstrategien an Windenergieanlagen«.

DGUV: Spannungswarner für überflutete Bereiche, in: DGUV-aktuell vom 07.06.2021, DGUV, Berlin, 2021; https://publikationen.dguv.de/widgets/pdf/download/article/3678, letzter Zugriff: 09.04.2025

DIN EN 15182-2 Tragbare Geräte zum Ausbringen von Löschmitteln, die mit Feuerlöschpumpen gefördert werden – Strahlrohre für die Brandbekämpfung – Teil 2: Hohlstrahlrohre PN 16; Deutsche Fassung EN 15182-2:2019

DIN VDE 0132 »Brandbekämpfung und Hilfeleistung im Bereich elektrischer Anlagen«, Beuth Verlag GmbH, Berlin.

Guth, P./Ludäscher, S.: »Gefahren und Schutzmaßnahmen bei batterieelektrischen Energiespeichern«, BRANDSchutz/Deutsche Feuerwehr-Zeitung 8/2025, S. 578.

Häberlin, H./Borgna, L./Schärf, P.: »PV und Feuerwehr: Keine Panik, realistische Einschätzung der elektrischen Gefahren und möglicher Gegenmaßnahmen«, 26. Symposium Photovoltaische Solarenergie Staffelstein, 2011.

Hellmann, Tanja; Cimolino, Dr. Ulrich (Hrsg.): Einsatzleiterhandbuch Feuerwehren, Seiten zu Batterien, Brand-PKW, Elektrizität, THL-PKW, Übergabeprotokollen, ecomed Verlag, Landsberg, Stand: 2023

Hellmann, Tanja; Cimolino, Dr. Ulrich: Alternative Antriebe, Reihe Technik – Taktik – Einsatz, ecomed Verlag, Landsberg, 2022

Lang, R.: »Dienstunfall durch Magnetismus«, BRANDSchutz/Deutsche Feuerwehr-Zeitung 3/2002, S. 281.

Neske, Dr. Michael (Hrsg.): Evaluierung von technischen Verfahren zur Löschmitteleinbringung in Hochvoltspeicher, Heyrothsberge, 10/2022, https://ibk-heyrothsberge.sachsen-anhalt.de/fileadmin/Bibliothek/Politik_und_Verwaltung/MI/IDF/IBK/Dokumente/Forschung/Fo_Publikationen/imk_ber/IMK_210.pdf, letzter Zugriff: 09.04.2025

Schläfer, H.: »VDE 0132 – Brandbekämpfung in elektrischen Anlagen«, BRANDSchutz/Deutsche Feuerwehr-Zeitung 1/1986, S. 7.

Schott, L.: »Einsätze der Feuerwehren an elektrisch betriebenen Strecken der DB«, BRANDSchutz/Deutsche Feuerwehr-Zeitung 1/1986, S. 3.

Thiem, H./Huber, J.: »Gefahren im Einsatz: Photovoltaikanlagen«, BRANDSchutz/Deutsche Feuerwehr-Zeitung 2/2006, S. 75.

Thiem, H./Willer, B.: »Neuerungen bei Photovoltaikanlagen – Neues Sicherheitselement ermöglicht Reduzierung der Systemspannung«, BRANDSchutz/Deutsche Feuerwehr-Zeitung 5/2009, S. 334. Gesamtverband der Deutschen Versicherungswirtschaft (GDV): Lithium-Batterien, VdS 3103, Mai 2016.

Thorns, J.: »Gefahr im Krankenhaus – Hintergrundwissen zu supraleitenden Magnetresonanz-Tomografen«, BRANDSchutz/Deutsche Feuerwehr-Zeitung 9/2007, S. 619.

Vereinigung zur Förderung des deutschen Brandschutzes (vfdb). Merkblatt »Einsätze an Photovoltaik-Anlagen«, Januar 2007.

Vereinigung zur Förderung des deutschen Brandschutzes (vfdb): Merkblatt »Empfehlungen für den Feuerwehreinsatz bei elektromagnetischen Feldern«, April 2000.

Vereinigung zur Förderung des deutschen Brandschutzes (vfdb): Merkblatt »Unfallhilfe und Bergen bei Fahrzeugen mit Hochvolt-Systemen«, November 2017, Münster, 2017, https://www.vfdb.de/media/doc/merkblaetter/MB_06_04_2017.pdf, letzter Zugriff: 09.04.2025

Vereinigung zur Förderung des deutschen Brandschutzes (vfdb): Merkblatt »Übergabeprotokoll Fahrzeuge«, MB 06/12, Februar 2023, Münster, https://www.vfdb.de/media/doc/merkblaetter/MB_06_12_Uebergabeprotokoll_Fahrzeuge.pdf, letzter Zugriff: 09.04.2025

Gefahren der Erkrankung/Verletzung

Brandt, T./Wirtz, S.: »Erste Hilfe im Einsatzdienst«, Rotes Heft 19, Verlag W. Kohlhammer, Stuttgart. Deutscher Feuerwehrverband (DFV), Fachempfehlung Nr. 2 vom 6. Juni 2007 »Infektionsgefahr bei Erster Hilfe«.

Deutsche Gesetzliche Unfallversicherung (DGUV): DGUV Information 207-005 »Schutz vor Infektionen«.

Deutsche Gesetzliche Unfallversicherung (DGUV): DGUV Regel 105-003 »Benutzung von persönlichen Schutzausrüstungen im Rettungsdienst«.

Deutscher Feuerwehrverband (DFV), Fachempfehlung Nr. 6 vom 2. Dezember 2005 »Einheitlicher Standard für die Versorgung Brandverletzter durch den Rettungsdienst«.

DFV: Fachempfehlung Sicherheit und Taktik im Vegetationsbrandeinsatz, Berlin, 2020, https://www.feuerwehrverband.de/app/uploads/2020/06/DFV-FE_Vegetationsbrand_2020.pdf, letzter Zugriff: 09.04.2025

DIN EN 469:2020-12 Schutzkleidung für die Feuerwehr – Leistungsanforderungen für Schutzkleidung für Tätigkeiten der Feuerwehr; Deutsche Fassung EN 469:2020

Herbst, W.: »Hygiene im Einsatz«, Rotes Heft 67, Verlag W. Kohlhammer, Stuttgart.
Jung, E. (Hrsg.): »Lehrbuch für den Sanitätsdienst«, Verlag Hofmann-Druck KG. Gorgaß, B./Ahnefeld, F. W.: »Der Rettungssanitäter – Ausbildung und Fortbildung«, Springer-Verlag, Berlin/Heidelberg.
Lönnecker, S.: »Die präklinische Therapie von Verbrennungen: Wie sollte sie erfolgen?«, Rettungsdienst 10/2005, S. 990.
Schnelle, R.: »Spezielle Vergiftungen – Meist ist Sauerstoff richtig und wichtig«, Rettungsdienst 10/2007, S. 1048.
Vereinigung zur Förderung des deutschen Brandschutzes (vfdb): »Merkblatt – Informationen und Verhaltensweisen zu Influenzapandemien«, 2009.

Gefahren des Ertrinkens – Wassergefahren

Cimolino, Dr. Ulrich: Erste Ergebnisse der vfdb-Expertenkommission 2022, Vorträge auf der vfdb-Jahresfachtagung 2022 sowie Abdruck in der vfdb-Zeitschrift 02/2022, vfdb, Münster, 2022
Cimolino, Dr. Ulrich: Stürme und Extremniederschläge – Maßnahmen zur Erhöhung der Sicherheit, DGUV-Forum 07/2020, DGUV, 2020, https://forum.dguv.de/ausgabe/7-2020/artikel/stuerme-und-extremniederschlaege-massnahmen-zur-erhoehung-der-sicherheit, letzter Zugriff: 09.04.2025
FUK-Niedersachsen: Rettungswesten, Infoblatt, Hannover, 2019; https://www.fuk.de/fileadmin/fuk/Medien_und_Formulare/info-blaetter/schutzausruestung/Rettungswesten_08-19.pdf, letzter Zugriff: 03.07.2025

Gefahren der Explosion

»Verordnung über Sicherheit und Gesundheitsschutz bei der Bereitstellung von Arbeitsmitteln und deren Benutzung bei der Arbeit, über Sicherheit beim Betrieb überwachungsbedürftiger Anlagen und über die Organisation des betrieblichen Arbeitsschutzes – Betriebssicherheitsverordnung (BetrSichV)« in der aktuellen Fassung.
»11. Verordnung zum Geräte- und Produktsicherheitsgesetz – Explosionsschutzverordnung (ExVO)« in der aktuellen Fassung.
Arbeitsgemeinschaft der Leiter der Berufsfeuerwehren in der Bundesrepublik Deutschland (AGBF-Bund): »Wasserstoff und dessen Gefahren – Ein Leitfaden für Feuerwehren«, Januar 2009.
Braun, J.: »Mehlstaubexplosion in der Bremer Rolandmühle«, BRANDSchutz/Deutsche Feuerwehr-Zeitung 2/1980, S. 32.
Bräutigam, A.: »Metallbrände und Wasser: Was geschieht wirklich?«, FeuerwehrFachzeitschrift 3/2004, S. 170.
Cimolino, Dr. U.: Einsätze bei Munitionsverdachtsflächen, in: Brandschutz 12/2019, Verlag W. Kohlhammer, Stuttgart, 2019
Cimolino, Dr. Ulrich: Windenergieanlagen, in: Einsatzleiterhandbuch, Stand: 04/2023, Verlag ecomed, Landsberg, 2023
Deutsche Gesetzliche Unfallversicherung (DGUV): DGUV Regel 113-001 »Explosionsschutz-Regeln (Ex-RL)«.
Deutsche Vereinigung des Gas- und Wasserfaches e. V. (DVGW): »Erdgasinformation für die Feuerwehr«.
Deutsche Vereinigung des Gas- und Wasserfaches e. V. (DVGW): »Erdgasfahrzeuge und -tankstellen – Informationen für die Feuerwehr«.
DFV: FE Unterstützung beim Einsatz in Windenergieanlagen, Berlin, 2008, https://www.feuerwehrverband.de/unterstuetzung-beim-einsatz-in-windenergieanlagen/, letzter Zugriff: 09.04.2025
DIN VDE 0170/171 »Elektrische Betriebsmittel für explosionsgefährdete Bereiche«, Beuth Verlag GmbH, Berlin.
EN 60079-14 bzw. DIN VDE 0165 »Errichten elektrischer Anlagen in explosionsgefährdeten Bereichen«, Beuth Verlag GmbH, Berlin.
Erbe, R.-D.: »Airbag-Technik und die Feuerwehr: Auf die Rettungskräfte kommen neue Herausforderungen zu«, 112-Magazin 9/2007, S. 14.

Erbe, R.-D.: »Neues vom «gefährlichen» Luftsack – Airbags werden intelligenter«, Brennpunkt 6/1999, S. 26.
Fischer, H.: »Explosionsschutz«, BRANDSchutz/Deutsche Feuerwehr-Zeitung 3/1989, S. 106. Wanders, C.: »Versuch: Fettexplosion – Eine Versuchsbeschreibung«, BRANDSchutz/Deutsche Feuerwehr-Zeitung 12/1983, S. 406.
Griechen, D.: »In 3 Sekunden ist alles vorbei: Fettexplosion!«, BRANDSchutz/Deutsche Feuerwehr-Zeitung 5/1987, S. 188.
Knorr, K.-H./Büsching, R./Osterloh, F.: »Einsatz in Trümmern«, BRANDSchutz/Deutsche Feuerwehr-Zeitung 4/2001, S. 390.
Krebs, K./Heck, J.: »AUTO-Regel – Eine Faustregel zum Erkennen von alternativ angetriebenen Kraftfahrzeugen«, BRANDSchutz/Deutsche Feuerwehr-Zeitung 7/2009, S. 521.
Menzel, J.: »Flüssiggasbehälter – Abwehrmaßnahmen bei Gasaustritten und Bränden«, BRANDSchutz/Deutsche Feuerwehr-Zeitung 12/1984, S. 438.
Uelpenich, G.: »Freisetzung druckverflüssigter Gase: Gefährdungsabschätzungen«, BRANDSchutz/Deutsche Feuerwehr-Zeitung 10/1993, S. 696.
Vereinigung zur Förderung des deutschen Brandschutzes (vfdb): »Merkblatt – Empfehlung für den Feuerwehreinsatz bei Gefahr durch Flüssiggas«, Dezember 2000.
Widetschek, O.: »Brände von Acetylen-Gasflaschen«, BRANDSchutz/Deutsche Feuerwehr-Zeitung 10/1993, S. 703.

Anhang

BBK: Analytische Task Force, 2008 und 2010
BBK: Was leistet die ATF? Online verfügbar unter: https://www.bbk.bund.de/DE/Themen/CBRN-Schutz/CBRN-Faehigkeiten/Analytische-Task-Force/analytische-task-force_node.html, letzter Zugriff: 17.04.2025
Feuerwehrschule Düsseldorf: Lehrunterlage »Strahlenschutz«, Düsseldorf, 1995–2007
FwDV 500, 2012 und 2022
Informationskreis Kernenergie: www.kernd.de
Ruster, Dr. Volker: ATF in NRW, 2009

17 Anhang

Zusatzmaterial-Downloadseite

Unter dl.kohlhammer.de/978-3-17-043332-8 finden Sie die folgenden Unterlagen zum Download:

- Anhang 1 Kontaminationsanhängekarte
- Anhang 2 Analytische Task Force (ATF) des Bundes
- Anhang 3 Strahlenschutz – Dosisrichtwerte
- Anhang 4 Übergabeprotokoll Kraftfahrzeuge